KB263466

수질화학

이동석 지음

이 책은 대학 학부과정 강의를 고려한 교재이다.

환경 관련 과학이나 공학을 학습하는 과정에서 자연수나 폐수에 어떤 물질이 들어있고, 그 용존 물질이 어떻게 거동하는지를 이해하는데 필요한 내용을 담고 있다.

물 속의 물질 상태는 물의 지구화학적 순환 과정에 따른 결과이다.

환경을 구성하는 중심 물질인 액체 상태의 물은 기체 상태인 대기와 상호 작용하고, 고체 상태인 토양이나 암석과도 접촉하면서 끊임없이 물질을 생성하고 변화를 일으킨다.

수질화학은 용존 물질의 물리적인 성질과 화학반응을 주로 다루는 학문이다.

이 책에서는 자연과 인간 생활에서 가장 우수한 용매로 작용하는 물 속에서 물질들이 나타내는 산 - 염기 반응, 착화합물 형성, 침전과 용해 그리고 산화와 환원 반응을 기술하였다. 이 반응들은 수질계에서 일어나는 핵심 반응으로써, 강이나 호수 그리고 바닷물 뿐 아니라 대기권의 수증기와 토양층의 물 등 모든 자연계에서 일어나고 있는 과정이다. 한편 인간의 활동에 따라 농업용수나 산업용수 그리고 수영장과 가정 등에서 사용하는 생활용수 속에서도 물의 화학은 중요하므로 환경 관련 학습자와 전문가가 이해해야 할 기본 반응을 설명하였다.

수질화학 강의에 필요한 학술 내용을 늘 공부하고 정리하면서, 나의 부족함으로 책에 미처 담지 못한 것을 독자에게 맡기면서도, 광범위한 지식의 세계를 어디까지 소개할 수 있을까, 책을 쓰면서도 멈추지 않는 생각이다.

2021년 8월

지은이 씀

탄산염 평형

착화합물 형성

9

침전과 용해

10

산화 – 환원

11

수질분석과 수처리에서의 산화 – 환원

12

물의 반응: 반응 물질로서의 물

지구의 물

1.1 물의 기원과 지구의 물 분포

지구 표면의 약 71%가 물로 덮여 있으며 지표권 물의 총 부피는 약 14억 Km^3에 이르는 막대한 양이다. 이 물의 대부분은 바닷물(약 97.4 %)로써 다양한 이온을 포함하고 있는 염수(saline water)이다. 나머지 2.6 %가 지표권의 담수로 부피는 약 3,500만 Km^3인데 이 중 대부분은 만년설과 같은 빙하지대나 극지방의 얼음 그리고 땅 속의 지하수이다.

〈표〉 지구 물의 양과 권역별 분포 비율

권역	물의 양(Km^3)	분포 비율(%)
바다	$1,338 \times 10^6$	97.390
빙하와 극지방	27.820×10^6	2.010
지하수와 토양수분	8.060×10^6	0.580
호소와 강	0.230×10^6	0.019
대기	0.010×10^6	0.001
합	$1,386 \times 10^6$	100

따라서 음용수를 비롯하여 여러 가지 용수로 인간이 사용하기에 용이한 호소나 강 등에서 이용할 수 있는 담수는 지표권 물의 약 0.3 % 정도이다.

지표권 물의 상대적인 양을 그래픽으로 나타낸 것 중 미국 지질조사국(U. S. Geological Survey: https://www.usgs.gov) 의 The World's water는 공 모양의 물방울로 지구물의 상대적으로 분포를 실감나게 보여준다. 지구는 지름이 12,756 km인 공 모양이다. USGS의 그림을 보면 지표권 물을 모두 모으면 지름이 1,385 km인 동그란 물방울이고, 지하수를 포함한 담수의 부피는 지름이 273 km인 물방울이다. 한편 호수와 강의 담수만 나타낸 물방울은 지름이 불과 56km로 그림 위에선 잘 보이지도 않는 작은 점으로 나타난다. 쉽게 이용할 수 있는 물의 양이 얼마나 적은지 가늠해 볼 수 있다.

한편 그림에서 지구크기에 비해 지표면 물을 모두 모은 물방울의 크기가 작아 보이지만, 지구 부피의 약 0.15 %이다. 이 물의 양은 지구가 매끈한 공 모양이라고 가정하면 평균 수심 약 3 km로 지구 표면 전체를 덮을 수 있는 양이다.

이 많은 지구의 물은 어떻게 생성되었을까? 혹은 어디서 왔을까? 지구는 물을 갖고 있는 유일한 행성이고 그로부터 생명체가 존재하는 유일한 공간이기에 천문학이나 우주생물학 등의 분야에서는 그 물이 어디서 유래한 것인지, '지구 물의 기원'에 대한 논의가 계속 되고 있다.

이제까지의 연구 결과는 두 가지 가설을 제안하고 있다.

운석학자들은 동위원소 비로 보아 최초 지구 형성과 가장 유사할 것으로 생각하는 운석(enstatite chondrite: 엔스터타이트(E-type) 콘드라이트)을 분석함으로써 지구 탄생 시 물 생성의 잠재력을 평가해왔다.

오랫동안 힘을 얻었던 주장은 '지구의 물은 지구가 수분을 함유한 우주의 작은 행성이나 혜성들과 충돌하면서 그 물이 옮겨와 축적되었다'는 것이다. 이는 최초에 지구가 태양 주변의 물질로부터 생성될 때는 온도가 너무 높아 물이 존재할 수 없었을 것이라고 추정한 근거에 따른 가설이다.

즉, 지구 형성 당시의 조성을 갖는 E-콘드라이트가 너무 건조해서 지구 물이 외부에서 전해져 왔다고 여겼다. 즉 지구를 형성한 물질들이 태양계 안에서 발생된 것인데, 그 태양계 내부는 온도가 매우 높아 물이 응축되어 그 곳에 있거나 지구와 같은 행성이 형성될 때 …… 결합되기는 어렵다는 것이었다.

그러나 최근 저명한 과학 잡지, science에 '지구의 물은 E-콘드라이트 운석과 유사한 물질에 생겨났을 수 있다(Earth's water may have been inherited from material similar to enstatite chondrite materials, Science, 369, 1110-1113, 2020).'라는 논문이 발표되었다. 이는 지구 물의 기원에 관해 새로운 주장을 뒷받침하는 연구 결과이다.

13개 E-콘드라이트의 동위 원소비, 즉 중수소(deutrium)와 수소(protium)의 비를 정밀 측정한 결과 수소 함량이 이전까지의 결과보다 많았고, 그로부터의 해석은, 최초 지구 생성 물질과 동일한 것으로 여겨지는 E-콘드라이트 같은 물질이 지구 형성 단계에서 현재 바닷물의 3배에 달하는 물을 만들 수 있었을 것으로 분석했다. 그리고 질소 동위원소 등을 보았을 때 E-콘드라이트는 지구 맨틀과 거의 일치함으로써 지구 물의 기원이 최초 지구를 형성한 물질에서 나온 것이라는 주장을 하였다.

 **Keystone** 수소 동위원소 비

동위원소란 동일한 원소이지만 각 원소가 핵 속에 갖고 있는 중성자 수가 다른 원소들이다. 즉 동일한 원소의 원자이므로 원자번호는 같지만 질량수가 다른 화학종이다.

자연에 존재하는 수소 원소는 세 개의 동위원소, ^{1}H(프로튬: protium), ^{2}H(듀테륨: deuterium) 그리고 ^{3}H(트리튬: tritium)가 있다. 그 외에 질량수가 더 큰 핵종들, ^{4}H에서 ^{7}H까지 매우 불안정한 동위원소들이 있는데 이것은 자연에서 생성된 것이 아니고 인공적으로 합성된 것이다.

^{1}H은 자연 중의 존재비가 99.9844 %인 가장 보편적인 수소 동위원소이다. 그 핵은 중성자 없이 양성자만으로 이루어졌고 질량이 1.007825 amu인 화학종이다. ^{2}H은 ^{2}D로도 표기하고 중수소라고도 하는데, 자연 중의 존재비는, 바다에서는 약 156.25 ppm이고 지구 전체 수소의 0.0156 %에 해당한다. 중수소의 핵에는 양성자 한 개와 중성자 한 개가 들어있고, 그 중성자 무게로 인해 정밀 측정한 중수소의 질량은 2.014102 amu이다. ^{3}H은 ^{3}T으로도 표기하고 삼중수소라고도 하는데, ^{1}H이나 ^{2}D와는 달리 자연 방사성 동위원소(radioactive isotope) 이며 그 반감기는 12.32년이다. 인공적으로 합성된 핵종들을 포함한 수소 방사성 동위원소들 중에서 가장 안정하고, 대기권에 도달한 우주선의 작용에 따라 발생한 흔적량이 지구에서 확인된다.

수소 동위 원소비(hydrogen isotope ratio)는 측정 물질에서 분석한 D/H 비를 나타낸 값으로, 지구화학과 고기후학 또는 지구를 비롯한 우주의 생성을 연구하는 다양한 분야에서 응용하는 동위원소 측정법을 통하여 분석한다.

지구 환경의 물 상태는 전 지구적인 물 순환(water cycle)의 결과이다.

지구 물의 양을 나타낸 앞의 표에서 알 수 있듯이, 지구 표면의 71 %는 바다로 덮여있으며, 수질권의 물 97.4 %는 해수이며 담수는 약 2.6 % 이다. 이 담수 중 77 %는 빙하 지대와 같은 얼음 형태이고, 그 다음으로 양이 많은 물은 지하수로 22 % 정도이며 호소, 토양, 대기, 하천 및 생물계의 물은 담수의 1 % 미만이다.

순환하는 물의 양도 해수면에서의 증발이 가장 많으나 그 대부분은 다시 직접 바다로 돌아가고 약 10 %가 육지로 이동한다. 육지 위에 내리는 비나 눈 등의 습식 강하물은 육지 내에서 증발한 물이 약 2/3를 차지하고 나머지 1/3이 바다에서 이동해온 물이다.

바다에서 물의 평균 체류 기간(바다의 부피/연간 바다로 유입 되는 물의 양)은 약 3,000년으로 매우 길다. 반면에 대기 중 수증기 체류 기간은 10일 정도이다. 한편 육지에서 물의 체류 기간은 물이 위치한 환경에 따라 매우 편차가 큰데, 예를 들어 호소나 강에서는 짧고 지하수나 빙하지대에서는 상대적으로 길어서 평균적으로는 300년 정도이다.

물은 순환 과정에서 토양 암석권이나 대기권 그리고 생물권에 스며들고 그 과정에서 여러 작용을 나타낸다. 햇빛에 의해 추진되는 물 순환은 물의 이동 뿐 아니라 인간을 포함한 모든 환경 구성 요소 사이의 영양 물질과 무기물질 그리고 에너지 이동에 관여한다. 물은 지구 기후를 결정하는 핵심 요소이다. 바닷물은 막대한 양의 열에너지를 저장하고 있으며 흐름을 통해 먼 곳으로 에너지를 이동시키기도 한다. 증발이나 응축을 통해 상당한 양의 에너지가 전환된다. 대기 중의 수증기는 적외선을 흡수하는 특성으로 인해 오염되지 않은 환경에서도 자연적인 큰 온실효과를 나타내어 지구의 기온이 유지되는 데 기여한다. 반면에 태양으로부터 유입되는 에너지를 구름이 흡수하고 대기 중으로 반사 하는 것 또한 구름 속의 물이 적외선을 흡수하는 특성에 따른 것이다.

환경에서 중요한 물의 역할 중 또 하나는 대기 구성 기체와의 반응인데, 특히 물에 대한 용해성이 우수한 온실 가스인, 이산화탄소가 대기와 바닷물 사이에서 교환되는 반응 등은 매우 중요하다.

물은 육지에서의 침식과 풍화 작용에서도 중요한 역할을 한다. 하천을 통해 많은 양의 고형 물질이 이동하는데 현탁 물질이나 입자상 물질 뿐 아니라 여건에 따라서는 더 큰 물질이 포함되기도 한다. 이 과정에서 물은 광물질을 용해하거나 이동시키면서 특정한 지구화학적인 조건에서는 침전이나 퇴적을 이루어 광산을 형성하기도 한다.

인류 문명이 포함된 생물권에서 이용가능한 물의 양은 지구상 물중에서 1 %도 되지 않는, 상대적으로 매우 적은 부분이다. 그렇지만 물은 생물권에서 가장 흔한 혹은 가장 중요한 분자 물질이다. 물은 무기 물질이지만 광합성 과정을 통해 유기 물질을 형성하기도 한다. 생물체 내의 물은 영양 물질이나 필요한 이온을 이동시키고 열 균형에 기여하며 다양한 화학 반응의 용매 혹은 직접 반응 물질로 작용하기도 한다.

1.2 물의 구조와 특성

물(water)은 비교적 작은 무기화학 분자이지만 유기물의 생명은 이 작은 분자에 절대적으로 의존한다. 한편 물은 기체, 액체, 고체의 세 가지 상태로 풍부하게 지구상에 존재하는 유일한 물질이다.

물의 기능은 인체(human body)와 수체(water body)의 온도를 조절하는 것에서부터 용매, 영양소와 분해 산물의 이동 매체, 다양한 반응의 매질 혹은 반응물질이기도 하며 윤활제, 유연제 그리고 생물 고분자 형성의 안정화제 역할과 촉매 활성과 같은 고분자의 거동을 촉진하는 등 매우 다양하다. 화합물로서의 물은 독특한 성질을 갖고 있는데 이는 물 분자 사이에 서로 끌어당기는 분자 간(intermolecular) 인력이 중요한 역할을 한다.

물 분자의 화학적 구조는 두 개의 수소 원자와 하나의 산소 원자가 공유결합(covalent bond)을 형성하고 있다. 물 분자는 전기적으로 중성인 화합물이지만 분자 내에서 전기음성도가 큰 산소는 수소와 공유결합한 전자를 자기 쪽으로 끌어당긴다. 그 결과 수소와 산소 사이의 결합 전자는 산소 쪽으로 조금 더 쏠림으로써 수소는 부분적으로 양전하를 띠게 된다. 반대로 전자를 좀 더 자기 쪽으로 끌어당길 수 있는, 즉 수소보다 전기음성도가 더 큰 산소는 부분적으로 음전하를 띤다. 결과적으로 수소 원자와 산소 원자의 공유결합으로 형성된 물 분자는 부분적으로 이온 화합물의 성격을 띠고 즉 물 분자 내의 결합은 극성 공유결합(polar covalent bond)이 된다.

물 분자에는 산소 원자에 결합한 두 개의 극성 공유결합(두 쌍의 결합 전자)
과 산소 원자의 원자가 전자(valence electron) 중 결합에 참여하지 않고 산소
원자 주변에 그대로 놓여있는 두 쌍의 비공유 전자쌍이 있으므로 결과적으로
산소 원자에 주변에 네 쌍의 전자쌍이 있다. 공간상에서 네 쌍의 전자가 서로
에 대한 간섭을 최소화하는 배치를 함으로써 정사면체(tetrahedron, Td)구조
를 이룬다.

다만 결합하지 않고 자유로이 산소 핵 주위에 놓여있는 비공유결합 전자쌍
이 수소와 산소 사이에 위치한 결합 전자쌍보다 전자쌍 간의 반발이 커서 (좀
더 넓은 공간을 차지함으로써) 물 분자의 H-O-H 사이의 결합각은 완전한 정사
면체의 중심점−꼭지점 사이의 결합각인 109.5°보다 작다. 물분자 구조는 결합
각이 104.5° 인 굽은 형태이고, 비공유 전자쌍을 포함한 구조는 찌그러진 정사
면체(distorted tetrahedron) 이다.

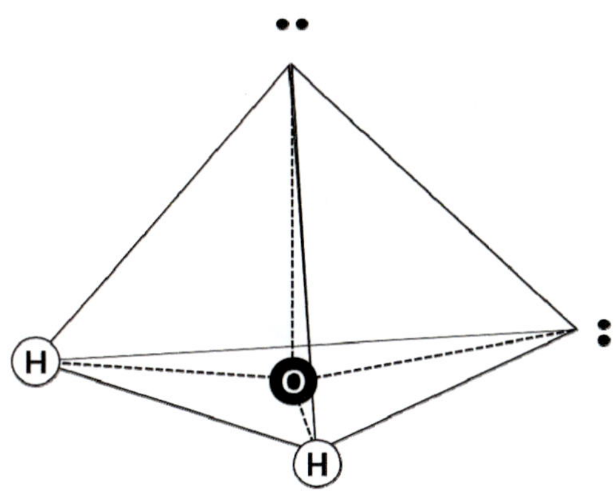

〈그림 1.1〉 물 분자의 구조

이와 같은 물 분자의 구조와 O-H 결합 사이의 부분 극성 성질은 물 분자 사이의 상호 끌림(intermolecular attraction force)을 일으킨다. 이 분자 간 인력은 수소결합(hydrogen bond)을 형성하여 물 분자는 분자간의 점착력으로 서로 회합하고 있다.

각 물 분자는 이웃 물 분자와 네 개의 수소결합을 이룸으로써 네 개의 물 분자가 정사면체의 중심과 꼭짓점에 해당하는 모양으로 분자 간 배치가 촘촘한 3차원 구조를 이룬다. 분자 간 수소결합으로 이루어진 이 3차원 구조에 따라 물의 많은 특이성이 나타난다. 분자 간의 수소결합을 끊기 위해서는 큰 에너지가 필요하고 이로부터 물의 고유특성, 즉 열용량, 끓는점, 녹는점, 표면장력 그리고 상변이에서의 엔탈피 등이 주기율표에서 이웃하고 있는 원소들의 화합물들에 비하여 독특하게 큰 값을 나타낸다.

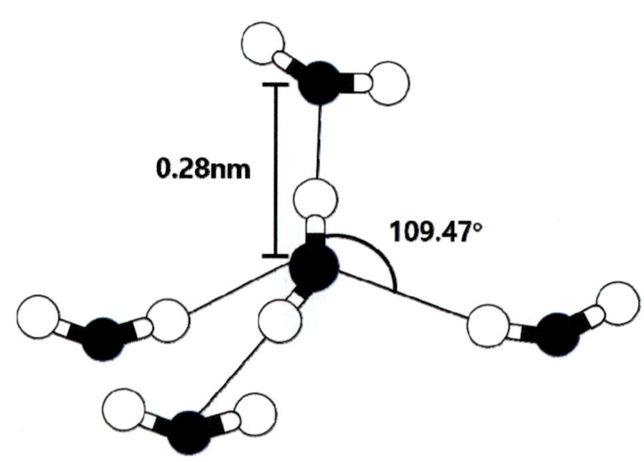

〈그림 1.2〉 물 분자 사이의 수소결합

　화학 물질로서 물 분자가 갖고 있는 이런 특성들, 쌍극자모멘트, 찌그러진 정사면체 구조 그리고 분자 간 수소결합 등으로 인한 물의 특성은 다양한 환경에서 물리적, 화학적 혹은 생물학적 반응을 수행하는 과정에서 독특함을 나타내기도 한다.

　다음 그림은 물의 독특한 성질 중 하나인 밀도를 나타낸 것으로, 밀도가 온도에 따라 변하며 특정 온도에서 최댓값을 나타내는 것을 보여준다.

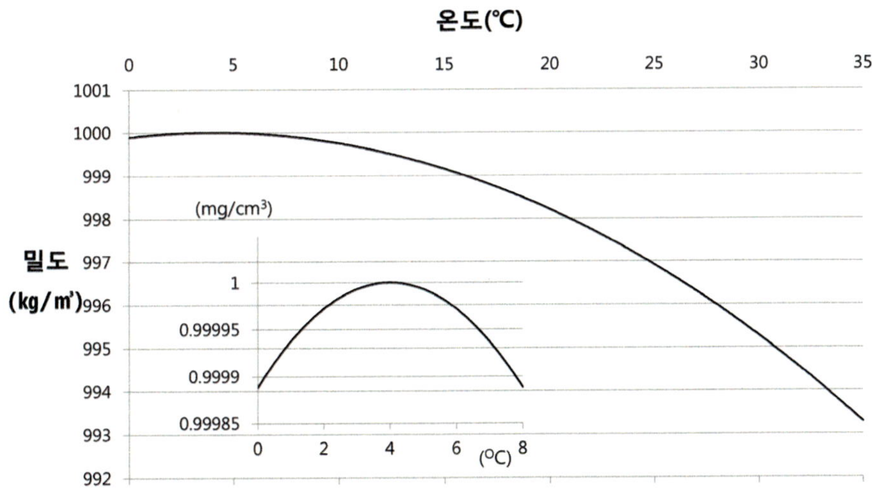

〈그림 1.3〉 온도에 따른 물의 밀도 변화

다음 표는 물의 물리적 특성중 몇 가지를 언급하고 다른 화학물질들과의 차이점과 물의 특성이 환경에서 나타내는 특징을 요약한 것이다.

〈표 1.1〉 물의 특별한 물리적 성질

특성	다른 물질과 비교	환경에 대한 시사점
비열	비교 대상인 다른 액체나 고체 보다 큼.	극심한 온도 변화로부터 환경을 보호하고, 특히 해양에서의 큰 열 이동으로 기후형성에 관여한다.
녹음열 (융해열)	암모니아를 제외한 모든 다른 물질 보다 큼.	녹는점에서 결빙과 해빙을 통해 주변 온도를 안정화 시킨다.
증발열	상온에서의 증발열이 어떤 다른 물질 보다 큼.	주변 환경 온도 조절에 결정적이다. 밤과 낮의 온도차를 작게 유지한다.
열팽창	물은 어는 점 보다 높은 온도(4 ℃)에서 최대 밀도를 나타냄. 이 온도 비정상성이 해수에서는 사라짐.	담수호는 4 ℃ 이하가 되면 수층의 역전이 일어나고 표면은 얼 수 있다.
물질 용해능력	이온화합물 해리를 비롯하여 다양한 물질을 용해시키는 성질을 갖고 있음.	용매로서의 능력이 뛰어나 물속에서 다양한 생물학적 반응이나 화학적 반응 수행이 가능하다.
열 전달율	액체 중에서 가장 큼.	작은 크기의 물체(예를 들어 세포)에 대해서 열전달이 효율적이다. 장거리 열 이동은 주로 대류에 의해 일어난다.
투명도	상대적으로 큼.	물은 가시광 영역의 빛을 비교적 잘 투과시키는 매질로써 물속 깊은 곳에서도 광합성을 가능하게 한다.

2

원소와 물질

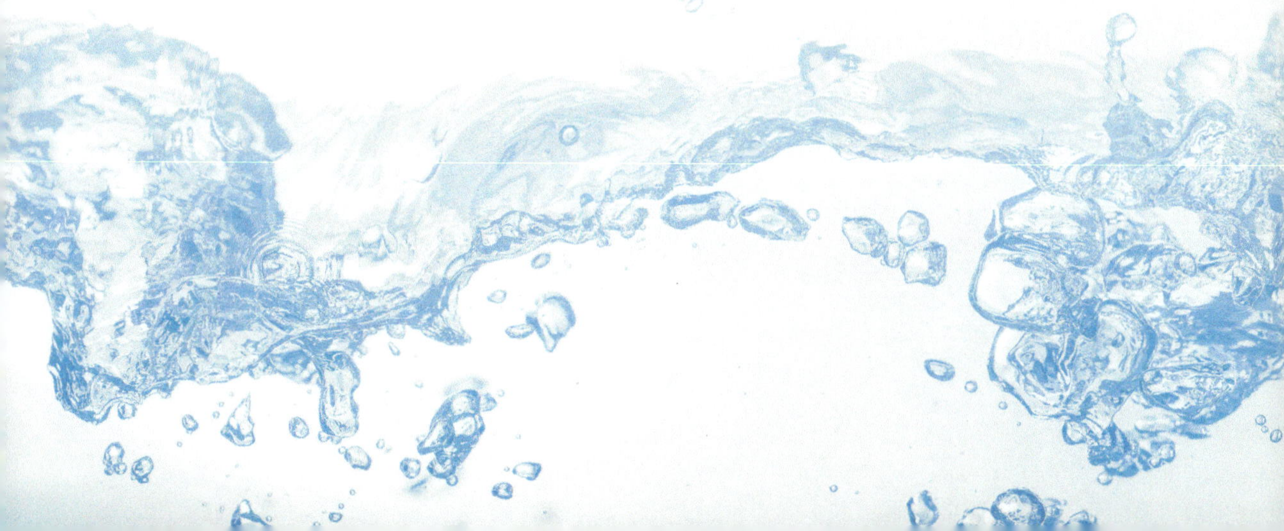

2.1 원소와 주기율표

물질에 대한 과학적 이해가 빠르게 발전하면서, 물질을 이루는 많은 원소에 대한 정보가 축적되었다. 학자들이 이 원소들의 특성을 발견하고 각 원소들의 물리적, 화학적 성질들 사이의 관계를 확인하면서 원소들을 체계적으로 이해하는 방안을 찾기 시작했다.

여러 과학자들의 연구 중에서 오늘날 우리가 주로 사용하는 주기율표(periodic table)는 1869년 러시아의 화학자 멘델레프(Dmitri Ivanovich Mendeleev)와 독일의 물리학자 마이어(Julius Lothar Meyer)가 각각 독자적으로, 거의 비슷한 시기에 비슷한 주기율표를 개발하였는데, 멘델레프의 발표가 몇 개월 앞섰다. 이후로 주기율표는 원소 및 화학을 체계적으로 이해하는 중요한 수단이 되었다. 원소를 순서적으로 정리하는 기준은 원소들 간의 유사성에 근거한다. 두 과학자는 원소를 질량이 증가하는 순서로 나열할 때 일정한 간격을 두고 유사성이 반복해서 나타남을 발견했다. 따라서 그 유사한 원소들을 한 무더기로 묶었는데, 예를 들면 알칼리 금속들을 하나의 족(group)으로 묶는 방식으로 오늘날과 같은 주기율표를 구성하기에 이르렀다. 원소의 순서를 정함에 있어 당시에는 질량수(상대적인 원자량)를 사용하였으나 현재의 주기율표에서는 원소의 양자수가 주기율표에서 각 원소의 위치를 결정하며 그 양자수는 원소의 원자번호에 해당한다. 즉 원소들의 물리적 특성과 화학적 특성은 원자번호에 따라 주기적으로 변한다.

원자의 핵 속에 있는 양성자 수에 해당하는 원자번호가 주기율표의 원소 순서를 결정한다는 사실은 매우 중요하다. 이 사실이 원자 내의 전자 수와 원자×의 화학적 특성 사이의 관계에 대해 매우 중요한 의미를 담고 있다는 것을 주기율표로부터 알 수 있다.

다음 그림은 현대 주기율표이다. 수평(주기, period라고 명명)으로 나열된 원소들은 원자번호가 차례대로 증가하는 순서이다. 수평으로 나열하면서 특정한 간격을 두고 다음 주기로 원소를 나열해 나가는데, 이렇게 해서 수직으로 놓인 원소들을 묶어 족(group)이라 한다. 1주기 원소는 수소와 헬륨뿐이며 2주기에는 Li에서 Ne까지 8개의 원소가 있다. 4주기에는 3주기에는 없는 10개의 자리에 Sc에서 Cu에 이르는 원소들이 위치하여 모두 18개의 원소가 위치하고 있다. 주기율표 본체 외에 아래 쪽에 두 개의 별도 표가 있는데, 이는 원자번호 57-70, 그리고 89-102에 이르는 14개씩의 원소를 포함하고 있다.

주기율표에서 가로에 위치하여 같은 주기에 속하는 원소의 원자들은 같은 종류의 전자 껍질을 갖고 있다. 주기는 1주기에서 7주기까지 숫자로 표기하는데 이는 원자 내에 전자가 운동하는 궤도에 따른 껍질의 총 개수이기도 하며 알파벳을 사용하여 1주기는 K-껍질(shell), 2주기는 L-껍질, 3주기는 M-껍질, 4주기는 N-껍질, 5주기는 O-껍질, 6주기는 P-껍질, 7주기는 Q-껍질로 표기하기도 한다. 껍질은 전자들이 핵에서 떨어진 정도에 해당하는 특정한 에너지 준위를 의미한다.

수직으로 놓여있는 같은 족의 원소들은 주기율표에서 크게 두 종류로 나누어, 맨 왼쪽의 2개의 족과 주기율표 맨 오른쪽 6개 족에 있는 원소들을 아우르는 8개 족 원소들을 '주족 원소'라 하고 그 밖의 원소들은 '부족 원소'라 한다. 부족 원소중에서 주기율표의 4주기 이상의 주족 원소들 사이에 놓여있는, 각 주기 별 10개의 원소들을 전이 원소(transition element)라고 하고, 원자번호 57에서71까지의 15개 원소와 원자번호 89에서 103까지의 15개 원소는 '내부 전이 원소(inner transition elements)'로써 각각 '란타넘 족(lanthanide group)', '악티늄 족(actinide group)' 이라고 부른다.

표 준 주 기 율 표
Periodic Table of the Elements

© 대한화학회, 2016

참조) 표준 원자량은 2011년 IUPAC에서 결정한 새로운 형식을 따른 것으로 [ ] 안에 표시된 숫자는 2 종류 이상의 안정한 동위원소가 존재하는 경우에 지각 시료에서 발견되는 자연 존재비의 분포를 고려한 표준 원자량의 범위를 나타낸 것임. 자세한 내용은 *Pure Appl. Chem. 83*, 359-396(2011); doi:10.1351/PAC-REP-10-09-14을 참조하기 바람.

〈그림 2.1〉 IUPAC 결정에 따른 표준 주기율표 (출처: 대한화학회)

주족 원소들은 각 족에 해당하는 수만큼의 전자가 핵에서 가장 멀리 떨어진 최외각 전자껍질에 놓여있다. 그에 따라 각 족의 명칭은 일련번호로 1족에서 18족까지 주어지는데, 주족원소인 1,2족과 13족−18족 원소는 Ⅰa, Ⅱa, Ⅲa … Ⅷa라고도 명명되는데 여기서의 숫자 Ⅰ, Ⅱ … Ⅷ은 최외각 전자(혹은 원자가 전자(valence electron) 라고도 한다)의 수와 일치한다. 이 최외각 전자는 화학 결합에 관여하고 최외각 전자 배치의 유사성은 같은 족 원소의 화학적 거동이 비슷하게 나타나는 원인이 된다. 부족원소 또는 전이 원소들은 최외각 전자 껍질에 전자 2개가 놓여있는 경우가 많으며, 최외각 껍질이 아닌 최외각에서 두 번째 혹은 세 번째 껍질에 전자가 완전히 채워지지 않은 상태로 놓여있어, 반응을 할 때 최외각 전자 뿐 아니라 특정 조건 하에서는 최외각에서 두 번째 위치하는 껍질에 있는 전자가 반응을 한다.

2.2 원자 궤도와 원소의 전자 배치

이러한 원소 내 전자의 배치에 대한 이해는 양자역학에 따른 슈뢰딩거 (Schrödinger) 방정식의 수학적인 풀이에서 유도된 양자 수로 더 명확해진다.

하나의 전자로 이루어진 원소인 가장 간단한 수소 원자를 비롯하여 다른 원소의 원자들 속의 전자들을 표시하는데 네 개의 양자 수를 사용한다. 이를 이용하면 원자 안에 있는 모든 전자들을 낱낱이 설명할 수 있는데, 이 양자 수는, 주양자수(n), 각운동량 양자수(l), 자기 양자수(m_ℓ) 및 전자스핀 양자수(m_s)이다.

주양자수 n은 1, 2, 3…의 정수 값으로 전자가 위치한 궤도함수의 에너지 값이고 전자와 핵 간의 거리에 해당한다. 각운동량 양자수 l 은 전자 운동이 발견되는 궤도 함수의 모양을 말해 주는 것으로 l 값은 0, 1, 2… (n-1)까지의 정수이며, 각 l 값은 궤도(orbital) 이름으로 S-궤도, P-궤도, d-궤도…로 나타낸다.

〈표 2.1〉 각운동량 양자수와 궤도함수 이름

각운동량 양자수	0	1	2	3	4	5
궤도함수 이름	S	P	d	f	g	h

아래 그림은 각 운동량 양자수에 따른 궤도 함수의 모양을 나타낸 것이다.

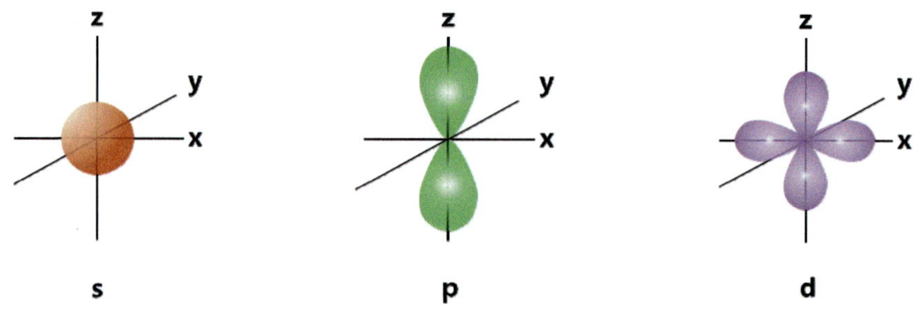

〈그림 2.2〉 s-궤도, p-궤도 및 d-궤도 함수의 모양

자기 양자수 m_ℓ 은 공간상에서 궤도 함수의 방향을 나타내는 것으로 다음 그림에서 보는 것과 같다. 각운동량 l = 0인 공 모양의 S궤도는 m_ℓ = 0 로 방향 구별이 없는 궤도 하나이지만, 각운동량 l = 1 인 P궤도는 자기 양자수가 m_ℓ = -1, 0, +1 의 세 값을 갖고 이는 P-궤도모양이 x축, y축, z축 방향으로 향하는

Px-, Py-, Pz -궤도 세 종류가 있음을 나타낸다.

$l = 2$ 인 d궤도는 자기 양자수가 m_ℓ = -2, -1, 0, +1, +2 의 다섯 가지 값을 갖고, 이는 x축, y축, z축의 사이를 향하는 dxy, dyz, dzx와 축방향의 $dx^2\text{-}y^2$, dz^2 등 다섯 궤도를 나타낸다. 아래 그림 2.3에서 각 궤도의 공간 방향을 알 수 있다.

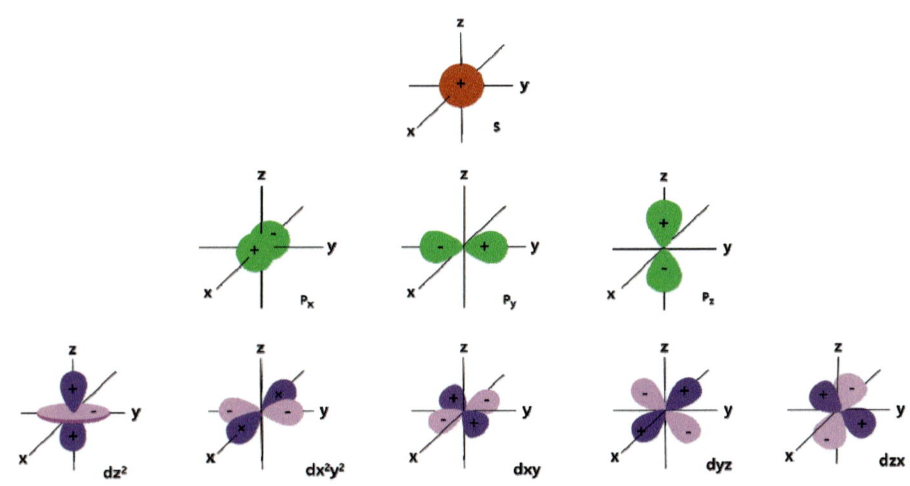

〈그림 2.3〉 s 궤도, p궤도 및 d 궤도의 공간 방향

전자스핀 양자수 m_s 는 그림 2.4에 나타낸 바와 같이 전자가 자신의 축을 중심으로 회전하는 방향이 시계 방향과 반시계 방향 두 가지로 구별됨을 나타내며, 각 스핀 양자수는 $m_s = +\dfrac{1}{2}$, $m_s = -\dfrac{1}{2}$ 값을 갖는다.

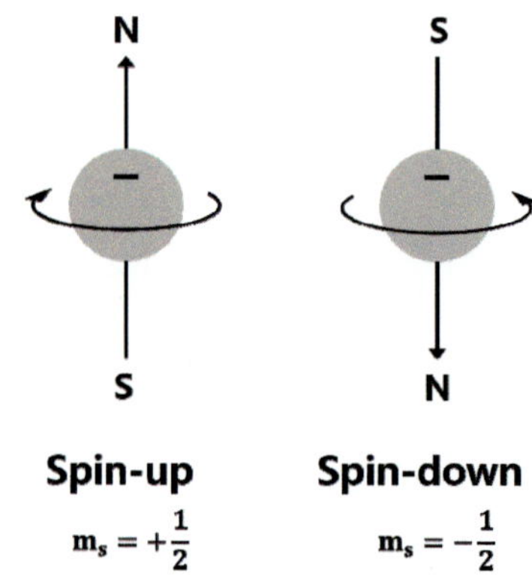

〈그림 2.4〉 전자의 스핀 모드

원자 번호에 따라 정리된 주기율표 각 원소들의 원자내 전자 배치(electron configuration)를 보면 전자들이 채워지는 궤도들과 그 순서를 알 수 있다. 주기율표의 왼쪽 위에서 시작하여 같은 주기의 오른 쪽 끝으로 그리고 다음 주기 왼쪽 끝의 순서를 반복한다.

주기율표 첫 주기에는 전자가 S-궤도를 채우는 H, He 두 원소만 있고, 둘째 주기에는 S-궤도를 채우는 2개의 원소(Li, Be)와 P-궤도(2P)에 여섯 개의 전자가 차례로 채워지는 6개의 원소(B에서 Ne까지)가 있다. 셋째 주기는 둘째 주기와 비슷하고 넷째 주기에는 S-궤도를 채우는 두 원소(K, Ca)에 이어 d-궤도(3d)에 전자가 차례로 채워지는 10개의 원소(Sc부터 Zn까지)가 있다. 이렇게 각 원소의 원자번호에 해당하는 갯수의 전자가 원자내에 채워지는 순서는 1S→2S→2P→3P→4S→3d→4P→ 등으로 다음 그림 2.5에 따른다.

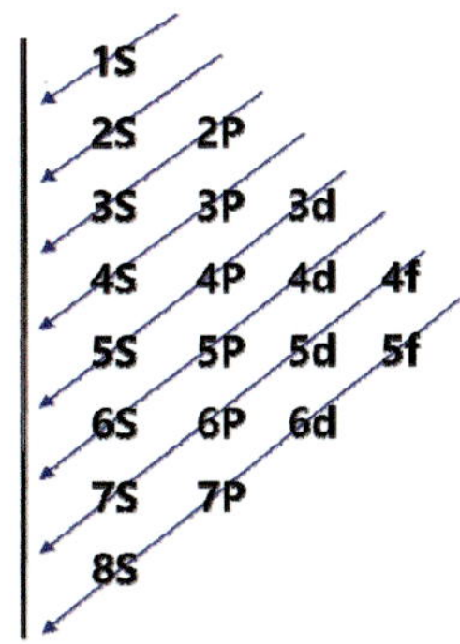

〈그림 2.5〉 원자 궤도에 전자가 배치되는 순서

2.3 s-블럭 원소

2.3.1 알카리 금속

(1) 알카리 금속의 전자배치

주기율표의 주족 원소중에서 1족에 속하는 원소는 수소($_1$H), 리튬($_3$Li), 소듐($_{11}$Na), 포타슘($_{19}$K), 루비듐($_{37}$Ru), 세슘($_{55}$Cs) 그리고 방사성 원소인 프랑슘($_{87}$Fr)이다. 이 원소들의 전자배치는 nS^1(n은 주양자수 혹은 주기율표에서 원소가 위치한 주기에 해당)이고 모두 원자가 전자(valence electron)가 단 한 개뿐인 다. 이 중에서 수소를 제외한 원소들은 고체로써 화학 반응성이 큰 금속이며 알카리금속(alkali metal)이라고 한다.

수소는 주기율표에서 가장 가벼운 1족 원소이고 화학 성질이 일부분 알카리

금속과 비슷하기도 하지만 표준상태에서 고체가 아니고 금속 성질을 나타내지도 않는다.

알카리 금속들은 대부분 은백색(세슘 경우 황금색을 띠기도)의 광택을 나타내는 가벼운 금속이다. 금속이지만 무른 까닭에 칼로 자를 수 있으며 밀도가 낮다. 화학 반응성은 매우 커서 많은 물질들 즉 물, 공기 또는 일부 할로젠 원소들과 격렬히 반응하고 큰 열을 발생한다. 따라서 Li, Na, K 등은 석유 속에 보관하고 반응성이 더 큰 Ru, Cs은 공기를 차단한 앰플 속에 보관해야한다.

1족 원소들의 유일한 원자가 전자는 약하게 결합되어 있는 S-궤도 전자로써 핵으로부터 비교적 쉽게 떨어져 나갈 수 있다. 따라서 1족 원소들의 (1차)이온화 에너지(ionization energy)와 전기음성도(electronegativity)는 작고, 다른 화학종과 화합물을 이룰 때 주로 +1가의 양이온으로 이온결합을 형성한다.

각 원소의 원자 반지름과 이온 반지름은 원자 번호가 증가하는 대로 커지는데 이는 각 원소의 원자가 전자 위치가 주 양자수 증가에 따라 핵에서 멀어지기 때문이다. 즉;

- $_3$Li : $1s^2 2s^1 \equiv$ [He]$2s^1$
- $_{11}$Na : $1s^2 2s^2 2p^6 3s^1 \equiv$ [Ne]$3s^1$
- $_{19}$K : $1s^2 2s^2 2p^6 3s^2 3p^6 4s^1 \equiv$ [Ar]$4s^1$
- $_{37}$Rb : $1s^2 2s^2 2p^6 3s^2 3p^6 4s^2 3d^{10} 4p^6 5s^1 \equiv$ [Kr]$5s^1$
- $_{55}$Cs : $1s^2 2s^2 2p^6 3s^2 3p^6 4s^2 3d^{10} 4p^6 5s^2 4d^{10} 5p^6 6s^1 \equiv$ [Xe]$6s^1$
- $_{87}$Fr : $1s^2 2s^2 2p^6 3s^2 3p^6 4s^2 3d^{10} 4p^6 5s^2 4d^{10} 5p^6 6s^2 4f^{14} 5d^{10} 6p^6 7s^1 \equiv$ [Rn]$7s^1$

(2) 알카리 금속의 반응

① 수소와의 반응

알칼리금속(M)은 수소분자(H_2)와 반응하여 염(salt)인 수소화화합물(hydride)을 생성한다.

$$2M \ + \ H_2 \ \rightarrow \ 2MH$$

생성된 화합물은 LiH(lithium hydride, 수소화리튬)에서 CsH(cesium hydride, 수소화세슘)로 갈수록 열적 안정성이 감소한다.

② 산소와의 반응

알카리 금속은 산소분자(O_2)와 반응하여 흰색의 고체 산화물(-oxide)이나 과산화물(-peroxide), 또는 초과산화물(-hyperoxide)을 생성한다.

$$4Li \ + \ O_2 \ \rightarrow \ 2Li_2O \qquad \text{(lithium oxide: 산화리튬)}$$

$$2Na \ + \ O_2 \ \rightarrow \ Na_2O_2 \qquad \text{(sodium peroxide: 과산화소듐)}$$

$$M + O_2 \ \rightarrow \ MO_2 \qquad \text{(M=k,Ru,Cs}$$

$$\text{metal hyperoxide: 초과산화금속)}$$

③ 물과의 반응

알카리금속이 물과 반응하면 수소 기체가 발생한다.

$$2M + 2H_2O \rightarrow 2MOH + H_2$$

이 반응은 알카리금속의 원자번호가 증가하면 반응성도 커지는데 포타슘(K) 부터는 스스로 발화반응 한다.

수소

수소는 원자 번호 1로써 1족의 첫 번째 원소이며 모든 원소 중 가장 가벼우며 일반적인 조건에서 비금속이고 일부 성질이 알카리금속과 유사한 것도 있으나 알카리금속이라고 하지 않는다. 산화수는 알카리금속과 유사하게 1가를 나타내지만, 금속과 결합한 수소 화합물(수소화금속)에서의 산화수는 +1이 아닌 −1이다. 한 예로써 LiH(lithum hydride, 수소화리튬)에서 수소의 산화수는 −1, 리튬의 산화수는 +1이다.

2.3.2 알카리 토금속

(1) 알카리 토금속의 전자 배치

주기율표의 주족 원소들 중에서 두 번째 족(group II)에 속하는 원소는 베릴륨($_4$Be: beryllium), 마그네슘($_{12}$Mg: magnesium), 칼슘($_{20}$Ca: calcium), 스트론튬($_{38}$Sr: strontium), 바륨($_{56}$Ba: barium), 라듐($_{88}$Ra: radium)이다. 2족에 속하는 이 원소들은 전자배치가 nS^2(n은 주양자수 혹은 주기율표에서 원소가 위치한 주기에 해당)로써 모두 원자가 전자가 두 개다.

알카리 토금속이라 부르는 이 원소들은 물과 반응하여 염기성 화합물을 형성하고 화학적으로 안정한 산화물을 이루는데, 지각 구성원소의 약 4.16 %는 이 알카리 토금속이며, 그 중 67 %는 칼슘, 31 %는 마그네슘이고, 바륨은 1.4 %, 스트론튬은 0.6 %으로 소량이며 베릴륨과 라듐은 극미량 혹은 혼적량으로 발견된다.

2족원소들의 원자가 전자는 S-궤도에 놓인 두 개의 전자인데, 원자번호가 증가하는 순서대로 주양자수가 증가한 S-궤도에 놓인 원자가 전자는 핵에서 멀어짐에 따라 원자 반지름이 커진다. 각 원소의 전자배치는 다음과 같다.

- $_4$Be : $1s^2 2s^2 \equiv$ [He]$2s^2$
- $_{12}$Mg : $1s^2 2s^2 2p^6 3s^2 \equiv$ [Ne]$3s^2$
- $_{20}$Ca : $1s^2 2s^2 2p^6 3s^2 3p^6 4s^2 \equiv$ [Ar]$4s^2$
- $_{38}$Sr : $1s^2 2s^2 2p^6 3s^2 3p^6 4s^2 3d^{10} 4p^6 5s^2 \equiv$ [Kr]$5s^2$
- $_{56}$Ba : $1s^2 2s^2 2p^6 3s^2 3p^6 4s^2 3d^{10} 4p^6 5s^2 4d^{10} 5p^6 6s^2 \equiv$ [Xe]$6s^2$
- $_{88}$Ra : $1s^2 2s^2 2p^6 3s^2 3p^6 4s^2 3d^{10} 4p^6 5s^2 4d^{10} 5p^6 6s^2 4f^{14} 5d^{10} 6p^6 7s^2 \equiv$ [Rn]$7s^2$

(2) 알카리 토금속의 반응

① 산소 분자와의 반응

산소와 반응하여 산화물(-oxide)을 생성한다.

$$2M + O_2 \rightarrow 2MO \quad \text{(M=Be, Mg, Ca, Sr, Ba, Ra)}$$

예를 들어 Ca의 경우 산화칼슘(calcium oxide, CaO)을 생성하며, Ba의 경우 BaO_2와 같은 과산화바륨(barium peroxide)을 생성하기도 한다.

② 수소 분자와의 반응

$$M + H_2 \rightarrow MH_2 \qquad (\text{M=Be, Mg, Ca, Sr, Ba, Ra})$$

수소와 반응하여 위와 같은 수소화물(-hydride)을 형성하는데, 예를 들어 Ca 의 경우 CaH_2를 생성하며, 이는 이온결합물질로써 금속원소인 칼슘이 칼슘양 이온(Ca^{2+})으로 비금속인 수소가 음이온인 수소화이온(H^-)인 화합물이다.

③ 물과의 반응

알카리 토금속은 물과 반응하여 염기성 수산화화합물을 생성하면서 수소기 체를 생성한다.

$$M + 2H_2O \rightarrow M(OH_2) + H_2 \quad (\text{M=Be, Mg, Ca, Sr, Ba})$$

위와 같은 알카리 토금속의 반응성은 원자번호의 크기에 따라 증가하는데, 각 원소가 공기중에서 반응하는 경향은 다음과 같다.

- Be 경우 습도가 낮은 상온에서 공기(산소)와 활발히 반응하지는 않고 반 응 진행이 퇴화하는 표면 산화가 진행된다(부동상태가 된다).
- Mg의 경우도 공기 중에서 표면산화에 따라 반응진행이 퇴화하며 얇은 막 이나 띠 형태로 제조된 Mg금속은 공기 속에서 탄다(산화한다).
- 원자번호가 큰 Ca, Sr, Ba과 Ra은 건조한 공기 속에서도 쉽게 반응하고 분 말인 경우 자연발화한다.

알카리 토금속과 물의 경도

알카리 토금속 중 Ca, Mg은 물의 세기 정도를 나타내는 경도(hardness)의 중심 원소이다. 물속에 녹아있는 금속이온 중에서 Ca, Mg, Mn, Sr, Fe등 +2가의 양이온들은 경도 유발 물질들이며 이 이온들의 양을 같은 당량의 탄산칼슘($CaCO_3$)에 해당하는 양(ppm)으로 환산한 값이 물의 경도이다. 일반적으로 Ca와 Mg 이외 원소들의 농도는 매우 낮아 물의 경도는 Ca^{2+}과 Mg^{2+} 농도의 합으로 결정한다.

경도에 대한 WHO 기준은 60 mg/L(as $CaCO_3$)이하를 연수(soft water) 60-120mg/L의 물을 온화한 경수 그리고 120mg/L이상의 물을 경수로 분류한다. 이러한 과학적 분석기준이 아니라도 경수를 확인할 수 있는 것은 물과 비누의 반응이다. 경수에서 비누거품이 잘 일지 않고, 비누 이용시 경수를 사용하면 욕실 바닥 등에 침전물이 생기는 것을 볼 수 있는데 이는 난용성 금속화합물 비누염 생성에 따른 것이다.

2.4 p-블럭 원소

주기율표에서 p-블럭 원소(p-block elements)들의 최외각 전자(원자가 전자)들은 p-궤도에 위치해있다. p-궤도는 그림 2.3에서 보는 것처럼 공간상 직각으로 교차하며 세 방향을 향하는 Px, Py, Pz 있다. 즉, p-궤도는 최대 6개의 전자를 수용할 수 있고, 이에 따라 p-블럭 원소는 주기율표의 13족에서 18족으로 분류된다.

p-궤도는 주양자수가 2 이상인 원자에서 처음 나타나고, p-블럭원소는 주기율표의 2주기 이상에 위치한다.

13족에서 18족까지, 각 족의 첫 번째(원자번호가 가장 적은) 원소는 B, C, N, O, F, He이며, p-블럭원소들의 원자가 궤도(전자가 위치하는 가장 바깥 궤도)의 전자배치는 ns^2np^{1-6}(여기서 n은 주양자수이고 주기율표에서의 주기로 생각할 수 있다.)이다. 예외로 18족에 속하는 첫 번째 원소인 He은 1주기 원소이므로 p-궤도를 갖지 않으며 전자배치는 $1s^2$이다.

각 족의 원소는 원자가 궤도의 전자배치는 같아도 내부궤도(inner core)의 전자배치는 다르다. 다른 주기에 위치함은 내부전자의 수와 궤도 크기가 다른 것이고, 이는 각 원소의 원자 및 이온의 반지름, 이온화 에너지 등 물리적 성질뿐 아니라 그에 기인한 화학 반응의 차이 등을 일으킨다.

p-블럭 원소들의 최대 산화수(oxidation state)는 원자가 전자의 수(최외각의 s-전자와 p-전자 수의 합)와 같다. 따라서 각 족의 최대산화수는 13족에서 18족까지 주기율표의 오른쪽으로 갈수록 증가하며, 이 산화수 외에 화학적 환경에 따라 여러 가지 산화수를 나타내기도 한다.

〈표 2.2〉 p-블럭원소들의 전자배치와 산화수

족	13	14	15	16	17	18
전자배치	ns^2np^1	ns^2np^2	ns^2np^3	ns^2np^4	ns^2np^5	ns^2np^6
각 족의 첫 두 원소	B, Al	C, Si	N, P	O, S	F, Cl	He($1s^2$), Ne
최대산화수	+3	+4	+5	+6	+7	+8
기타 대표 산화수	+1	+2, -4	+3, -3	+4, -2	+5, -1	+6, +2

  p-블럭원소들의 특성은 크게 두 부류로 나누어 살펴볼 수 있다. 한 부류는 각 족의 가장 가벼운 p-블럭원소, 즉, 2주기 원소인 B, C, N, O, F, Ne으로 이 원소들은 2주기와의 다른 p-블럭 원소보다 크기가 작고, 크기로 인한 여러 성질을 나타낸다.

  한편 p-블럭 원소만의 중요한 특징은, 2주기 p-블럭 원소에는 s-궤도와 p-궤도만 존재하고 d-궤도가 없지만, 3주기 이상의 p-블럭 원소에는 d-궤도가 존재하는 것이다. 2주기 p-블럭원소가 화학결합을 형성할 때는 2s-궤도와 2p-궤도(2Px, 2Py, 2Pz)를 사용하여 최대 네 개의 공유 결합을 형성할 수 있다. 그에 비하여 3주기 p-블럭원소들의 전자배치는 $3s^2 3p^{1-6}$(p-궤도에 1 개에서 최대 6개의 전자가 들어갈 수 있다)로써, 이 원소들의 주양자수는 3이므로, 13족에서 18족에 속하는 이 원소들의 3d-궤도엔 전자가 들어있지는 않지만, 3d-궤도를 갖고 있다. 이처럼 d-궤도를 갖고 있는 3주기 이상의 p-블럭 원소들은 이를 이용하여 공유결합성을 확장할 수 있다.

  예를 들어 13족 원소를 인 B과 Al의 플루오린 화합물을 비교해 보면, 2주기인 B의 화합물 BF_4^- 는 B가 가질 수 있는 최대 결합 수 4에 해당하는 화합물을 형성하고, d-궤도를 갖고 있는 3주기의 Al은 결합수가 6인 착화합물 $[AlF_6]^{3-}$을 형성할 수 있다. 이처럼 3주기 이상의 p-블럭원소들은 가벼운 2주기 p-블럭원소들에 비해 크기가 크고 d-궤도를 갖고 있는 특성으로 인하여 여러 가지 화학적 차이를 나타낸다.

  이상을 요약하면 주기율표의 13족에서 18족을 이루는 p-블럭 원소들은, 금속(metal), 비금속(non-metal) 그리고 준금속(metalloid) 등 모든 형태의 원소가 있는 독특한 영역이다. He을 제외하고는 $ns^2 np^{1-6}$의 원자가 전자배치를 갖고, 같은 족의 원소라도 내부껍질(inner shell)의 전자배치 차이가 물리적 성질과 화학반응의 차이를 일으킨다. 그리고 p-블럭 원소들의 산화수와 결합은 2주기 원소와 3주기 이상 원소에서 차이가 뚜렷한데 이는 3주기 이상의 원소에는 d-궤도가 존재하기 때문이다.

2.4.1 15족 원소

15족 원소는 질소(N, nitrogen), 인(P, phosphorus), 비소(As, arsenic), 안티몬(Sb, antimony) 그리고 비스무트(Bi, bismuth)이다. 같은 족 원소이지만 아래로 내려가면서 원소의 형태가 달라지는데, N, P는 비금속, As, Sb는 준금속 그리고 Bi는 전형적인 금속이다.

원소의 전자배치는 ns^2np^3(여기서 n은 주양자수로 이는 주기율표의 주기에 해당)으로 s-궤도는 전자 한 쌍으로 완전히 채워져 있고 총 6개의 전자를 수용할 수 있는 p-궤도는 절반이 채워져 있어서 안정한 전자배치를 이루고 있다.

15족 원소들의 일반적인 산화수는 −3, +3, +5이다. 원자가 전자가 5개이므로 전자 3개를 받아들여(절반 만 차 있는 p-궤도에 전자를 받아들여) 궤도를 채우는 경우 산화수가 −3이고, 원자가 전자를 모두 잃는 경우 +5가 된다. 같은 족에서 아래쪽 원소들은 금속 성질이 크므로 양의 산화수를 갖는 경향이 크고, 가벼운 위쪽원소 일수록 음의 산화수를 띠는 경향이 커진다. 실제로는 무거운 원소도 전자를 모두 잃고 +5 산화수를 띠는 것은 금속인 Bi 정도이고, 산화수는 +3이 일반적이다. 15족 원소 중 가장 가벼운 질소의 산화수는 다음 표 2.3에서 보는 것처럼 −3에서 +5까지 매우 다양하다.

<표 2.3> 질소 화합물 명명과 질소의 산화수

화학식	한글 명명법	산화수	영문명	출처
NH_3	암모니아	-3	ammonia	비료
N_2	질소	0	nitrogen	공기
N_2O	일산화이질소	+1	dinitrogen oxide (nitrogen(I) oxide)	토양 속
NO	일산화질소	+2	nitrogen monoxide (nitrogen(II) oxide)	대기오염 NO_x
N_2O_3	삼산화이질소	+3	dinitrogen trioxide (nitrogen(III) oxide)	대기오염 NO_x
NO_2	이산화질소	+4	nitrogen dioxide (nitrogen(IV) oxide)	대기오염 NO_x
N_2O_5	오산화이질소	+5	dinitrogen pentoxide (nitrogen(V) oxide)	NO_x

15족 원소 중 d-궤도를 갖고 있지 않은 질소는 하나의 s-궤도와 세 개의 p-궤도를 이용해 최대 네 개의 공유결합을 형성할 수 있다. 이 질소는 3주기 이상의 무거운 15족 원소들과는 다른 특이성을 나타내는데, 크기가 작고 전기음성도가 크며 이온화 에너지가 큰 값을 갖는 경향이, 나머지 아랫쪽 원소들 사이에서 나타나는 차이 보다 크다.

질소는 같은 원소간 π-결합($p_\pi - p_\pi$)뿐 아니라 크기가 작고 전기음성도가 큰 주기율표의 이웃 원소(예: 탄소, 산소)들과도 $p_\pi - p_\pi$ 결합을 이룰 수 있는데 이는 3주기 이상 원소에는 없는 특이성이다. 질소는 두 질소 원자 사이에 하나의 s-궤도와 두 개의 p-궤도로 삼중 결합이 형성되어 이원자 분자(N_2, $N \equiv N$)를 형성하고, 그 결합엔탈피는 매우 크다(941.4 kJ/mol). 그에 반하여 질소보다 큰 원소들, 인, 비소, 안티몬은 동일 원자 사이에 단일결합 P-P, As-As, Sb-Sb을 가지며, 비스무트는 원소 상태에서 금속결합을 갖는 전형적인 금속 물질이다.

15족 원소(E)와 수소(H)는 반응하여 EH_3(A=N, P, As, Sb, Bi) 형태의 수소화 화합물을 생성한다. 가장 안정한 것은 암모니아(NH_3)이고 원자번호가 증가할수록(주기율표의 아래쪽으로 내려갈수록) 화합물 안정성이 낮아지는데 이는 결합 해리 에너지(bond dissociation energy) 감소로 알 수 있다. 화합물의 안정성이 낮아지는 것은 환원제로의 성격은 강해지는 것을 의미하며, 안정성이 큰 암모니아도 환원제 역할을 하지만 비교적 온화한 환원제이다.

15족 원소(E)가 산소(O)와 반응하는 주요한 두 가지 산화물은 E_2O_3와 E_2O_5이다. 같은 원소의 경우에는 산화수가 큰 산화물의 산성 성질(acidic character)이 더 강하다. E_2O_3 형태의 화합물의 경우 N_2O_3와 P_2O_3는 순수한 산성 성질을 띠지만 As와 Sb의 E_2O_3 형태는 양쪽성이고, 금속성이 강한 Bi의 화합물, Bi_2O_3는 주로 염기성을 띤다.

2.4.2 16족 원소

16족 원소는 산소(O, oxygen), 황(S, sulfur), 셀레늄(Se, selenium), 텔루륨(Te, tellurium) 그리고 폴로늄(Po, pollonium)이다. 원소들의 원자가 전자 배치

는 ns^2np^4로써 S-궤도는 전자가 모두 차있고 P-궤도에 4개의 전자가 들어있다.

여기서 n은 양자역학에서의 주양자수이며, 각 원소가 속한 주기율표의 주기와 일치하는데 산소에서 폴로늄까지 원자가 전자가 위치하는 주양자수 n은 2에서 6까지 이다.

16족 원소들은 생물의 삶에 밀접하게 관련되어 있다. 우리는 산소가 인간의 생명에 필수적일뿐 아니라 모든 물질 작용에 항상 연관되어 있음을 알고 있다. 황도 마찬가지로 생물의 필수원소 중 하나이며 유기 생명체의 단백질 구성에 기여한다. 그 외에 자연현상에서뿐 아니라 산업활동에서도 16족 원소들의 거동은 중요한 의미를 갖는다.

산소에서 폴로늄에 이르기까지 원자번호가 증가하면서 원자 내의 전자수가 증가하고 그에 따라 원자크기가 커지면서 16족 원소의 물리적 성질이 일정한 경향을 나타낸다. 산소와 황은 비금속(non-metal)이며 셀레늄은 비금속이면서도 금속성을 띠어 반도체 물질로도 쓰이며 텔루늄은 준금속(metalloid)이고 폴로늄은 금속(metal)이다.

16족에서 아래쪽에 위치하는 원소일수록, 즉 원자 반지름이 큰 원소일수록 일차 이온화에너지가 작고 전기음성도도 감소한다. 16족 원소가 갖는 가장 일반적인 산화스는 −2이다. 이는 원자가 전자배치 ns^2np^4에서 전자가 채워져 있지 않은 P-궤도에 전자 2개가 채워진 형태이다. 한편 황의 일반적인 산화수는 +4, +6이고 Se, Te, Po 에서는 +2, +4, +6의 산화수가 가능한데 이는 S-궤도와 P-궤도의 원자가 전자가 떨어져 나간 이온형태이다.

산소는 지각이나 인체 구성에서 질량비가 가장 큰 원소이며 대기 구성에서는 질소 다음으로 많은 원소이다. 산소가 화합물을 구성함에 가장 일반적인 산화수는 −2 이지만 −1, 0 그리고 −1/2 산화수의 화합물도 형성한다.

산소 산화수가 −2인 물질은 산화물(-oxide)라고 하는데 금속산화물은 대부분 이온 화합물로써 물에 녹아 수산화물을 생성한다. 그에 비하여 비금속산화물은 녹는점이나 끓는점이 낮은 단순한 공유화합물이다.

산화수가 −1인 산소화합물은 과산화물(-peroxide)이라 하는데 Na_2O_2, BaO_2와 같은 화합물이 이에 속하고, 산화수가 $-1/2(O^-_2)$인 산소화합물은 초과산화물(superoxide)이라 명명하며, KO_2(초과산화포타슘, potassium superoxide)가 한 예이다.

산소화합물의 구조에서 산소원자가 중심에 놓여있는 경우는 드물고 산소가 4개 이상의 원소와 결합된 화합물이 존재하지 않음은 원자크기가 작고 원자가 껍질이 팽창할 수 없는 것으로 설명할 수 있다. 예외적으로 산소원자가 화합물 구조의 중심에 위치하는 물분자는 강한 수소 결합을 형성하고 큰 쌍극자 모멘트를 갖는 극성화합물이다.

산소는 다양한 반응을 통하여 많은 무기화합물과 유기화합물을 형성한다. 앞서 설명한 산화물, 과산화물, 초과산화물과 탄산염(carbonate)외에 유기화합물로써 알코올(alcohols), 이서(ethers) 그리고 알데히트(aldehydes), 케톤(ketanes), 에스테르(esters), 아마이드(amides), 카르복실산(carboxylic acids)과 같은 카르보닐(carbonyl)등 수 많은 화합물 속에 산소가 들어가 있다.

16족 원소 중에서 산소를 제외한 3주기의 황과 그 아래쪽 원소들은 d-궤도를 갖고 있다. 이 때문에 같은족에 속한 비금속원소 이면서도 산소와 황은 크기뿐 아니라 화학적 성질의 차이를 나타내며, 산소와 황사이의 특성 차이는 d-궤도를 갖는 원소들(S, Se, Te, Po) 사이의 차이보다 크다.

황은 주기율표에서 가장 많은 동소체(allotrope)를 갖는 원소인데, 가장 일반적인 고리구조의 고체 S8 외에 기체 상태 동소체로 S, S_2, S_4, S_6, S_8 가 존재하는 등 독특한 원소 특성을 갖는다. 공기중 산소와 결합하며 이산화황(SO_2: sulfur dioxide)과 삼산화황(SO_3: sulfur trioxide)을 형성하고 이는 황산(H_2SO_4: sulfuric acid) 제조에 사용될 수 있다.

황의 산화수는 −2에서 +6까지 폭 넓게 다양한 화합물을 이룬다. 그리고 산소와는 달리 주로 화합물 구조의 중심에 위치하고, 다른 원자와의 결합도 6개 까지 형성할 수 있으며, 무기화합물로서 뿐 아니라 황 원소를 포함한 다양한 유기화합물이 존재한다.

2.5 전이금속 원소

주기율표에서 2족과 12족 사이에 위치한 원소들은 d-블록 원소와 f-블록 원소로 구별할 수 있는데 이 들을 함께 전이금속원로로 나타내기도 한다.

d-블록(d-block) 원소들은, 3족에서 12족에 이르는 10개의 족에 속하며 이 원소들의 d-궤도에 최대 10개의 전자가 전자번호 증가 순서대로 채워진다. d-블록 원소들은 4주기에서 7주기의 네 개의 장주기(long-period)에 속하는 원소들이며, 각 주기 원소들의 원자가 전자는 주기별로 3d-궤도에서 6d-궤도에 위치하고 있는데 일반적인 전자배치는 $(n-1)d^{1-10}ns^{1-2}$ 이다(n은 원소가 속하는 주기). 이 원소들은 전이금속(transition metal)이라고도 한다.

한편 6주기와 7주기의 3족 원소는 각각 란타넘($_{57}$La: lanthanum)과 악타늄($_{89}$Ac: actinium) 이며 La 위치에 원자번호 58번에서 71번, Ac 위치에 원자번호 90번에서 103번에 이르는 14대 원소가 있다. 이 원소들의 원자가 전자 들은 각각 4f-궤도와 5f-궤도에 순차적으로 배치되어 있는 구조이므로 이 원소들을 f-블록(f-block)원소로 분류한다.

이들을 란타넘계열 및 악타늄 계열 원소라고도 부르며, 이 두 계열원소는 내부전이금속(inner transition metal)에 속한다.

엄격히 말하면 전이금속 원소는 바닥상태나 어떤 산화상태에서 전자들로 완전히 채워지지 않은 d-궤도를 갖고 있는 원소를 가르킨다. 하지만 바닥 상태의 전자배치에서 d-궤도가 10개의 전자로 채워져 있는 아연($_{30}$Zn: $3d^{10}4s^2$), 카드뮴($_{48}$Cd: $4d^{10}5s^2$) 그리고 수은($_{80}$Hg: $5d^{10}6s^2$)이나 이 원소들의 이온(S-궤도의 전자를 잃고 생성되는 양이온)들은 전이금속 원소로 다룬다.

Keystone — **전자배치 (electron configuration)** —

구리(Cu)는 전이금속 이지만 아연(Zn)은 아니라고 할 수 있는 이유는?

Cu의 전자배치는 $3d^{10}4s^1$으로 d-궤도가 꽉차있다. 구리 이온의 전자 배치는, Cu^+는 $3d^{10}$이지만 가장 일반적이고 안정한 Cu^{2+}는 $3d^9$로 d-궤도에 전자가 완전히 채워져 있지 않으므로 전이원소(transition element)이다. 한편 Zn의 전자배치는 $3d^{10}4s^2$이고 가장 안정한 아연이온 Zn^{2+}도 $3d^{10}$ 이므로 d-궤도에 전자가 꽉채워져 있으므로, d-블록 원소이지만, 엄격히 구별하면 전이원소로 분류되지는 않는다. 전이원소란 원소의 특성이 주기율표의 s-블럭 원소에서 p-블럭 원소로 바뀌는 곳에 위치한데 따른 명명이다.

2.6 화학평형과 반응속도

2.6.1 화학평형

화학반응에서 반응물이 100 % 생성물로 바뀌는 경우는 거의 없다. 대부분은 일정시간(t)이 지난 후에 동적인 평형(dynamic equilibrium)에 이르게 된다. 다음과 같은 화학반응을 고려해 보자.

$$aA + bB \;\rightleftharpoons\; cC + dD$$

이 반응의 평형 위치를 파악하기 위해 온도와 압력에 의존하는 평형상수 K를 도입하는데 이것은 질량작용법칙(the law of mass action)에 따라 기술한 것이다.

$$K = \frac{[C]^c \cdot [D]^d}{[A]^a \cdot [B]^b}$$

여기서 기호 K는 평형상수(equilibrium constant)라 부르고 평형상태에서만 사용하며, 그 이외 임의의 상태에서는 흔히 평형계수(equilibrium quotient) Q를 사용한다. 질량작용의 법칙으로부터 중요한 르 샤틀리에(Le Chatelier)의 원칙-한 평형계에 외부에서 어떤 강압적인 요인이 작용하는 경우 평형은 그 요인을 감쇄시킬 수 있는 방향으로 반응이 진행된다-을 알 수 있는데, 이는 다음과 같이 설명할 수 있다.

가. 계의 주변 온도가 상승하면 평형은 항상 흡열반응이 일어나는 방향으로 이동한다.(주변 에너지가 상승한다는 것은 충돌에 필요한 최소 에너지가 감소하는 것이다.)

나. 계 주변의 압력이 상승하면(이는 기체에만 영향을 끼치는데) 평형은 부피가 큰 쪽에서 작은 쪽으로 진행되는 방향으로 이동한다.

다. 반응계 물질의 농도가 변하는 두 가지 경우가 있다 .물질의 농도가 증가하면 평형은 농도가 증가된 물질을 소비하는 쪽으로 이동한다. 반면 물질의 농도가 적어지면 평형은 그 물질이 생성되는 죽으로 이동한다.

2.6.2 화학 반응 속도

반응 속도론은 화학 반응을 논의하는 데 매우 중요한 관점으로, 반응이 얼마나 빨리 진행되고 어떤 메카니즘을 통해 전개되는지를 기술하는 것이다. 그리고 열역학은 물질의 에너지 전환과 에너지 수득률을 파악하는 것이다. 속도론에서는 반응 차수를 언급하고 반응을 0차, 1차, 2차 반응으로 구분한다.

반응에서 시간과 물질의 농도 관계를 미분 방정식을 통해 나타내는데, 반응에 따른 수식 전개를 통해 다음 결과를 얻는다.

0차 반응식 $\qquad C_A = -k \cdot t + C_{0,A}$ $\qquad$ (예: 촉매에서의 기체 분해)

1차 반응식 $\qquad C_A = C_{0,A} \cdot e^{-kt}$ $\qquad$ (예: 방사성 물질 분해)

2차 반응식 $\qquad C_A^{-1} = k \cdot t + C_{0,A}^{-1}$ $\qquad$ (예: 많은 반응들)

각 식은 물질 A의 초기 농도 $C_{o,A}$ 와 반응 시작 후 시간 t 가 지난 후의 농도 C_A 사이의 관계를 나타내며 k는 반응 속도 상수 이다. 이 관계식은 반응 물질들 간의 충돌이론(collision theory)에 따른 것으로, 화학반응이 일어나기 위해서는 넘어서야 할 최소 에너지 장벽이 있고 그를 위해 반응 물질 입자들 사이에 효과적인 충돌이 있어야만 한다는 이론이다. 이 최소 에너지는 '활성화 에너지(activation energy)'라고 하고 이는 곧 특정한 화학반응이 일어나기 위해서 반드시 넘어야 하는 에너지 장벽이다. 따라서 반응속도는 충돌수에 정비례하며, 이 이론은 반응(흡열 및 발열 반응: endo-and exothermic reaction)의 온도 의존성을 나타내기도 한다. 온도가 10 K 증가하면 반응속도는 4배 까지 빨라질 수 있다. 이는 고온에서 분자의 내부에너지가 증가하여 운동속도가 빨라지고 격렬하게 움직임으로써 반응물질 사이의 충돌이 일어날 확률이 증가하는 것이다.

반응의 에너지 준위를 그림으로 도시해보면, 흡열반응에서는 생성물질의 에너지 준위가 반응물질보다 높고, 발열 반응에서는 그 반대이다.

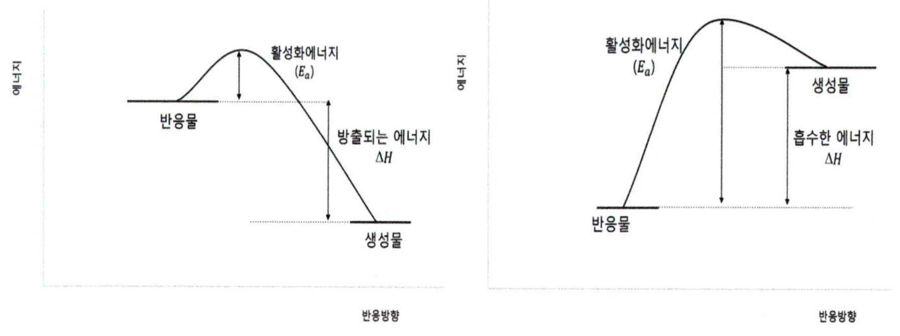

〈그림 2.6〉 (가) 발열반응과 (나)흡열반응의 에너지 변화

반응 중에 에너지가 최대인 지점은 두 가지 서로 다른 상태로 구분하여 묘사할 수 있는데, 각각 전이 상태(transition state)와 중간체(intermediate)를 생성하는 경우 이다. 전이 상태는 반응물과 입체적으로 유사한 상태로 묘사되고 화학결합을 한 상태는 아니며 정전기적인 접근 상태로 다룬다. 하지만 물질 간 서로 작용하는 힘이 최대로 나타날 수 있도록 반응물들이 입체적으로 배향한 후 생성물로 변한다. 에너지가 최대인 이 상태에 놓인 물질들을 활성화된 착물이라고 부른다.

이에 비해 중간 생성물 상태에서는 화학결합이 형성되나 ,입체적인 작용과 정전기적인 상호작용에 따라 매우 불안정하여 곧 다시 분해되어 생성 물질로 변한다.

반응 메카니즘과 연관된 전이 상태나 중간체 생성에 관한 활성화 에너지가 포함된 모든 관계들은 아레니우스 식(Arrhenius equation)에 함축되어 다음과 같이 표현된다.

$$k = A \cdot e^{-\frac{Ea}{RT}}$$

반응 속도상수(k)와 온도(T)의 관계를 나타낸 실험식으로, 기체상수(R), 활성화 에너지(Ea) 및 충돌 빈도 인자(A)를 포함한다. 아레니우스 식은 정확하지는 않지만 대체로 좋은 접근방식이다. 이 식은 일부 빠른 반응을 제외하고는, 기상, 액상, 고상 및 불균일 반응 등의 일반적인 화학 반응과 물질 확산이나 여러 단계에 걸쳐 일어나는 반응 등에도 적용할 수 있다.

활성화에너지는 촉매를 이용하여 낮출 수 있는데 촉매는 기본적으로 균일촉매(반응물질과 같은 상(phase)의 촉매와 불균일촉매(반응물질과 다른 상의 촉매))로 나눌 수 있다. 촉매의 기능이 발현되는 것은 대체로 반응물질이 공간상에 좀 더 효율적으로 배치하게 되거나 화학적으로 적절하게 작용하여 활성화 에너지가 낮아지는데 따른 것이다. 환경에서 활용하는 대표적 촉매 반응은 자동차 배기가스가 촉매인 백금표면에 흡착되어 분해 제거되는 것과 같은 예를 들 수 있다.

열역학은 속도론과 더불어 화학에서 반응을 예측하거나 설명하는 중요한 도구이다. 화학에서 열역학 함수의 크기는 반응을 에너지 관점에서 고려하는 것이다. 중요한 열역학 함수를 다음 표에 요약하였다.

〈표 2.4〉 열역학 함수와 정의

함수	기호(단위)	정의
엔탈피 (enthalpy)	H (KJ·mol^{-1})	일정한 압력 하에서 나타나는 계(system)의 내부에너지 변화량
엔트로피 (entropy)	S (J·mol^{-1}K^{-1})	계의 열 변화량을 온도로 나눈 값
깁스 에너지 (Gibb's energy)	G (KJ·mol^{-1})	반응 후에 효과적으로 이용가능한 에너지

깁스 에너지는 반응 고찰에서 실질적으로 사용할 수 있는 에너지이다. 에너지를 내놓는 화학반응은 에너지 발수성(exergonic)이라고 하고 그 반응은 자발적으로 일어나는 반면, 에너지를 받아들이는 반응은 에너지 흡수성(endergonic)이라고 부르며 그 반응은 비자발적이다. 깁스 에너지는 두 상태함수, 엔탈피와 엔트로피에 의해 결정된다. 즉,

$$\triangle G = \triangle H - T \triangle S$$

모든 열역학 함수의 절대적 크기는 측정할 수 없고 단지 그 변화량만을 측정할 수 있으며, 그 값들은 측정하는 경로(순서)에는 무관하고 처음과 최종 상태에 따라서만 결정되는 상태함수(state function)이다. 이는 헤스의 법칙(Hess' law)이 된다.

속도론과 열역학의 두 성질을 결합함으로써 화학반응의 평형을 고려할 수 있다.

물 - 기체 시스템

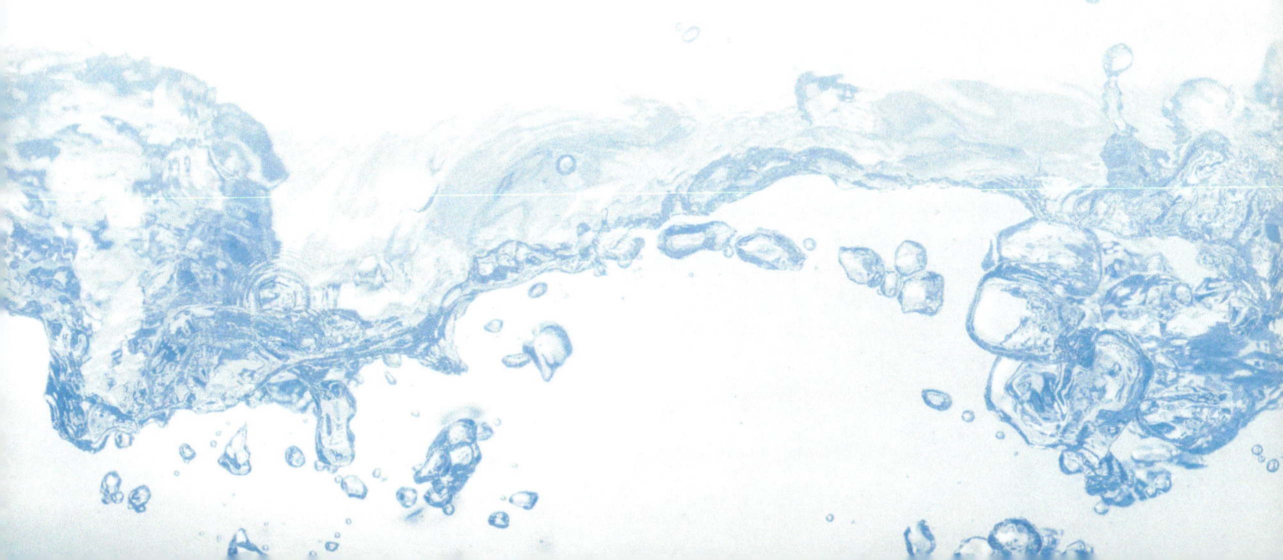

3.1 물과 기체의 반응

닫힌계(closed system)에서 기체가 물과 접촉해 있는 경우 기체의 일부는 물에 녹는다. 즉 액체(liquid)인 물 분자는 기체(gas)를 흡수하고 기체 분자는 물 분자 사이로 이동한다. 물과 기체가 충분한 시간 동안 접촉하면 두 상(phase) 사이에 흡수(absorption)와 탈착(desorption)이 일어나면서 물에 용해하는 기체의 농도는 최대에 이르는 데, 그 농도는 물의 온도 그리고 물과 접하고 있는 모든 기체의 총 압력 중 해당하는 기체의 부분 압력에 비례한다. 영국의 과학자 W. Henry는 1803년 이 현상을 정리하여 자신의 이름을 붙인 법칙을 제안하였다.

Keystone   헨리의 법칙(Henry's law)

액체 용액에 용해하는 비응축성(non-condensable) 기체의 양은 용액과 접촉하여 평형에 도달하는 기체의 부분 압력(partial pressure)에 비례한다.

열역학적 관점에서 '주위(surrounding)와 물질(material) 교환은 없지만 열(heat)과 같은 에너지(energy) 교환은 일어나는 계' 라고 정의하는 닫힌계(closed system), 예를 들어 물이 반쯤 들어있고 그 위는 기체로 채워져 있는 병을 생각해보자.

계를 채우고 있는 기체가 공기와 같은 혼합 기체가 아닌 단일 성분인 질소-실제 대기에서는 공기 조성의 가장 큰 분율을 차지하는 혼합 기체지만 - 만으로 이루어진 닫힌계를 생각해 보자. 물에 용존되어 있는 질소(N_2,(aq))는 용해하지 않고 물 위로 빠져나오는 질소기체(N_2,(g))와 열역학적 평형을 이룬다. 용해되어있던 질소가 기체로 용출되어 나오는 과정과 그 반응 평형상수는 다음과 같이 쓸 수 있다.

$$N_2(aq) \; \rightleftharpoons \; N_2(g) + H_2O(l) \quad \cdots\cdots\cdots\cdots\cdots\cdots (1)$$

$$K = \frac{[N_2(g)]\,[H_2O(l)]}{[N_2(aq)]} \quad \cdots\cdots\cdots\cdots\cdots\cdots\cdots (2)$$

물의 몰농도, [H_2O(l)]는 일정하므로 $\dfrac{K}{[H_2O(l)]}$ 역시 새로운 상수가 되고 이를 헨리 법칙 상수, $K_{H,pc}$로 정의하면(여기서 첨자 H는 헨리상수, p는 기체의 압력, c는 기체의 용존 농도를 의미한다),

$$K_{H,pc} = \frac{K}{[H_2O(l)]} = \frac{[N_2(g)]}{[N_2(aq)]} \quad \cdots\cdots\cdots\cdots\cdots\cdots (3)$$

즉 헨리 법칙 상수는 기체상의 물질 농도와 의 액체상(물속) 물질 농도의 비 $\dfrac{N_2(g)}{[N_2(aq)]}$ 가 된다. 기체상의 물질 농도를 압력으로 바꾸어 쓰면,

$$K_{H,pc} = \frac{P_{N_2}}{[N_2(aq)]} \quad \cdots\cdots\cdots\cdots\cdots\cdots\cdots (4)$$

여기서 기체의 몰농도에 해당하는 압력 P_{N2}는 닫힌계 평형에 있는 기체가 한 종류이면 그 기체의 전체 압력(atm)이고, 만일 평형에서 고려하는 기체가 단일 기체가 아닌 혼합 기체라면 전체 압력 중 해당 기체가 갖는 부분 압력(atm)이다. 물속에 용해된 기체는 몰농도(M 또는 mol/L)로 나타낸다. 이 경우 헨리 법

칙 상수(Henry's law constant)의 단위는 atm/M이며, 이 단위로 나타낸 대표적인 대류권 기체의 $K_{H,pc}$값은 다음 표와 같다.

<표 3.1> 대류권 주요 기체의 헨리 법칙 상수, $K_{H,pc}$(atm/M)

기체	$K_{H,pc}$(atm/M)	기체	$K_{H,pc}$(atm/M)
N_2	1639.34	H_2	1282.05
O_2	769.23	CO	1052.63
Ar	714.28	He	2702.7
CO_2	29.41	Ne	2222.22

헨리의 법칙을 일반적인 기체(G)에 대하여 나타내면 다음과 같이 표기할 수 있다.

$$K_{H,pc} = \frac{P_G}{[G(aq)]} \quad \cdots\cdots\cdots\cdots\cdots\cdots\cdots\cdots\cdots (5)$$

이 식을 다시 쓰면, 기체 G의 물에서의 용해도 [G(aq)]는 기체 G의 압력(혹은 부분압력) P_G와 기체 G의 헨리 법칙 상수 $K_{H,pc}$로부터 다음 식에 따라 계산할 수 있다.

$$[G(aq)] = \frac{P_G}{K_{H,pc}} \quad \cdots\cdots\cdots\cdots\cdots\cdots\cdots\cdots\cdots (6)$$

이 식을 이용하여 질소와 물 만으로 이루어진 닫힌계에서, 물위의 질소 압력이 1 atm인 경우 물과 질소가 평형을 이룬 경우 물속 질소농도를 계산하면 다음과 같다.

$$[N_2(aq)] = \frac{P_{N_2}}{K_{H,pc}} = \frac{1\ atm}{1639.34\ atm/M} = 6.1 \times 10^{-4}\ M$$

한편 대류권 대기와 접하고 있는 호수에서의 질소 농도를 계산하려면 대류권에서 질소가 갖는 부분 압력을 고려해야 한다. 대류권 질소는 공기 조성의 일부로 다른 기체들과 혼합되어있으며 평균 조성 분율은 78 %이다. 대기압이 1 atm이면 그의 78 %인 0.78 atm이 공기 중 질소의 부분 압력이다. 이 값으로부터 대류권과 접촉하고 있는 물 속의 질소농도를 계산하면 다음과 같다.

$$[N_2] = \frac{P_{N_2}}{K_{H,pc}} \frac{0.78\ atm}{1639.34\ atm/M} = 4.8 \times 10^{-4}\ M$$

이제까지 살펴본 헨리 법칙 상수는 물속에 용존되어 있던 기체가 용출되는 과정의 화학 평형을 기술한 것이다.

다음은 기체(A)가 물에 녹아들어가는 계, 즉 반응물로서의 기체와 생성물로서의 용존 기체를 고려한 반응과 그의 평형을 알아본다. 이 화학 반응식으로부터 헨리 법칙 상수를 정리해보면 다음과 같다.

$$A(g) + H_2O(l) \;\rightleftharpoons\; A(aq) \quad \cdots\cdots\cdots\cdots\cdots\cdots\cdots (7)$$

$$K^{'} = \frac{[A(aq)]}{[A(g)][H_2O(l)]} \quad \cdots\cdots\cdots\cdots\cdots\cdots (8)$$

$$\frac{[A(aq)]}{[A(g)]} = K^{'}[H_2O(l)] = K_{H,cp} \quad \cdots\cdots\cdots\cdots (9)$$

$K_{H,cp}$는 수용액상에서 기체 A의 농도 $A(aq)$와 기체상 기체 A의 농도 $A(g)$를 나타내는 무차원(dimensionless) 값이고, 이는 물질 A의 물-공기 분배계수(water-air partitioning coefficient)라고도 한다.

농도비로 나타낸 이 계수는 이상기체의 경우 기체(A)가 물속에 녹아있는 용존 농도[$A(aq)$]와 용해하지 않고 물위에 나타나는 기체의 압력 $P_{A(g)}$의 비로 바꾸어 쓸 수 있다.

$$K_{H,cp} = \frac{[A(aq)]}{P_{A(g)}} \quad \cdots\cdots\cdots\cdots\cdots (10)$$

이 식의 기체 압력을 이상기체 방정식과 연계하여 기술하면 다음과 같이 전개할 수 있다.

$$P_{A(g)}V = n_{A(g)}RT \quad \cdots\cdots\cdots\cdots\cdots (11)$$

$$(R은 \ 기체상수: Jmol^{-1} \cdot K^{-1})$$

여기서 $\dfrac{n_{A(g)}}{V} = [A(g)]$로 고쳐쓰면, [A(g)]는 용해하지 않은 기체의 몰 농도가 되어 식은 다음과 같이 된다.

$$P_{A(g)} = [A(g)]RT \quad \cdots\cdots\cdots\cdots\cdots (12)$$

$$[A(g)] = \frac{P_{A(g)}}{RT} \quad \cdots\cdots\cdots\cdots\cdots (13)$$

식(10)의 $K_{H,cp}$에 이상기체에서 유도한 식(13)을 대입하면,

$$K_{H,cp} = \frac{[A(aq)]}{[A(g)]} = \frac{[A(aq)]}{P_{A(g)}/RT} \quad \frac{[A(aq)]\,RT}{P_{A(g)}} \qquad \cdots\cdots\cdots (14)$$

따라서 물에 용해한 기체의 몰 농도는

$$[A(aq)] = \frac{K_{H,cp}}{RT} \cdot P_{A(g)} \qquad \cdots\cdots\cdots\cdots\cdots\cdots\cdots (15)$$

또는

$$\frac{[A(aq)]}{P_{A(g)}} = \frac{K_{H,cp}}{RT} \qquad \cdots\cdots\cdots\cdots\cdots\cdots\cdots (16)$$

여기서 $[A(aq)]/P_{A(g)}$는 앞에서 기술한 헨리 법칙 상수, 식(14)의 역수, $1/K_{H,pc}$ 이다. 따라서,

$$RT \cdot \frac{A(aq)}{P_{A(g)}} = \frac{RT}{K_{H,cp}} = K_{H,pc} \qquad \cdots\cdots\cdots\cdots\cdots\cdots (17)$$

이 식으로부터 헨리 법칙 상수($K_{H,pc}$)와 또 다른 헨리 법칙 상수인 물-공기 분배계수($K_{H,cp}$)의 관계를 알 수 있다. 이 두 상수는 모두 헨리 법칙을 나타내는 상수로, 물속에 용존된 기체와 방출되어 나온 기체가 평형을 이르는 계에 대한 값과 공기 중 기체가 물에 용해되어 물과 공기에 분배된 정도를 나타내는 값으로 구별하여 정의할 수 있으며, 두 상수의 단위 차이에 유의하여야 한다. 다음 표 3.2는 물-공기 분배 계수로 나타낸 물-기체 시스템의 헨리법칙 상수이다.

〈표 3.2〉 헨리 법칙 상수 (물–공기 분배계수), $K_{H,cp} = \dfrac{[G(aq)]}{P_G}$ (25℃)

기체	화학식	$K_{H,cp}$ (mol/L · atm)
질소	N_2	6.1×10^{-4}
산소	O_2	1.3×10^{-3}
아르곤	Ar	1.4×10^{-3}
이산화탄소	CO_2	3.4×10^{-2}
네온	Ne	3.7×10^{-4}
헬륨	He	3.7×10^{-4}
메테인	CH_4	1.5×10^{-3}
수소	H_2	7.8×10^{-4}
황화수소	H_2S	1.02×10^{-1}
암모니아	NH_3	57.6
오존	O_3	1.1×10^{-2}
염소	Cl_2	9.1×10^{-2}
이산화황	SO_2	1.23
이산화질소	NO_2	1.0×10^{-2}

3.2 물속의 기체들

물과 공기가 접촉하는 계에서는 기체/액체 두 상의 경계에서 물질의 상호작용이 일어나고 공기 조성물질들은 물에 용해된다. 물에 용해되는 기체의 종류와 그 농도는 물의 수질을 결정하는 중요한 요소가 된다.

〈표 3.3〉 대류권 기체의 구성 물질과 조성비

기체화합물	화학식	조성비(%)
질소	N_2	78.110
산소	O_2	20.953
아르곤	Ar	0.934
이산화탄소	CO_2	0.038
네온	Ne	1.82×10
헬륨	He	5.2×10^{-4}
메테인	CH_4	1.5×10^{-4}
크립톤	Kr	1.1×10^{-4}
수소	H_2	5×10^{-5}
일산화이질소	N_2O	3×10^{-5}
제논	Xe	8.7×10^{-6}
물	H_2O	0~7
이산화황	SO_2	$0 \sim 1 \times 10^{-4}$
이산화질소	NO_2	$0 \sim 2 \times 10^{-6}$
오존	O_3	$0 \sim 7 \times 10^{-6}$
일산화탄소	CO	$0 \sim 2 \times 10^{-6}$

대류권 공기의 화학적 조성과 분율은 〈표 3.3〉에서 보는 것처럼 질소(N_2)가 약 78.11 %로 가장 큰 부분을 이루고 다음으로 산소(O_2)가 약 20.95 %, 아르곤(Ar)이 약 0.93 %로 이 세 화합물이 공기 조성의 99.99 % 이상을 차지한다. 그 다음으로 양이 많은 기체는 이산화탄소(CO_2), 네온(Ne), 헬륨(He) 및 메테인(CH_4) 순서로 다양한 화합물이 비교적 일정한 농도로 대기권에 분포하고 있다.

한편 대류권의 기체로 수증기(H_2O)를 비롯한 이산화황(SO_2), 이산화질소(NO_2), 오존(O_3) 또는 일산화탄소(CO) 등의 조성비는 일정하지 않고 시각이나 장소에 따라 편차가 매우 크게 나타나는데 이는 다양한 환경 조건과 인간 활동에 따라 달라지기 때문이다.

3.2.1 산소

산소(O_2, oxygen)는 대류권 구성 기체 중 조성비가 약 20.95 %로 질소에 이어 두 번째로 많은 기체이며 생물의 생명 유지에 가장 중요한 역할을 하는 기체이다.

산소의 생명 유지 기능은 물속 생태계에서도 필수인데, 물속 의 산소 양 즉 용존산소(DO: dissolved oxygen)의 양은 물에 산소가 공급되는 과정과 물속 산소가 소모되는 과정에 따른 결과로 정해진다.

물속의 용존 산소는 어디에서 유래한 것일까?

첫째, 대기 중의 산소를 흡수하는 것이다. 공기와 접촉하는 수면에서 물 흐름이나 공기 교환 등의 기체/액체 교환 작용으로, 공기의 20.95 % 차지하는 산소가 물에 용해된다.

또 하나의 경로는 수생식물의 광합성 작용에 따라 생성된 산소가 물에 용해하는 것이다. 광합성 반응식을 단순하게 표기하면 아래와 같고 무기물에서 유기물과 산소가 생성되는 자연과정이다.

$$6CO_2 + 6H_2O \rightleftharpoons C_6H_{12}O_6 + 6O_2$$

순수한 물속에 용해되는 산소기체의 포화농도는 다음과 같이 헨리법칙으로부터 산정할 수 있다.

기온이 25 ℃인 대기압에서 대류권의 순수한 물(예: 증류수)에 순수한 공기를 충분히 유입시키면 물속 산소의 농도는 얼마인지 계산해보자.

공기 중 산소가 물에 용해하는 다음 반응을 생각한다.

$$O_2\,(g) + H_2O(l) \rightleftharpoons O_2(aq)$$

앞의 식 (7), (8), (9)의 단계에 따라

$$[\,O_2(aq)] = K_{H,cp} \cdot P_{O_2}$$

대기압(P_0)을 1 atm이라 가정한다. 그리고 25 ℃에서 순수한 물의 증기압(P_{H_2O}: 물의 표면에서 증발하여 물 표면에 작용하는 대기압에 대응하는 압력)을 알아보면 0.03126 atm이다. 따라서 수면에 실제 작용하는 공기의 압력은 ($P_O - P_{H_2O}$)이다.

공기 중 산소의 분율(X_{O_2})은 대류권 산소 조성비에 따라 0.2095이므로 수면에 작용하는 공기의 압력 중 산소의 부분 압력 P_{O_2}는 다음과 같다.

$$P_{O_2} \quad = \quad (P_O\text{-}P_{H_2O}) \times X_{O_2}$$

$$= \quad (1.0000\text{-}0.0313) \times 0.2095$$

$$= \quad 0.2035 \ \text{atm}$$

물에 용해된 기체의 양은 헨리의 법칙 상수에 따라 정량적으로 계산할 수 있는데 여러 문헌에서 찾을 수 있는 산소의 헨리 법칙 상수 중, 25 ℃ 순수한 물에서의 헨리 법칙 상수, $K_{H, O_2} = \dfrac{[O_2(aq)]}{P_{O_2}}$ 는 $1.26 \times 10^{-3} \ \text{mol} \cdot \text{L}^{-1} \cdot \text{atm}^{-1}$ 이다.

이 상수로부터 25 ℃, 1 atm 대기압과 상호작용하며 동적 평형상태(dynamic equilibarium)에 놓여있는 순수한 물속의 용존산소농도, $[O_2(aq)]$ 를 다음과 같이 계산할 수 있다.

$$[O_2(aq)] \quad = \quad K_{H, O_2} \times P_{O2(g)}$$
$$= \quad (1.26 \times 10^{-3} \ \text{mol} \cdot \text{L}^{-1} \cdot \text{atm}^{-1}) \times (0.2035 \ \text{atm})$$
$$= \quad 0.265 \times 10^{-3} \ \text{mol} \cdot \text{L}^{-1}$$

이 농도표기를 환경기술자들이 주로 사용하는 mg/l로 환산하려면 산소, O_2 의 화학식량(분자량) 32.0 g/mol을 곱해준다.

즉,

$$[O_2(aq)] = 0.265 \times 10 \text{ mol} \cdot L^{-1}$$
$$= 0.265 \text{ mol} \cdot L^{-1} \times 32.0 \text{ g/mol} \times 1,000 \text{ mg/g}$$
$$= 8.48 \text{ mg} \cdot L^{-1}$$

한편 물의 밀도가 1.0 mg $\cdot$ L^{-1}인 경우 8.48 mg $\cdot$ L^{-1}는 무게 백만분율로 8.48 ppm이 된다.

물속 용존산소의 농도는 매우 다양한 물리적, 화학적 또는 생물학적 요인에 따라 달라진다(이는 산소뿐 아니라 모든 기체에 해당한다).

이 용존산소는 물속 유기체(식물과 동물)의 생명의 근원으로써 일정한 용존 산소량은 수생태계의 생물다양성을 유지하는데 필수적이다. 그리고 수질화학적 관점에서도 비교적 강한 산화제인 용존산소는 물의 산화-환원 환경 결정에 중요한 역할을 한다. 자연수와 폐수 등 다양한 수질계에서 용존산소에 따른 호기성 화학반응은 유기물질 분해뿐 아니라 질산화 등 무기물질의 변화를 일으킨다. 이 과정에서 용존산소의 양은 감소한다.

물의 온도가 증가할 때 또는 여러 화합물이 물속에 용해하여 총 용존 물질량이 증가하면 용존산소량은 감소한다. 계절에 따라 자연스레 변화하는 온도에 따라서도 용존 산소(DO: dissolved oxygen) 농도는 크게 달라지는 데, $0\ ℃$에서 14.6 mg/l, $10℃$에서 11.3 mg/l, $20℃$에서 9.08 mg/l 그리고 여름에 경험할 수 있는 $30℃$에서의 DO는 7.53 mg/l로 겨울의 절반 정도이다.

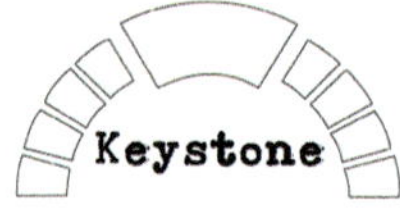

산소의 당량

물속 용존 산소는 수질계 물질의 화학 반응에 중요한 역할을 한다. 산소가 물속에서 산화제로 작용할 때 산소 1당량(equivalent)은 몇 g일까?

물속에서 산소의 산호 - 환원 반응에 따른 반쪽 반응은 다음과 같이 쓸 수 있다.

$$O_2 + 4H^+ + 4e^- \rightleftharpoons 2H_2O$$

산소 분자와 물의 평형에서 산소의 산화수는 0에서 -2가 감소한다. 이 반응에서 산소 분자는 환원되는데, 산소분자 1몰이 전자 4몰을 받아들이면서 산화제(다른 물질을 산화시키는 화학종)로 작용함을 알 수 있다.

따라서 산소 1몰은 4당량에 해당하고 그로부터 산소 1당량은 산소 화학 식량(분자량)의 1/4이므로 계산하면,

$$당량 = \frac{분자량}{산화-환원\ 반응속\ 전자수} = \frac{32}{4} = 8$$

즉 위의 산화 - 환원 반응식에 따른 산소 1당량은 8g 이다.

3.2.2 질소

부피로 공기의 78.1 %를 차지하는 질소(N_2, nitrogen)가 25 ℃, 1 atm 대기압 하에서 순수한 물에 용존되어 있는 농도는 헨리법칙에 따라 계산할 수 있다.

25 ℃에서 다음 헨리 법칙 상수를 이용하여 계산한다.

$$K_{H, N_2} = \frac{[N_2(aq)]}{P_{N_2}} = 6.42 \times 10^{-4} \ (\text{mol} \cdot \text{L}^{-1} \cdot \text{atm}^{-1})$$

물의 수증기 압력(0.0313 atmr)을 무시하고, 공기 중 질소의 부분압력 P_{N_2} =0.781 atm에 따라 물속 용존 질소 [N_2(aq)]를 계산하면,

$$
\begin{aligned}
[N_2(aq)] \ &= \ K_{H, N_2} \times P_{N_2} \\
&= \ 6.42 \times 10^{-4} \ (\text{mol} \cdot \text{L}^{-1} \cdot \text{atm}^{-1}) \times 0.781 (\text{atm}) \\
&= \ 5.01 \times 10^{-4} \ (\text{mol} \cdot \text{L}^{-1})
\end{aligned}
$$

질소(N_2)의 화학식량(분자량)은 28.0 g/mol이므로 용존 질소의 농도는,

$$
\begin{aligned}
[N_2(aq)] \ &= \ 5.01 \times 10(\text{mol/L}) \times 28.0(\text{g/mol}) \times 1{,}000 \ (\text{mg/g}) \\
&= \ 14.0 \ \text{mg} \cdot \text{L}^{-1}
\end{aligned}
$$

여러 가지 대기압 단위

1기압(atm)	= 1.013bar(미세한 차이를 무시하고 1atm=1bar)	
	= 760mmHg	= 760torr

같은 기온(25℃)에서 대기압(1atm)에 따른 용존질소 양(14.0 mg/l)은 앞 절에서 계산한 용존산소 양(8.48 mg/l)보다 크지만, 이는 공기 중 질소의 조성비(78.1 %)가 산소(20.8 %)보다 큰 데 다른 것이다. 두 기체의 헨리 법칙 상수인 $K_{H,O_2} = 1.26 \times 10^{-3}$와 $K_{H,N_2} = 6.42 \times 10^{-4} (mol \cdot L^{-1} \cdot atm^{-1})$를 비교하면, 물/기체 경계면에서 두 기체의 부분압력이 같은 경우 산소의 용해도는 질소 용해도의 1.96배이다. 산소가 물에 더 잘 녹는 이유는 무엇일까?

3.2.3 이산화탄소

표 3.3의 앞 절의 대류권 기체 조성비에서 보듯이 공기중에서 이산화탄소(CO_2, carbon dioxide)평균 비율은 0.038 % (2019년 보고된 지구 평균 농도는 409.8 ppm로 증가했다)에 불과하지만, 대기 중 존재량 순서는 네 번째이다. 그리고 대류권에서 그 농도가 증가하는 기체로서 그리고 그 증가의 영향이 지구 환경에 끼치는 영향으로는 전 지구적인 관심이 매우 큰 기체이다. 농도증가는 대기권에서의 영향뿐 아니라 수질 환경에도 여러가지 변화를 일으킨다.

대기 중 이산화탄소 부분압력이 $P_{CO_2} = 3.80 \times 10^{-4}$ atm인 경우, 25 ℃에서 1기압 공기로 포화된 물속의 이산화탄소 농도를 알아본다. 공기와 접촉한 수면에서 물의 증기압을 무시하고, 헨리 법칙 상수 $K_{H,CO_2} = 3.38 \times 10^{-2}$ $(mol \cdot L^{-1} \cdot atm^{-1})$를 적용하여 계산한 용존 이산화탄소농도는,

$$
\begin{aligned}
[CO_2(aq)] &= K_{H,CO_2} \times P_{CO_2} \\
&= 3.38 \times 10^{-2} (mol \cdot L^{-1} \cdot atm^{-1}) \times 3.80 \times 10^{-4} (atm) \\
&= 1.284 \times 10^{-5} (mol \cdot L^{-1})
\end{aligned}
$$

CO_2의 화학식량, $44.0\ g \cdot mol^{-1}$을 이용하여 $mg \cdot L^{-1}$로 환산하면,

$$[CO_2(aq)] \quad = \quad 1.284 \times 10^{-5}\ (mol \cdot L^{-1} \cdot bar^{-1}) \times 44.0\ (g \cdot mol^{-1})$$
$$\times\ 1,000\ (mg \cdot g^{-1})$$
$$= \quad 0.565\ mg \cdot L^{-1}$$

한편 이산화탄소가 물속에 용해하여 나타난 농도 $[CO_2(aq)]$는 반응식 $CO_2(aq) + H_2O(l) \rightleftharpoons H_2CO_3(aq)$에 따라 물속 탄산(carbonic acid) 농도는 $[CO_2(aq)] = [H_2CO_3(aq)]$로 생각할 수 있다. 탄산은 산-염기(acid-base)화학에서 약산의 특성을 나타내고 물속에서 다음과 같이 1차 해리한다.

$$H_2CO_3 \rightleftharpoons H^+ + HCO_3^-$$

이 반응식의 평형상수는 다음과 같이 표기하는데, 여기서 첨자 a는 산, 1은 이양성자산의 첫 번째 수소 해리를 가르키는 '1차 산 해리 상수'이다.

$$K_{a,1} = \frac{[H^+][HCO_3^-]}{[H_2CO_3]} = 4.4 \times 10^{-7}$$

앞에서 계산한 용존 이산화탄소 농도로부터 물속에서 1.284×10^{-5} $(mol \cdot L^{-1})$의 $H_2CO_3(aq)$가 산-염기(해리)반응을 하는 경우 물의 pH를 계산하면 다음과 같다.

산 해리 반응	$H_2CO_3(aq)$	$\rightleftharpoons$ H^+	$+$ HCO_3^-
해리 전 초기농도	1.284×10^{-5}	0	0
해리 후 평형농도	$(1.284 \times 10^{-5}) - x$	x	x

여기서, x는 탄산 중 해리된 탄산의 농도이며, 이를 포함하여 산 해리 상수를 쓰면,

$$K_{a,1} = \frac{[H^+][HCO_3^-]}{[H_2CO_3\,(aq)]}$$

$$= \frac{x \cdot x}{[1.284 \times 10^{-5} - x]}$$

탄산(H_2CO_3)은, 화합물의 극히 일부분만 해리하고 대부분은 화합물이 그대로 유지되는 약산(weak acid)이므로, 약산의 정의에 따라 x값은 1.284×10^{-5}에 비해 매우 작으므로 무시하여 위의 식을 다시 쓰면,

$$K_{a,1} = \frac{x \cdot x}{1.284 \times 10^{-5}} = 4.4 \times 10^{-7}$$

$$x = 2.377 \times 10^{-6}$$

이로부터 이산화탄소가 물속에 용해되고, 해리함으로써 나타나는 화학종의 농도는,

$$[H^+] = [HCO_3^-] = 2.377 \times 10^{-6}\ mol \cdot L^{-1}$$

이 수소이온 농도로부터 계산한 물의 pH는,

$$pH = -\log[H^+] = -\log(2.377 \times 10^{-6}) = 5.62$$

즉, 25 ℃, 1 atm에서 이산화탄소 조성비가 0.038 %인 대기와 평형 상태인 물의 pH는 약 5.62이고 대기 중 이산화탄소의 농도가 증가하면 pH는 더 낮아진다. 다양한 용존 물질이 존재하면 그에 따라 다른 헨리상수 값을 도입해야 하지만 이 경향은 해수를 비롯한 자연수와 폐수에서 모두 동일하게 나타난다.

3.2.4 대기권 미량 기체들의 물속 용해

(1) 이산화질소와 이산화황

이산화질소(NO_2: nitrogen dioxide)와 이산화황(SO_2: sulfur dioxide)의 헨리 법칙 상수, $K_{H,Gas} = \dfrac{[Gas\,(aq)]}{P_{Gas}}$ 는 다음과 같다.

화합물	CO_2	NO_2	SO_2	O_3	O_2
$K_{H,gas}$ (mol/L • bar)	3.4×10^{-2}	1.2×10^{-2}	1.4	1.1×10^{-2}	1.26×10^{-3}

위의 표에 환경에서 주목하는 중요한 두 원소, 질소와 황의 산화물인 NO_2와 SO_2의 헨리법칙 상수를 주기율표에서 이웃하고 있는 원소들에 산소 두 원자가 결합한, 탄소 산화물 CO_2 그리고 산소의 동소체인 오존(O_3)과 함께 나타내었다. 이 기체들의 헨리법칙 상수는 산소(O_2)보다 큰 것을 알 수 있다.

(2) 메테인, 암모니아, 황화수소

탄소, 질소, 황은 주기율표의 14족, 15족, 및 16족에 속하는 원소로 수소와 결합하여 메테인(CH_4: methane), 암모니아(NH_3: ammonia), 황화수소(H_2S: hydrogen sulfide) 화합물을 이룬다.

이 기체들의 헨리법칙 상수 $K_{H,Gas} = \dfrac{[Gas\,(aq)]}{P_{Gas}}$ 를 다음 표에 나타내었다.

화합물	CH_4	NH_3	SH_2	CIH
$K_{H,gas}$(mol/L • bar)	1.5×10^{-3}	57.6	1.02×10^{-1}	19

 **Keystone** 산소가 질소보다 물에 잘 녹는 이유는?

주기율표에서 이웃하고 있는 두 원소의 이원자 분자인 O_2와 N_2의 이 차이는 무엇 때문인지 알아보기 위하여 두 화합물의 특성을 비교해 보면 다음과 같다.

(1) 결합구조(bond structure)

질소(N_2)와 산소(O_2)의 루이스 구조와 분자 궤도 함수(MO)에 따른 구조에서 차이를 볼 수 있다.

질소의 루이스 구조에서 보듯이 질소는 원자 사이에 삼중 결합을 한 매우 안정한 전자 배치를 이루고 있다.

$$:N\equiv N:$$

한편 산소는 분자 상태에서 상자성(paramagnetic)을 갖는 물질로 이는 두 원자 사이의 전자 배치가 질소와는 큰 차이가 있음을 가르킨다. 분자 궤도 함수 이론에 따라 산소 분자의 전자 배치를 보면 두 개의 쌍을 이루지 않은 전자를 갖는 이중라디칼(diradical) 화학종임을 알 수 있고 이로부터 산소의 상자성도 설명할 수 있다. 이에 따라 루이스 구조를 다음과 같이 나타낼 수 있으며, 여기서 두 원자 사이의 점은 결합하지 않고 홀로 놓여있는 두 전자, 이중라디칼(diradical)을 나타낸다.

전하가 완전히 중화를 이루고 있는 질소에 비해 이중라디칼 화학종이고 비결합 전자쌍이 더 많은 산소가 극성용매인 물에 더 잘 녹는다.

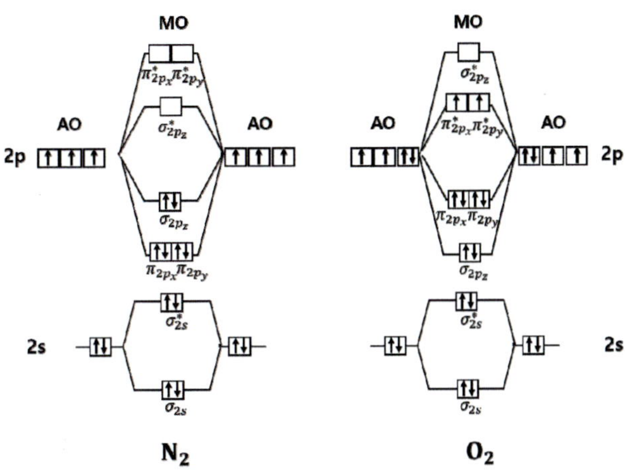

〈그림 3.1〉 질소와 산소의 분자궤도 함수와 전자배치

(2) 전기 음성도(electronegativity)

산소의 전기음성도(3.5)가 질소(3.0)보다 큰 것도 물에 대한 용해도차이를 일으킬 수 있다.

(3) 결합길이 (bond length)

삼중결합 화합물인 질소 분자의 결합 길이(1.0976 Å)보다 단일결합과 이중결합의 중간인 산소 분자의 결합 길이(1.2074 Å)가 긴데, 이 결합 길이 차이가 기체 분자를 물 분자가 둘러싸며 용해시키는 용존 구조 차이가 용해도 차이를 일으킬 수 있다.

4

산과 염기

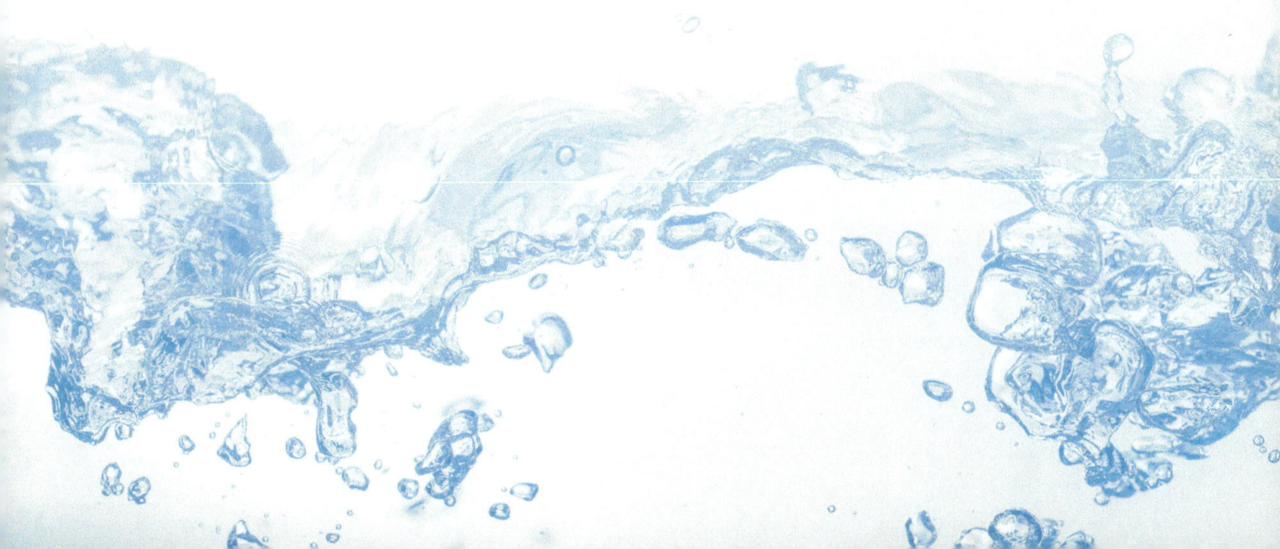

4.1 산과 염기의 기초 화학

4.1.1 산과 염기의 정의

산과 염기에 관한 정의는 여러 가지인데 다음 표에 간략히 기술하였다.

<표 4.1> 학자에 따른 산-염기 정의

학자	아레니우스(Arrhenius)	브뢴스테드(Br ø nsted)	루이스(Lewis)
산	H^+를 내는 물질	양성자 주개	전자쌍 받개
염기	OH^-를 내는 물질	양성자 받개	전자쌍 주개

일반적으로 용액에 관해 언급할 때는 브뢴스테드 산-염기 정의를 사용하고, 순수한 물질이나 용해되지 않는 물질에 대해서는 루이스 산-염기 정의를 사용한다.

산-염기에 대한 물질적 분류에서 산은 신 맛을 띠고, 푸른 리트머스를 붉게 변화시키며 금속과 반응할 때 수소(H_2)기체를 발생시키는 물질로 염기를 중화시키는 물질이다. 한편 염기는 쓴 맛을 띠고, 붉은 리트머스를 푸르게 변화시키며 비누처럼 미끄러운 감촉을 지닌다. 물질을 이루는 화학식과 그 구조에 따른 분류는 세 과학자, 아레니우스, 브뢴스테드 및 루이스의 정의에 따른다.

아레니우스(Arrhenius)의 정의(1887년)에서 산은 내놓을 수 있는 수소 이온(hydrogen ion : H^+)을 함유하고 있는 물질이고, 염기는 내줄 수 있는 수산이온(OH^-)을 함유하고 있는 용액이다. 예를 들어 질산(HNO_3)은 해리 반응, $HNO_3 \rightleftharpoons, H^+ + NO_3^-$ 에서 수소이온을 내므로 산으로 분류할 수 있다.

수소 이온은 용액 속에서 독립적인 자유 이온으로 존재하지 않고 물과 화합한 하이드로늄(hydronium), H_3O^+ 형태로 존재한다. 두 화학종, 하이드로늄과 양성자는 화학적 특성이 같아서, 두 화학종의 몰농도는 $[H_3O^+] = [H^+]$ 와 같이 대체하여 쓰기도 한다.

브뢴스테드 정의에 따르면 산은 양성자 주개(proton donor)로 다른 물질에 양성자를 제공할 수 있는 물질이고 염기는 양성자 받개(proton accepter)로 다른 물질로부터 양성자를 받아들일 수 있는 물질이다. 예를 들어 다음과 같이 산-염기 반응을 기술한다.

$$\text{산} + \text{염기} \rightleftharpoons \text{짝산} + \text{짝염기}$$

$$HNO_3 + H_2O \rightleftharpoons H_3O^+ + NO_3^-$$

$$HOCl + H_2O \rightleftharpoons H_3O^+ + OCl^-$$

$$NH_4^+ + H_2O \rightleftharpoons H_3O^+ + NH_3$$

$$H_2O + H_2O \rightleftharpoons H_3O^+ + OH^-$$

위의 반응들은 다음과 같이 역 방향으로 나타낼 수도 있다.

$$염기 + 산 \rightleftharpoons 짝염기 + 짝산$$

$$NH_3 + H_3O^+ \rightleftharpoons H_2O + NH_4^+$$

이 반응에서 생성된 짝산-짝염기의 상대적 세기는 산-염기의 세기와 관계있는데, 예를 들어 산의 세기가 강할수록 그에 대응한 짝염기의 세기는 약해진다. 예를들어 강산인 HNO_3의 짝염기인 NO_3^-는 야주 약한 염기 화학종이고 약산인 $HOCl$의 짝염기인 OCl^-는 상대적으로 강한 염기 화학종이다.

루이스의 제안에 따른 또 하나의 산-염기 정의는, 산은 비공유전자 쌍을 받아들여 공유할 수 있는 물질이고 염기는 비공유전자 쌍을 갖고 있어 다른 물질에 전자쌍을 주며 서로 공유할 수 있는 물질이다. 다음 반응은 루이스 염기의 한 예로, 여기서 암모니아의 질소가 전자쌍을 내놓아 붕소와 공유하며 배위 결합을 형성하면서 산-염기 반응을 한다.

$$H_3N: + BF_3 \rightleftharpoons H_3N-BF_3$$
$$염기 \qquad 산$$

산과 염기의 특성을 논의 할 때 중요한 개념은 pH 값, pOH 값, 물의 자동이온화, pK_a 값, pK_b 값 등이다. 이후 산과 염기의 반응을 설명함에 있어 일반적으로 산의 반응만을 고려하는 경우가 많은데 이는 염기의 반응이 산의 반응과 유사하기 때문이다.

4.1.2 pH 정의와 물의 산 – 염기 평형

자연수나 폐수의 산성 혹은 알카리성을 직접 나타내는 항목은 pH이다. pH는 수용액에 들어있는 수소이온 혹은 양성자(proton)이라 부르는 화학종의 농도를 정량적으로 나타낸 값이다.

IUPAC(국제 순수 및 응용 화학 연합: International Union of Pure and Applied Chemistry)에 따른 정확한 값은 수소이온이 물속에 있는 다른 이온이나 여러 용존 물질에 의한 영향을 받으며 나타내는 수소이온 활동도(activity, $\{H^+\}$)로 정의하지만, 실용적으로는 수소이온 농도(concentration, $[H^+]$)를 사용하여 다음과 같이 pH 값을 나타낸다.

$$pH = -\log[H^+]$$

자연수와 폐수의 용매인 물은 다음과 같이 스스로 해리하고 모든 수질계(water system)에는 항상 일정량의 수소이온이 존재한다.

$$H_2O \; \rightleftharpoons \; H^+ + OH^-$$

위의 반응식은 물의 자동 해리반응이며, 이에 대한 화학 평형 상수는 다음과 같다.

$$K = \frac{[H^+][OH^-]}{[H_2O]}$$

25 ℃에서 이 평형상수는 $K = 1.82 \times 10^{-16}$ 이고, 그 때 물의 밀도는 0.997 g/cm^3 이다. 물(H_2O)의 분자량은 18 g/mol 이므로 물 1L에 해당하는 물의 몰 수를 계산할 수 있고 그로부터 물의 몰농도를 알 수 있다.

$$[H_2O] \;=\; 0.997(g/cm^3) \times 1,000(cm^3/L) \div 18(g/mol)$$
$$=\; 55.39(mol/L)$$

물의 농도는 주어진 온도에서 항상 그 크기가 일정하다. 따라서 물의 농도와 평형상수(K)를 곱하면 새로운 상수가 될 수 있으며, 그 새로운 상수를 K와 구분하여 K_w(w: water)로 표기하고, 물의 자기이온화 상수(self- ionization constant of water) 또는 자동이온화 상수(autoionization constant) 라고 하며 그 값은 다음과 같다.

$$K_w \;=\; K \cdot [H_2O]$$
$$=\; (1.82 \times 10^{-16}) \times 55.39$$
$$=\; 1.00 \times 10^{-14}$$

반응식에 따르면 물은 스스로 해리하여 같은 농도의 수소이온과 수산이온을 생성한다. 따라서 위의 상수로부터 25 ℃ 물속에는 1.00×10^{-7} mol/L의 수소이온농도($[H^+]$)와 1.00×10^{-7} mol/L의 수산이온($[OH^-]$)이 존재함을 알 수 있다. 따라서 pH 정의에 따라 계산하면 다음과 같이 물의 pH는 7.000 이다.

$$pH \;=\; -log[H^+]$$
$$=\; -log(1.00 \times 10^{-7})$$
$$=\; 7.000$$

pH 값과 유효숫자(significant figures)

측정한 수소이온 농도([H])가 1.00×10^{-7} mol/L인 물의 pH값은 어떻게 기록해야 할까?

로그 값에서의 유효숫자는 소수점 오른쪽의 숫자만 유효하다.

예를 들어, pH = 12.34에서 유효숫자는 3과 4이다. 유효숫자가 두 개이므로 이 pH에서 수소이온농도는

$$[H^+] = 4.6 \times 10^{-13} \text{로 표기한다.}$$

pKa = 4.567의 유효숫자는 5,6,7 세 개다. 따라서 평형상수는 유효숫자 세 개만을 표기하여

$$Ka = 2.71 \times 10^{-5} \text{가 된다.}$$

이같은 유효숫자 표기방식에 따라 $[H^+]=1.00 \times 10^{-7}$ mol/L인 물의 pH는 7.000이 되는데 이는 농도 값의 세 숫자 1,0,0이 유효숫자이므로 로그값인 pH 표기시 소수점 아래 세 자리를 표기한다.

과학 기술자가 숫자 표기를 바르게 하고 그 숫자의 의미를 이해하는 것은 매우 중요하며 전문 역량을 나타내는 것이기도 하다. 다음 내용은 유효숫자 표기 규칙과 연산에 관한 짧은 요약이다.

1. 0이 아닌 숫자는 모두 유효숫자이다.

2. 숫자 0은 나타나는 위치에 따라 유효숫자 여부가 다르다.

   - 0 이외의 숫자가 나타나기 전, 그 앞에 쓰인 0은 유효숫자가 아니다 (예: 0.0027에서 유효숫자는 2와 7 두 개다).

   - 0 이외의 숫자들 사이에 놓인 0은 항상 유효숫자다(예: 2009.07의 유효숫자는 여섯 개다).

- 숫자 끝에 나타나는 0은, 소수점 표기를 포함한 경우 유효숫자이다.

  예: 100.0의 유효숫자는 네 개, 1.00×10^{-5}의 유효숫자는 세 개, 100의

  경우는 소숫점 표기가 없으므로 유효숫자가 한 개다.

3. 정확한 숫자는 유효숫자 개념을 적용하지 않는다.

  예: - 농도 환산, 1000g=1kg

  - 사과 10개 또는 새 5마리

  - 화학 반응식에서의 숫자

4. 연산 법칙

  (1) 덧셈과 뺄셈

  계산 후 답은 정확도가 제일 낮은 값의 자릿수를 맞추어 쓴다.

$$\begin{array}{r} 234.567 \\ -\ 221.2 \\ \hline 13.367 \end{array}$$

  예:

  답: 13.4

  (반올림하여 소숫점 아래 자릿수가 낮은 첫 자리까지 표기)

  (2) 곱셈과 나눗셈

  계산하는 숫자 중 유효숫자의 수가 가장 적은 것과 같은 개수의 유효

  숫자로 답을 표기한다.

$$\begin{array}{r} 45.213 \\ \times\ \ 3.26 \\ \hline 147.39438 \end{array}$$

  예:

  답: 147 혹은 과학적 표기법(scientific notation)으로 1.47×10^{2}

  (계산항의 유효숫자 개수가 5개, 3개이므로)

4.1.3 산의 해리

수소 원자를 하나 포함하는 일양성자산(monoprotic acid)을 HA로 표기하면, 이 산이 물과 만나 용해하는 반응은 다음과 같이 쓸 수 있다.

$$HA + H_2O \rightleftharpoons A^- + H_3O^+ \quad \cdots\cdots\cdots\cdots\cdots\cdots\cdots\cdots\cdots \text{(1)}$$

이 반응식에서 화학종 쌍, HA/A⁻ 그리고 H_2O/H_3O^+에서 HA는 산이고 A⁻는 그의 짝염기, H_2O는 염기 그리고 H_3O^+는 그의 짝산이 된다. 이를 짝 지은 산-염기 쌍(conjugated acid-base pair)이라고 한다. 여기서 알 수 있는 것은 산-염기 반응에는 항상 주개(donor)와 받개(acceptor)가 있다는 것이다. 용액의 산 특성을 정량적으로 어떻게 나타낼 것인지 하는 문제에 대하여 다음과 같이 유용한 pH 값을 정의하였는데,

$$pH = -\log[H^+] \quad (\text{이와 유사하게 } pOH = -\log[OH^-])$$

이 정의에 따라 pH는 용액 속에 얼마나 많은 양성자(proton)가 있는지, 그 값으로부터 용액의 산-염기 성질을 특징지을 수 있다. 즉, H^+의 농도가 높으면 (예를 들어 농도가 0.1 M이면 pH=1.0) pH값은 작고 용액은 산성을 띠며, H^+의 농도가 매우 적으면(예를 들어 농도가 10^{-9} M이면 pH=9.0) pH 값은 크고 용액은 염기성을 띤다.

이 정의에서 주목할 점은 pH 값이 H^+의 농도에 따라 결정되는 것이며 물질의 종류에 따라 달라지는 것은 아니라는 것이다. 예를 들어 염산(HCl)과 아세트산(CH_3COOH)은 산의 세기가 서로 다르지만 같은 pH 값을 갖는 HCl 용액과 CH_3COOH 용액을 제조할 수 있다. 이러한 문제 설정과 해결은 산 해리 반응에 대한 정량적 고려를 통해 확인할 수 있는데, 예를 들어 산 해리 상수, Ka 값은 산이 양성자를 내는 정도(양성자를 얼마나 쉽게 내놓을 수 있는지)를 특징한다. 그 값은 다양한 요인에 따라 달라지는 데 그 중 몇 가지를 기술하면 다음과 같다.

- 분자의 극성(polarizability)
- 분자의 구조(structure)
- 쌍극자 모멘트(dipole moment)와 전자 분포
  (예를 들어 HCl에서 Cl이 전기음성도가 더 크기 때문에 전자는 Cl원자 주변에만 있으므로 Cl은 팔전자 규칙(octet rule)이 충족되고, H원자는 전자를 주고 (잃고) Cl에서 쉽게 떨어져 나간다.
- 공명으로 안정화 되는 구조를 갖는 화학종(예를 들어 질산, HNO_3 의 음이온인 NO_3^- 에 전자가 분배될 수 있는 구조가 여러 개 가능하다.)

일반적인 화학반응 평형상수를 정의하는 것과 같이, 산 해리 반응에 대한 정량적 고려는 위의 산 반응식 (1)에 대하여 산 해리 평형상수 K를 다음과 같이 나타낼 수 있다.

$$K = \frac{[A^-] \cdot [H_3O^+]}{[HA] \cdot [H_2O]}$$

이 식에서 물은 용매로써 반응계에 과량 일정한 농도로 존재하기 때문에 그 농도 항을 일정한 값 1로 산정할 수 있다. 이렇게 하면 평형상수 K는 산 해리 반응에 대한 것이므로, 산 해리 상수 Ka(여기서 a는 해리하는 산(acid)을 의미)를 다음과 같이 고쳐 쓸 수 있고 이는 물질에 따른 고유 상수이다.

$$Ka = \frac{[A^-][H_3O^-]}{[HA]}$$

이 Ka로부터 정의되는 pKa는 다음 관계에 따른다.

$$pKa = -\log Ka$$

pKa 값은 물질에 따라 양의 값과 음의 값을 모두 가질 수 있는데 다음 표는 이 값들에 대한 일반적 성질을 표시한다.

〈표 4.2〉 산 해리 상수 Ka 값과 pKa 값

Ka 값	logKa	pKa값
1이하	음의 값	양의 값(약한 산)
1이상	양의 값	음의 값(강한 산)

이 관계를 다르게 표현할 수도 있다. Ka 값이 1 보다 작으면 (1)식의 화학 평형은 산이 해리되기 전인, 해리하지 않는 상태의 HA가 많이 존재함을 의미하며, 평형은 반응식 (1)의 왼쪽으로 치우쳐 있다고 볼 수 있다. 이는 산이 잘 해리되지 않는 것으로 산의 특성 분류는 약산에 해당한다. 한편 Ka 값이 1보다 크면 화학평형은 산 해리 반응이 진행하여 생성물이 많이 생성된 것으로, 반응

식(1)의 오른쪽으로 치우친 상태이다. 이 경우 산은 처음 상태로 있지 않고 용액 속에서 대부분 해리된 것이며, 이는 산의 분류로는 강산에 해당한다.

산의 세기가 다른 경우 산 해리에 따른 수소이온 농도를 산정하는 예를 간략히 알아본다.

위의 산 해리 반응식(1)의 HA가 약산이라고 하면, 산 평형식은 다음과 같이 전개할 수 있다.

$$Ka = \frac{[A^-][H_3O^+]}{[HA]_0}$$

여기서 $[HA]_0$는 약산 HA의 해리 전 농도이지만, 해리가 거의 일어나지 않는 약산에서는 해리 후 평형에서의 농도도 $[HA]_0$와 거의 같다고 가정할 수 있다.

한편 화학 반응식에 따라 산 평형에서의 생성물들인 $[A^-]$와 $[H_3O^+]$(또는 $[H^+]$)의 농도는 같으므로, 약산의 평형에서 위의 식은 다음과 같이 쓸 수 있다.

$$Ka = \frac{[H^+][H^+]}{[HA]_0}$$

이 식의 양 변에 $\log$를 취하고 정리하면 다음과 같이 pH 값을 산정할 수 있다.

$$pH = \frac{1}{2}\left(pKa - \log[HA]_0\right)$$

강산은 완전한 해리에 이르는 특성을 갖는 물질이므로 양성자 농도는 산의 농도와 같고 그로부터 간단히 pH를 계산할 수 있으나, 강산의 농도가 낮을 때

(예를 들어 10^{-5} M 이하로 묽은 경우)는 물의 자동 이온화를 고려해야 한다. 이 경우 산에서 해리하여 생기는 양성자 농도 값이 매우 작아 물에서 생기는 양성자 농도와 비슷하거나 혹은 그 보다도 작을 수 있다. 따라서 존재하는 총 양성자(H^+) 농도는 산과 물 두 물질에서 생성되는 양성자 농도의 합으로 나타내야 한다. 강산의 초기 농도가 $[HA]_0$ 일 때, 강산에서는 완전 해리하므로 강산 해리에서 생기는 양성자 농도는 $[H^+]=[HA]_0$ 이고, 물의 해리에 따라 생성되는 양성자 농도는 $[H^+]=[OH^-]$ 이므로, 물속에 존재하는 총양성자 농도는 다음과 같이 나타낼 수 있다.

$$[H^+] = [HA]_0 + [OH^-]$$

위와 같은 pH 값 산정은 염기 계산에서도 동일한 과정으로 진행한다. 다양한 산-염기의 평형 해석에 대한 여러 방법은 5장에서 상세하게 논의한다.

이와 같은 산-염기의 특별한 성질인 pH 값을 실험적으로 측정하는 데는 보통 두 가지 방법을 들 수 있다. 첫 번째는 전기화학적으로 작동하는 pH-측정기(pH-meter)를 사용하는 것이고 다른 하나는 지시약(indicator)을 사용하는 것이다. 지시약을 이용한 pH 측정은 대부분 정밀하진 않지만 산의 성질을 직관적으로 빠르게 가늠하는 데는 매우 실용적이다. 지시약은 대부분 약한 유기산으로 특정한 색을 띄는 물질이다. 지시약의 산-염기 반응에 따른 화학반응식은 다음과 같이 쓸 수 있다.

$$HInd + H_2O \rightleftharpoons Ind^- + H_3O$$

(색1) (색2)

약산인 지시약(HInd)의 색과 지시약의 짝 염기(Ind⁻)의 색이 서로 다르기 때문에 pH 값의 변화를 알 수 있다. 이 확인은 매우 실용적이고 신속하게 할 수 있으나 정확도는 매우 낮아서 pH 범위를 어느 정도 가늠할 수 있을 뿐이다. 따라서 정확한 pH 값을 얻기 위해서는 pH-측정기를 사용한다.

산-염기 화학에서 중요한 정량분석 방법은 적정이다. 적정은 농도를 알고 있는 염기나 산을 사용하여 농도를 알지 못하는 산과 염기의 당량점까지 적가하는 과정(적정)을 수행하여, 모든 화학종이 중화에 이르게 함으로써 산과 염기의 농도를 결정한다.

루이스 산의 개념

산-염기 분류에 대한 정의를 통해 화학자 루이스(Lewis)는 산의 개념을 더 일반화하고 확대하였다 그의 이론에 따르면 산-염기 개념을 수용액 이외의 영역에서도 고려할 수 있다. 예를 들어 산과 염기가 반응하면 나타나는 현상을 살펴보자. 보통의 산과 염기를 볼 때, 산은 정의에 따라 양성자를 주는 물질, 즉 양전하 화학종을 내주고 산은 음전하를 띤다. 반면, 염기는 양성자를 받는 물질, 즉 양전하를 받아들이거나 음전하 물질을 내준다. 즉 이 개념은 다음과 같이 정리할 수 있다. 루이스 산은 전자들을 받아들이는 물질(전자수용체)이고 루이스 염기는 전자들을 내주는 물질(전자공여체)이다. 따라서 루이스 산은 친전자체(electrophilic)이고 루이스 염기는 친핵체(nucleophilic)이다.

루이스 산-염기는 정성적으로 HSAB-규칙, 즉 hard and soft acids and bases(경연산염기; 경산, 연산, 경염기, 연염기의 네 부류) 규칙에 따르는데, 이는 경산은 경염기 그리고 연산은 연염기와 반응하기를 선호한다고 설명한다. 이 산-염기 분류에서 고려하는 결정적인 물성은 전자껍질의 극성화 정도와 관련된 화학종의 전기음성도 크기이다. 이에 따른 HSAB 정의는 다음과 같다.

경산(hard acid)은 전하의 극성화(polarization) 정도가 적은 루이스 산 물질이다. 이는 크기가 작고 전하량이 큰 양이온 또는 중심원자의 양전하가 커서 전기음성을 띠는 결합 대상을 유도하는 분자 등이 여기에 해당한다. 반면에 연산(soft acid)은 전하의 극성화 정도가 큰 루이스 산 물질이다. 이는 크기가 크고 전하량이 적은 양이온 또는 쉽게 제거할 수 있는(혹은 떨어져나가는) 원자가 전자를 갖고 있는 원자와 분자가 여기에 해당한다.

한편, 경염기(hard base)는 전기음성도가 크고 따라서 전하 극성화 정도가 적은 루이스 염기이고, 연염기(soft base) 전기음성도가 작고 전하 극성화 정도가 큰 루이스 염기이다.

경산(hard acid)은 경염기(hard base)와 결합하는 것을 선호하고 연산(soft acid)은 연염기(soft base)와 결합하는 것을 선호한다. 이 때 경산과 경염기 결합은 대체로 이온결합 특성을 갖는데 반하여 연산과 연염기의 결합은 공유결합 특성을 갖는다.

4.2 산 – 염기의 세기

강산은 양성자를 내주려고 하는 경향이 매우 큰 물질이다. 이 경향은 산의 고유 성질일 뿐 아니라 양성자를 받아들이는 염기(양성자 받개: 보통 수용액 중의 물)의 성질에 기인하기도 한다.

예를 들어 염산, HCl은 고유의 성질이 강산이지만 산-염기 반응의 대상물질인 염기(양성자 받개)에 따라 강산 혹은 약산의 특성을 나타낸다. 아래의 반응에서처럼 용매가 물인 경우와

$$HCl + H_2O \rightleftharpoons Cl^- + H_3O^+$$

용매가 유기 화합물(에탄올)인 경우 반응에서 나타나는 산의 세기는 다르다. 그림에서 화살표 길이는 반응 진행 방향의 세기를 시각적으로 표시한 것이다.

$$HCl + C_2H_5OH \rightleftharpoons Cl^- + C_2H_5OH_2^+$$

한편 고유의 성질이 약산인 물질들은 양성자를 내주는 경향이 매우 약한데, 아세트산(혹은 초산, CH_3COOH), 차아염소산($HOCl$), 탄산(H_2CO_3), 황화수소산(H_2S) 등이 이에 속한다.

먹는 식초의 주성분인 아세트산은 대표적인 약산 물질로써, 물에서 아래 반응식과 같이 작용하는데 양성자를 용매인 물에 내주는 정도가 매우 작아서, 1 M 아세트산의 경우, CH_3COOH 분자의 약 0.4 % 이하만이 물과 반응하여 H_3O^+와 CH_3COO^-이온을 생성한다. 즉 99.6% 이상의 CH_3COOH는 해리하지 않고 분자 상태 그대로 남아있다.

$$CH_3COOH + H_2O \rightleftharpoons CH_3COO^- + H_3O^+$$

이에 반하여 고유의 성질이 강산인 염산이 물에서 반응하는 경우, 염산은 물 용매에 양성자를 내주려는 정도가 매우 커서, 6 M 염산의 경우, HCl 분자의 99.996 %가 물과 반응하여 H_3O^+와 Cl^-이온을 생성한다. 즉 해리하지 않고 분자 상태로 남아있는 HCl은 실질적으로 거의 없다고 할 수 있다.

$$HCl + H_2O \rightleftharpoons Cl^- + H_3O^+$$

한편 산-염기 반응에서 생성되는 짝산·짝염기의 세기는 짝이 되는 산과 염기 화합물의 세기 경향과 반대이다. 다음과 같은 산-염기의 반응에서,

$$HA + H_2O \rightleftharpoons A^- + H_3O^+$$
$$\text{산} \quad \text{염기} \quad \text{짝염기} \quad \text{짝산}$$

산(HA)의 세기가 강할수록 그에 대응하는 짝염기(A^-)의 세기는 약하고, 산의 세기가 약하면 짝염기 세기는 강하다. 예를 들어 강산인 HCl의 해리에서 생기는 짝염기 Cl^-는 매우 약한 짝염기 화학종이고, 약산인 CH_3COOH가 해리하여 생성되는 짝염기 CH_3COO^-는 강한 짝염기 화학종이다.

짝염기의 반응은, 아세트산에서 유래한 짝염기인 아세트산 이온을 예로 들어 산-염기 반응식을 쓰면 다음과 같다.

$$CH_3COO^- + H_2O \rightleftharpoons CH_3COOH + OH^-$$

짝염기의 세기가 강하다는 것은 이 화학종이 물에서 강한 염기성을 띤다는 것이다. 예를 들어 CH_3COONa가 물에 녹으면 Na^+와 CH_3COO^- 이온이 생성되

는 데, 이 아세트산 이온은 아세트산의 짝염기에 해당하고, 물과 반응하여 위의 반응식에서 보는 것처럼 강염기 화학종인 수산이온, OH^-를 생성한다. 한편 Na^+ 이온은 물에서 수화되는 현상 외에 다른 화학 반응은 하지 않는다.

4.3 물의 자동이온화

물(H_2O)은 다른 물질이 섞이지 않은 경우에도 다음 반응식에서와 같이 물 분자가 산의 역할과 염기의 역할을 모두 하면서 스스로 자기 이온화(self-ionization) 또는 자동 이온화(autoionization) 한다. 이와 같이 한 물질이 스스로 혹은 대상에 따라 산으로도 혹은 염기로도 작용하는 특성을 '양쪽성(amphoteric)'이라고 하고, 그런 특성을 띠는 물질을 양쪽성 물질(ampholyte)이라고 하는데 물은 대표적 양쪽성 물질(ampholyte)이다.

$$H_2O + H_2O \rightleftharpoons H_3O^+ + OH^-$$

이 반응의 평형상수는,

$$K = \frac{[H_3O^+]\,[OH^-]}{[H_2O]^2}$$

물의 몰 농도는 일정하므로 이 식을 정리하여 얻는 새로운 상수, K_w의 정의를 살펴보면,

$$K \cdot [H_2O]^2 = K_w$$

'물의 이온곱(ion product of water)' 혹은 물의 이온곱 상수라고 부르는, 물 해리 반응에 따른 평형상수 K_w의 값은 25 ℃에서 다음 값을 갖는다.

$$K_w = [H_3O^+]\,[OH^-] = 1.0 \times 10^{-14}$$

화학반응의 평형상수는 온도에 따라 변하는데, 물이 25 ℃에서 자동 이온화하는 경우의 이온곱 상수는 위와 같고, 이 평형에서 두 이온의 농도가 같은 경우, 즉 [H_3O^+] = [OH^-] 일 때 각 이온의 농도는 $[H_3O^+]$ = 1x10^{-7} mole/L, $[OH^-]$ = 1x10^{-7} mol/L 이고, 이 값은 산성과 염기성을 정량적으로 분류하는 기준이 되기도 한다.

산의 해리 반응과 물의 자동 이온화 반응에 따른 산 해리 평형상수(Ka)와 물의 이온곱 상수(Kw)는 산의 해리 평형을 정성적으로 해석하고 정량적으로 계산하는 데 반드시 필요한 값이다.

Keystone 물의 산 - 염기 역할

다음은 양쪽성(amphoteric) 물질인 물이 산의 역할을 하는 경우와 염기의 역할을 하는 경우 그리고 산과 염기의 역할을 하지 않는 반응의 예이다.

반응물		생성물	물의 역할
$CH_3NH_2(aq) + H_2O(l)$	$\rightleftharpoons$	$CH_3NH_3^+ + OH^-(aq)$	염기
$HSO_4^-(aq) + H_2O(l)$	$\rightleftharpoons$	$SO_4^{2-}(aq) + H_3O^+(aq)$	산
$Cu^{2+}(aq) + 6H_2O(l)$	$\rightleftharpoons$	$Cu(H_2O)_6^{2+}(aq)$	-

4.4 산 – 염기 반응의 화학 평형

4.4.1 산 – 염기 평형상수

수소 이온(H^+)을 내는 산의 일반적 화학식을 HA로 표기하면, 물속에서의 산
-염기 반응은 다음과 같이 쓸 수 있다.

$$HA + H_2O \rightleftharpoons H_3O^+ + A^-$$

이 반응에 대한 평형상수(equilibrium constant) K는,

$$K = \frac{[H_3O^+]\,[A^-]}{[HA]\,[H_2O]}$$

이 평형상수 표현식에서 [ ]는 몰 농도(mol/l)를 나타내는데, 위의 식에서
$[H_2O]$는 반응이 일어나는 계의 용매이면서 반응물질로도 작용하는 물의 농도
이다. 반응계에서 물의 몰 농도는 일정한 값을 갖는데, 20 ℃에서 물의 몰 농도
가 얼마인지 상세히 설명하면 다음과 같다.

20 ℃에서 물의 밀도는 0.9982 g/ml이다. 이를 반올림하여 물의 밀도가 1.0
g/ml 라고 가정하고 계산한다. 물 1L는 1000ml이고, 이 물의 질량은,

$$질량 = 부피 \times 밀도 = 1000\ ml \times 1.0\ g/ml$$
$$= 1000.0\ g$$

물의 몰 질량은, H_2O에서 수소 원자 질량이 1.0 g/mol 산소 원자 질량이
16.0 g/mol이므로, 2×(1.0 g/mol) + 1×(16.0 g/mol) = 18.0 g/mole

이로부터 다음 식에 따라 질량 1000.0 g인 물에 몰 질량이 18.0 g/mole인 물 55.6 mole 이 함유되어 있음을 알 수 있다.

$$1\,l\text{물 속에 있는 물 분자 몰수}: \frac{1000.0\ g}{18.0\ g/mol} = 55.6\ moles$$

따라서 물의 몰 농도(molarity of water)는 55.6 mole/L즉, 55.6 M 이다.

즉 일정온도(20 ℃)에서 물의 농도는 일정(constant)한 값을 갖는다. 그러므로 위의 평형상수 K는 다음과 같이 고쳐써서 새로운 상수 Ka를 정의한다.

$$K \cdot [H_2O] = \frac{[H_3O^+][A^-]}{[HA]} = K_a$$

여기서 새로운 평형상수 K_a는 산 해리 상수(dissociation constant of acid)라고 한다. 예를 들어 강산인 과염소산(perchloric acid: $HClO_4$)의 경우;

$$K_a = \frac{[H^+][OCl_4^-]}{[HClO_4]} = 10^7$$

유사한 방법으로 염기(B)의 반응식과 평형상수 및 염기 해리상수(dissociation constant of base: K_b)를 다음과 같이 쓸 수 있다.

$$B + H_2O \rightleftharpoons BH^+ + OH^-$$

$$K = \frac{[BH^+][OH^-]}{[B][H_2O]}$$

$$K_b = \frac{[BH^+][OH^-]}{[B]}$$

예를 들어 대표적 약염기인 암모니아(NH_3)의 해리상수는,

$$K_b = \frac{[NH_4^+][OH^-]}{[NH_3]} = 10^{-4.76}$$

다음 표는 여러 가지 화합물의 산 해리 상수이다.

〈표 4.3〉 여러 화합물의 산 해리 반응식과 산 해리 상수

화학물질	영문이름	평형 반응식	pKa	특징/비교물질
과염소산	perchloric acid	$HClO_4 = H^+ + ClO_4^-$	-7	강산
염산	hydrochloric acid	$HCl = H^+ + Cl^-$	-3	HF
황산	sulfuric acid	$H_2SO_4 = H^+ + HSO_4^-$	-3	강산
질산	nitric acid	$HNO_3 = H^+ + NO_3^-$	-0	강산
하이드로늄이온	hydronium ion	$H_3O^+ = H^+ + H_2O$	0	
삼염화아세트산	trichloroacetic acid	$CCl_3COOH = H^+ + CCl_3COO^-$	0.70	할로아세트산 (HAA)

화학물질	영문이름	평형 반응식	pKa	특징/비교물질
이염화아세트산	dichloroacetic acid	$CHCl_2COOH = H^+ + CHCl_2COO^-$	1.48	HAA
황산수소이온	disulfate ion	$HSO_4^- = H^+ + SO_4^{-2}$	2	H_2SO_4
인산	phosphoric acid	$H_3PO_4 = H^+ + H_2PO_4^-$	2.15	H_2PO_4, HPO_4^-
철(III)이온	ferric ion	$Fe(H_2O)_6^{+3} = H^+ + Fe(OH)(H_2O)_5^{+2}$	2.2	Al(III), Cu(II)
일염화아세트산	chloroacetic acid	$CH_2ClCOOH = H^+ + CH_2ClCOO^-$	2.85	HAA
플루오르산(불산)	hydrofluoric acid	$HF = H^+ + F^-$	3.2	HCl
폼산(개미산)	formic acid	$HCOOH = H^+ + HCOO^-$	3.75	유기산 (탄소1개)
아질산	nitrous acid	$HNO_2 = H^+ + NO_2^-$	4.5	HNO_3
일수산화철(III)	ferric monohydroxide	$FeOH(H_2O)_5^{+2} = H^+ + Fe(OH)_2(H_2O)_4^+$	4.6	Al(III), Cu(II)
아세트산	acetic acid	$CH_3COOH = H^+ + CH_3COO^-$	4.75	유기산 (탄소2개)
알루미늄이온	aluminum ion	$Al(H_2O)_6^{+3} = H^+ + Al(OH)(H_2O)_5^{+2}$	4.8	Fe(III)이온
프로피온산	propionic acid	$C_2H_5COOH = H^+ + C_2H_5COO^-$	4.87	유기산 (탄소3개)
탄산	carbonic acid	$H_2CO_3 = H^+ + HCO_3^-$	6.35	HCO_3^-

화학물질	영문이름	평형 반응식	pKa	특징/비교물질
황화수소산	hydrogen sulfide	$H_2S=H^++HS^-$	7.02	HS^-
인산이수소이온	dihydrogen phosphate	$H_2PO_4^-=H^++HPO_4^{-2}$	7.2	H_3PO_4, HPO_4^-
차아염소산	hypochlorous acid	$HOCl=H^++OCl^-$	7.5	
구리(II)이온	copper ion	$Cu(H_2O)_6^{+2}=H^++CuOH(H_2O)_5^+$	8.0	$Fe(III)$, $Al(III)$
붕산	boric acidi	$B(OH)_3+H_2O=H^++B(OH)_4^-$	9.2	
암모늄이온	ammonium ion	$NH_4^+=H^++NH_3$	9.24	
사이안산(청산)	hydrocyanic acid	$HCN=H^++CN^-$	9.3	
규산	orthosilicic acid	$H_4SiO_4=H^++H_3SiO_4^-$	9.86	
탄산수소이온	bicarbonate ion	$HCO_3^-=H^++CO_3^{-2}$	10.33	H_2CO_3
마그네슘(II)이온	magnesium ion	$Mg(H_2O)_6^{+2}=H^++MgOH(H_2O)_5^+$	11.4	$Ca(II)$, $Fe(III)$
인산수소이온	monohydrogen phosphate	$HPO_4^{-2}=H^++PO_4^{-3}$	12.3	H_3PO_4, $H_2PO_4^-$
칼슘(II)이온	calcium ion	$Ca(H_2O)_6^{+2}=H^++CaOH(H_2O)_5^+$	12.5	$Mg(II)$
황화수소이온	bisulfide ion	$HS^-=H^++S^{-2}$	13.9	H_2S
물	water	$H_2O=H^++OH^-$	14.00	
메테인	methane	$CH_4=H^++CH_3^-$	34	

4.4.2 K_a와 K_b 사이의 관계

하나의 산 혹은 염기 화합물에서 생성되는 한 쌍의 산과 짝염기 혹은 염기와 짝산 사이에서의 K_a, K_b 관계는 다음과 같다.

예를 들어, 약산인 아세트산(CH_3COOH, 초산)의 산-염기 반응으로 설명한다.

$$CH_3COOH + H_2O \rightleftharpoons H_3O^+ + CH_3COO^-$$

$$\text{산} \qquad \text{염기} \qquad \text{짝산} \qquad \text{짝염기}$$

위 반응에서 아세트산의 산 해리 상수는 다음과 같다.

$$K_a = \frac{[H_3O^+][CH_3COO^-]}{[CH_3COOH]} = 10^{-4.75}$$

그리고 아세트산의 짝염기인 아세트산 이온(CH_3COO^-)의 산-염기 반응은 다음과 같다.

$$CH_3COO^- + H_2O \rightleftharpoons CH_3COOH + OH^-$$

이 반응식으로 부터 염기인 아세트산 이온의 염기 해리상수 K_b는 다음과 같이 쓸 수 있다.

$$K_b = \frac{[CH_3COOH][OH^-]}{[CH_3COO^-]} = 10^{-9.25}$$

산/짝염기 쌍인 CH_3COOH/CH_3COO^-의 K_a와 K_b를 곱하면 다음 식이 된다.

$$K_a \cdot K_b = \frac{[H_3O^+][CH_3COO^-]}{[CH_3COOH]} \times \frac{[CH_3COOH][OH^-]}{[CH_3COO^-]} = [H_3O^+][OH^-]$$

이 결과는 물의 이온곱 상수, $K_w = [H_3O^+][OH^-] = 10^{-14}$ 에 해당한다. 즉, 산과 그의 짝염기 혹은 염기와 그의 짝산의 해리상수의 곱은 물의 이온곱 상수, K_w 값과 같다.

4.5 산 – 염기 반응과 수질화학

4.5.1 자연수의 산 – 염기

자연계의 물은 다양한 종류의 광물질을 함유하고 있으며, 오염되지 않은 물의 pH는 일반적으로 6에서 9 범위이고, 그 값은 비교적 일정한 편이다. 자연수의 pH와 화학적 조성은 물과 환경 조성 물질 간의 산-염기 반응에 의해 주로 결정 되는 데, 다양한 화학적 반응과 생물학적 반응이 이 과정에 영향을 끼친다.

광물이 공기 혹은 물과 상호작용하는 많은 경우가 산-염기 반응에 속한다. 한 예로써 탄산염 암석이 물 및 공기중의 이산화탄소와 반응하는 반응식은 다음과 같이 간략하게 나타낼 수 있는데,

$$CaCO_{3(s)} + H_2O_{(l)} + CO_{2(g)} \rightleftharpoons Ca^{2+}_{(aq)} + 2HCO^-_{3(aq)}$$

이는 고체물질인 $CaCO_3$는 염기이고 기체인 이산화탄소(CO_2)는 물에 녹아

산으로 작용하여 염기성인 HCO_3^-를 생성하는 반응이다. 그 외에도 암모니아, 규산염, 붕산염, 인상염 등 여러 염기들이 이와 유사한 산-염기 반응을 통해 생성되며, 화산활동에서 분출되는 HCl, SO_2 등은 산으로 작용하여 자연수의 복잡한 화학적 조성을 이룬다.

한편 생물학적 반응으로서의 광합성과 호흡작용 역시 CO_2 생성과 소비를 통하여 산-염기 반응을 진행하며 물의 pH 변화에 영향을 끼친다.

물중에서도 자연수의 대부분을 차지하는 바닷물은 약 알카리성으로, 해수의 pH는 8.1로 매우 일정한 값을 갖는데, 이는 전 지구적으로 일어나는 거대한 산-염기 반응의 결과라고 할 수 있다.

산-염기 평형은 아주 신속하게 일어나는데 이는 양성자 전이속도가 매우 빠르기 때문이다. 양성자, H^+는 산소 원자의 핵이다. 양성자는 수많은 화학종들과 반응하고 반응평형과 반응속도에 영향을 끼치므로 양성자(수소 이온)의 농도는 화학반응을 기술하는 데 있어 매우 중요한 대표적인 반응변수이다.

4.5.2 수처리 공정에서의 pH 조절

자연수와 폐수의 pH는 물의 화학 성분으로써 수질 판단의 기본일 뿐 아니라 수처리 공정에서 매우 중요한 운전요인의 하나이다.

생물학적 폐수처리에서, 혐기성 처리를 수행할 때 pH가 5 이하로 내려가면 산이 농축되고 처리 효율에 심각한 영향을 끼친다. 호기성 처리에서는 pH가 5를 넘어 10에 이르게 되면 처리 공정에 문제가 발생할 수 있다. 이런 경우에는 적절한 산성 또는 염기성 시약을 첨가하여 pH를 각 처리공정을 최적화해야한다.

화학적 처리에서는 pH 값에 따른 운전 범위가 더욱 중요하다. 많은 화학약품은 특정 pH에서 그 반응 효율이 높다. 응집과 침전, 소독, 물의 연수화 그리고 부식 방지 등의 화학적 공정에서 pH 조절은 필수이다. 음용수의 경우 보통 pH 4이하에서는 신 맛을 띠고 pH 8.5이상이 되면 쓴 맛을 띤다. pH가 높을수록 열기관 내에서의 스케일(scale)생성은 가속화되고 염소 소독 능력은 감소한다. 한편 염소 소독시 높은 pH에서는 발암물질로 여겨지는 트리할로메탄(trihalomethane: THM)이 생성될 수 있다.

Keystone · 트리할로메탄이란?

트리할로메탄(THM: trihalomethane)의 이름에서 유추할 수 있듯이 메테인(CH_4)의 수소 중 세 개가 할로젠 원소인 염소, 브로민 등으로 치환된 것이다. 한 예로 염소가 세 개 치환된 클로로포름(chloroform, $CHCl_3$)은 대표적 유독성 물질이다. 이 트리할로메탄은 정수 과정에서 원수 속에 함유되어 있던 유기 화합물들이 소독 공정에서 사용하는 염소와 반응하여 생성되는 물질이다. 이는 중추 신경 계통을 마비시키는 발암성 물질로 알려져 있어 먹는 물의 경우 100 ppb 이하의 엄격한 기준으로 규제하는 수질 관리 대상 화합물이다.

5

산 - 염기 반응의 평형 해석

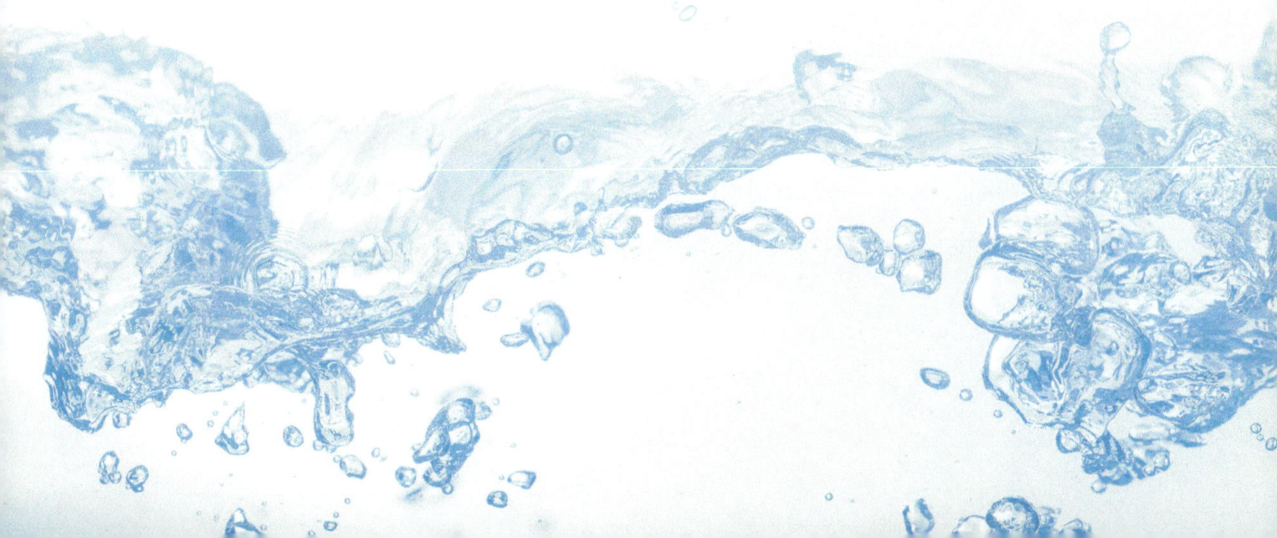

5.1 산 – 염기 반응의 화학종 분석

산-염기 평형을 해석하여 용액의 산도를 계산하고, 존재하는 여러 화학종들의 농도를 계산하는 것은 일반적인 화학반응의 평형을 해석하는데 적용할 수 있는 평형계산의 기본 과정을 포함하고 있다.

대부분 평형계산의 목적은 알고 있는 화합물의 농도와 상수 등을 이용하여 관심 있는 특정 화학종의 농도를 계산하는 것이다. 이는 처음에는 매우 복잡하여 다루기 어려운 문제로만 보일 수 있지만, 단계적인 과정을 거쳐 해석할 수 있고, 때때로 풀이 과정에서 식을 상당히 단순화 시킬 수 있는 요인이 들어있어 정확한 풀이에 근접한 유사식을 이용해 해결할 수도 있다.

산-염기 반응을 해석하여 용액의 산도와 반응계에 들어있는 화학종들을 정량적으로 해석하는 기본적인 접근방법은, 열역학적인 평형과 함께 질량균형을 고려함으로써 정확한 대수학적인 계산이나 근사식 풀이 혹은 함수 도표를 그림으로 나타내어 화학 평형을 풀이 할 수 있다.

평형을 해석하는 과정은 다음 네 단계로 나누어 진행한다.

(1) 반응계에 존재하는 모든 화학종을 확인한다.

이것은 반응물질과 생성물질 뿐 아니라 반응계에 들어있는 모든 화학종 (chemical species)까지 포함한다.

예를 들어 물속에서 산(HA)의 해리 반응을 생각할 때, 반응물인 HA와 H_2O

뿐 아니라 생성물인 H_3O^+, A^- 그리고 물의 자동 이온화에 따라 수용액 속에는 항상 존재하는 OH^-, 총 5개의 화학종이 이 반응계에 존재한다.

즉, 존재 화학종: HA, H_2O, H_3O^+, A^-, OH^-

(2) 화학종들이 관계된 모든 독립적인 식들을 기술한다.

독립적인 식은 수행 반응의 평형상수를 나타내는 식(equilibrium equation), 화학종들의 농도에 관한 질량 균형식(mass balance), 그리고 화학종들의 전하에 관한 전하 균형식(charge balance) 등이다.

한편 산-염기 반응에서는 전하 균형식 대신 양성자 균형식(proton balance)으로 대체할 수 있으며, 산-염기 평형해석 시 많은 경우 전하 균형식보다 유용하다.

예를 들어 총 농도, 즉 해리가 시작되기 전의 농도가 $C_{T,A}$ 인 산(HA) 수용액의 경우 쓸 수 있는 독립적인 식들은 다음과 같다.

① 평형상수

화학반응, $HA + H_2O \rightleftharpoons H_3O + A^-$ 로부터 산 해리 평형상수를 나타내는 식,

$$K_a = \frac{[H_3O^+][A^-]}{[HA]}$$

그리고 이 반응계의 용매인 물이 다음 반응식에 따라 자동 이온화 할 때의 물의 이온곱 상수 K_w를 쓰는데, 물에 관한 이 평형상수는 물에서 일어나는 모든 반응계의 평형을 다룰 때 항상 적용할 수 있는 평형상수이다.

$$H_2O + H_2O \rightleftharpoons H_3O^+ + OH^-$$

$$K_w = [H_3O^+][OH^-]$$

② 질량 균형식

산(HA)의 초기 총 농도가 C이고, 이것이 일부 해리하여 H_3O^+, A^-가 생성되고 해리하지 않고 최초 상태로 남아있는 HA가 있으므로 총 농도에 대한 질량 균형식은,

$$C_{T,A} = [A^-] + [HA]$$

여기서 농도 [HA]는 초기 농도,$[HA]_0$ 가 아닌 산 해리가 평형에 도달한 후에도 해리하지 않고 남아 있는 HA의 농도인 것에 유의해야 한다.

③ 전하 균형식

평형을 해석하는 위의 과정 (1)에서 확인한 존재 화학종 가운데 전하를 띠는 화학종은 H_3O^+, A^-, OH^-로, 이들의 전하 균형식은 다음과 같다.

$$[H_3O^+] = [A^-] + [OH^-]$$

④ 양성자 균형식

양성자가 관여하는 산-염기 평형에서는 양성자 균형식을 쓸 수 있는데, 이 때 양성자 기준 물질(proton reference)은 평형에 이르기 전의 초기 물질이다.

위의 예에서 다룬 산(HA)의 경우 HA가 양성자 기준 물질이며, 존재하는 다른 화학종들을 이 기준 물질과 비교하여 상대적인 양성자 수용 능력 혹은 공여 능력을 판단하여 균형식을 기술한다. 즉 HA를 기준물질로 화학종 H_3O^+, A^-, OH^- 의 양성자 수용/공여 능력을 비교하면 다음과 같은 양성자 균형식을 쓸 수 있다.

$$[H_3O^+] = [A^-] + [OH^-]$$

여기서 H_3O^+는 기준 물질인 HA보다 양성자를 내주는 능력이 큰 물질로, 양성자 과잉(proton rich 또는 proton excess) 화학종이고, A^-와 OH^-는 HA에 비해 양성자를 내주는 능력이 적은 물질로 양성자 부족(proton poor) 화학종으로 분류되어, 한 산-염기 반응계 내에서 이 두 부류가 균형을 이룬다.

수용액계에서 양성자 균형식을 기술할 때 양쪽성인 물 분자(H_2O)는 포함되지 않으며, 물의 자동 이온화에 따라 수용액에 항상 존재해 있는 $[H_3O^+]$와 $[OH^-]$는 언제나 양성자 균형식의 좌·우 항에 나뉘어 나타난다.

(3) 반응 평형에 관해 기술한 (2)의 모든 식을 차례로 결합하여 양성자 농도$[H^+]$를 계산한다.

(4) 양성자 농도와 (2)의 식들을 통해 반응계에 존재하는 다른 화학종들의 농도를 계산한다.

5.2 계산법에 의한 산 - 염기의 평형 해석

정수장의 소독공정에 투입된 염소기체는 다음 반응식과 같이 물과 반응한다.

$$Cl_2 + H_2O \rightleftharpoons HOCl + H^+ + Cl^-$$

생성된 차아염소산(hypochlorous acid, HOCl)은 약산으로서 수처리 과정에서 필요한 소독작용을 나타낸다. 앞에서 알아본 평형 해석 순서에 따라, 계산 방법을 통하여 아래조건에 따른 차아염소산의 해리 평형을 해석해 본다.

약산인 HOCl의 총 농도가 10^{-3} M인 수용액의 pH와 그 속에 존재하는 화학종들의 농도를 계산을 통하여 구해보자. 25 ℃에서 HOCl의 산 해리 상수, Ka는 $1.0 \times 10^{-7.5}$이다.

(1) HOCl 수용액 속에 존재하는 화학종들을 확인한다.

산 해리 화학 반응식은 다음과 같다.

$$HOCl + H_2O \rightleftharpoons H_3O^+ + OCl^-$$

물 이외에 이 반응계에 존재하는 화학종은 HOCl, OCl⁻, H_3O^+ ([H_3O^+]=[H⁺]이므로 이후 [H⁺]로 표기함), OH⁻ 등 4개 이다. 평형 농도를 계산하려는 미지의 화학종이 4개 이므로 독립적인 식 4개가 필요하다. 이 식들은 다음에서 보는 것처럼 산 해리 평형상수, 물의 이온곱, 질량 균형식과 전하 균형식(혹은 양성자 균형식) 이다.

(2) HOCl 수용액의 산 해리 반응에 관계된 평형식은

첫째, 산 해리 평형식에 따른 평형상수 관계식과

$$K_a = \frac{[H^+][OCl^-]}{[HOCl]} = 10^{-7.5} \quad\cdots\cdots\cdots\cdots\cdots\cdots\cdots\cdots ①$$

둘째, 물의 자동 이온화 반응 평형상수 관계식이다.

$$K_w = [H^+][OH^-] = 10^{-14} \quad\cdots\cdots\cdots\cdots\cdots\cdots\cdots ②$$

(3) 질량 균형식

해리 반응이 일어나기 전 HOCl의 총 농도 10^{-3} M 는, 평형에서 해리하지 않고 남아있는 [HOCl]과 HOCl이 해리하여 생성된 [OCl⁻]의 합과 같다. 따라서 총 농도를 OCl이 함유된 화학종의 농도 합, $C_{T,OCl}$ 로 표기하면 질량 균형식은 다음과 같이 된다.

$$C_{T,OCl} = [HOCl] + [OCl^-] = 10^{-3} \quad\cdots\cdots\cdots\cdots\cdots ③$$

(4) 전하 균형식 혹은 양성자 균형식

수용액 중의 화학종들을 전하에 따라 분류해 정리하면 다음과 같다.

$$[H^+] = [OH^-] + [OCl^-] \quad\cdots\cdots\cdots\cdots\cdots\cdots\cdots\cdots\cdots\cdots ④$$

한편, 양성자 균형식을 쓰기 위하여 양성자 기준 물질인 HOCl과의 상대적인 양성자 주개 능력을 비교하여 다른 화학종들을 분류하면, 양성자 과잉 화학종은 H^+, 그리고 양성자 부족 화학종은 OH^-와 OCl^-이므로, 양성자 균형식은 다음과 같다.

$$[H^+] = [OH^-] + [OCl^-]$$

이 결과는 전하 균형식 ④와 같은데, 이는 해리하지 않은, 전하가 중성인 산 화합물이 양성자 기준물질일 때 양성자 균형식은 전하 균형식과 같음을 나타낸다.

④ 식을 하나의 화학종만으로 정리하기 위하여, $[OH^-]$와 $[OCl^-]$를 $[H^+]$가 포함되는 식으로 바꾸어 대입한다.

먼저 $[OH^-]$는 물의 자동이온화 평형상수인 ②식을 정리하면,

$$[OH^-] = \frac{Kw}{[H^+]} \quad\cdots\cdots\cdots\cdots\cdots\cdots\cdots\cdots\cdots\cdots ⑤$$

그리고 $[OCl^-]$는 산 해리 상수 K_a에서 $[HOCl]$ 항을 질량 균형식인 ③을 이용해 정리하면 $[HOCl] = C_{T,OCl} - [OCl^-]$이므로

$$K_a = \frac{[H^+][OCl^-]}{(C_{T,ocl} - [OCl^-])}$$

이 식을 다음과 같이 정리하면, [OCl⁻]를 [H⁺]와 상수만으로 나타낼 수 있다.

$$K_a(C_{T,ocl} - [OCl^-]) = [H^+][OCl^-]$$

$$(C_{T,ocl} \cdot K_a) - (K_a \cdot [OCl^-]) = [H^+][OH^-]$$

$$C_{T,ocl} \cdot K_a = [H^+][OCl^-] + K_a \cdot [OCl^-] = ([H^+] + K_a) \cdot [OCl^-]$$

따라서

$$[OCl^-] = \frac{(C_{T,ocl} \cdot K_a)}{[H^+] + K_a} \quad \cdots\cdots\cdots\cdots\cdots\cdots\cdots\cdots ⑥$$

⑤식과 ⑥식을 ④식에 대입하면 다음과 같이 [OCl⁻]을 상수와 [H⁺]로만 이루어진 식으로 쓸 수 있다.

$$[H^+] = \frac{K_w}{[H^+]} + \frac{(C_{T,ocl} \cdot K_a)}{[H^+] + K_a}$$

이 식을 정리하기 위해 양변에 [H⁺]를 곱하고,

$$[H^+]^2 = K_w + \frac{(C_{T,ocl} \cdot K_a) \cdot [H^+]}{([H^+] + K_a)}$$

다시 양변에 ([H$^+$] + K$_a$)를 곱하여 정리하면 다음과 같다.

$$[H^+]^2 \left([H^+] + K_a\right) = K_w \cdot \left([H^+] + K_a\right) + \left(C_{T,a} \cdot K_a\right)[H^+]$$

$$[H^+]^3 + K_a[H^+]^2 = K_w \cdot [H^+] + K_w \cdot K_a + C_{T,a} \cdot K_a \cdot [H^+]$$

$$[H^+]^3 + K_a \cdot [H^+]^2 - \left(K_w + C_{T,a} \cdot K_a\right)[H^+] - \left(K_w \cdot K_a\right) = 0$$

이 식은 차아염소산에 관련된 평형식과 물질 관계식을 이용하여 산 해리 평형식을 수소 이온 농도, [H$^+$], 만의 식으로 정리한 식이다.

위의 식에 상수들, $C_{T,OCl} = 10^{-3}$, $K_a = 10^{-7.5}$, $K_w = 10^{-14}$ 을 대입하여 이 식을 풀면 [H$^+$] 값을 구할 수 있다.

$$[H^+] = 5.6234 \times 10^{-6}$$

이 값으로부터 차례로 다른 화학종의 농도를 계산할 수 있다. 즉, ②식으로부터,

$$[OH^-] = \frac{K_w}{[H^+]} = 1.7783 \times 10^{-9}$$

④식으로부터,

$$[OCl^-] = [H^+] - [OH^-] = 5.6216 \times 10^{-6}$$

③식으로부터

$$[HOCl] = 10^{-3} - [OCl^-] = 9.9438 \times 10^{-4}$$

즉 25 ℃에서 산 해리 상수가 $1.0 \times 10^{-7.5}$인 차아염소산 HOCl의 총 농도가 10^{-3} M인 수용액의 화학적 평형을 대수학적인 방법으로 분석하고, 계산을 통해 구한, 존재하는 모든 화학종들의 정확한 농도는 다음과 같다.

$$[H^+] = 5.6234 \times 10^{-6}$$

$$[OH^-] = 1.7783 \times 10^{-9}$$

$$[OCl^-] = 5.6216 \times 10^{-6}$$

$$[HOCl] = 9.9438 \times 10^{-4}$$

따라서 평형에서 이 차아염소산 수용액의 pH = $-\log(5.6234 \times 10^{-6})$ = 5.25 이고, 개별 화학종 농도로부터 차아염소산의 99.4 % 이상이 해리하지 않고 분자 HOCl 상태로 존재하는 것을 알 수 있다. 이로써 차아염소산의 해리 분율이 매우 적은 것을 알 수 있으며 이는 약산으로 분류되는 물질들의 특징이다.

5.3 간략한 계산법에 의한 산 – 염기의 평형 해석

5.3.1 산 – 염기의 특성을 고려한 평형 해석

위에서 산 해리 평형을 해석함에 있어 생략 과정 없이 상세하게 정확한 풀이를 하였으나, 산-염기의 특성을 고려하면 평형 계산을 좀 더 간단하게 수행할 수 있는 경우가 있다.

위에서 예로든 차아염소산 수용액은 산 용액이다. 즉 수소 이온의 농도가 수산이온의 농도보다 큰 용액을 산이라 하므로, $[H^+] \gg [OH^-]$라고 할 수 있다. 따라서 위의 양성자 균형식, ④ 식을 보면 $[H^+] = [OH^-] + [OCl^-]$에서 $[OH^-]$값이 $[H^+]$에 비해 상대적으로 매우 작은 경우 이 식은 다음과 같이 쓸 수 있다.

$$[H^+] \approx [OCl^-]$$

이로부터 앞서 논의한, 평형의 정확한 풀이 과정에서 얻은 ⑥식의 [OCl]을 [H⁺]로 대체할 수 있으므로 ⑥식은 다음과 같이 쓸 수 있다.

$$[H^+] = \frac{(10^{-3} \cdot K_a)}{[H^+] + K_a}$$

이 식을 정리하면

$$[H^+]^2 + K_a[H^+] - (10^{-3} \cdot K_a) = 0$$

즉 산-염기 평형에서 물질 특성이 산인 경우, $[H^+] \gg [OH^-]$ 가정을 할 수 있고, 그로부터 평형 해석을 하면 좀 더 계산하기 간단한 2차 방정식을 얻게 되므로, 다음과 같은 근의 공식을 통하여 [H⁺]의 농도를 계산할 수 있다.

$$[H^+] = \frac{-(K_a) + \sqrt{(K_a)^2 - 4 \times 1 \times (10^{-3} \cdot K_a)}}{2 \times 1}$$
$$= 5.6393 \times 10^{-6}$$

이 값을 이용하여 ②, ④, ③식으로부터 다른 화학종들의 농도를 순차적으로 계산하면 다음과 같다.

$$[OH^-] = 1.7733 \times 10^{-9}$$

$$[OCl^-] = 5.6375 \times 10^{-6}$$

$$[HOCl] = 9.9436 \times 10^{-4}$$

이 풀이 과정에는, HOCl이 산이고 그에 따라 $[H^+] \gg [OH^-]$라는 가정을 하였는데, 위의 결과에서 값을 확인해보면 , $[H^+]/[OH^-] > 3.2 \times 10^3$ 이므로 가정을 받아들일 수 있는 범위에 있다. 만약 이 가정이 만족스럽지 못한 경우 앞에서 기술한 정확한 풀이 과정을 이용한다.

산 해리 평형 해석에서, 물질이 산 이라는 특성을 이용하여 풀이 과정을 간략하게 수행한 결과로부터 계산한 이 수용액의 pH 값은, $-\log(5.6393 \times 10^{-6})$ = 5.25 이다. 이는 가정 도입 없이 상세하게 풀이한 경우와 같은 값이다.

5.3.2 산의 세기를 고려한 평형 해석

산-염기의 특성을 고려하여 평형계산을 간단하게 수행하는 경우 물질이 산 이라는 특성을 고려한 가정, $[H^+] \gg [OH^-]$, 외에도, 산의 세기에 따른 가정을 활용할 수 있다.

위에서 예로든 차아염소산은 산 중에서도 약산이다. 약산은 해리가 잘 일어나지 않고, 평형에서 대부분 분자 상태로 존재하는 산이다. 산-염기 평형 해석 과정에서 질량 균형식, ③ 식은 다음과 같다.

$$C_{T,oa} = [HOCl] + [OCl^-] = 10^{-3}$$

약산인 차아염소산의 해리 정도는 매우 작을 것이므로, 화학종의 상대적인 농도 관계는 [HOCl] $\gg$ [OCl⁻]라고 할 수 있으므로 다음과 같이 나타낼 수 있다.

$$[HOCl] \approx C_{T,oa} = 10^{-3}$$

이 경우 산 해리 상수는 다음과 같이 쓸 수 있다.

$$K_a = \frac{[H^+][OCl^-]}{[HOCl]} = \frac{[H^+][OCl^-]}{[C_{T,oa}]}$$

위의 식을 정리하면 $[OCl^-] = \dfrac{C_{T,oa} \cdot K_a}{[H^+]}$ 이고, 이 [OCl⁻]을 앞서 양성자 균형식, [H⁺] = [OH⁻] + [OCl⁻] 에서 물질 특성이 산인 경우에 [H⁺] $\gg$ [OH⁻]를 가정하여 이루어진 식, $[H^+] \approx [OCl^-]$에 대입하면,

$$[H^+] = \frac{C_{T,oa} \cdot K_a}{[H^+]}$$

$$[H^+]^2 = C_{T,oa} \cdot K_a$$

$$[H^+] = \sqrt{C_{T,oa} \cdot K_a}$$

이 결과에서 보듯이, 산 해리 평형 해석에서, 물질이 산 이라는 특성과 산 중에서도 약산이라는 특성을 함께 고려하여 풀이 과정을 간략하게 수행하면, 수소 이온 농도는 두 상수, 화학종의 총 농도와 산 해리 상수로부터 간단하게 계산할 수 있다.

두 상수로부터 수소 이온 농도를 구하고, 그 값을 통하여 다른 화학종의 농도를 계산하면 다음 결과를 얻는다.

$$[H^+] = 5.6234 \times 10^{-6}$$

$$[OH^-] = 1.7783 \times 10^{-9}$$

$$[OCl^-] = 5.6216 \times 10^{-6}$$

$$[HOCl] = 9.9439 \times 10^{-4}$$

이 풀이 과정에는 2개의 가정이 포함되어 있다. 평형해석에서 이 가정들이 적절했는지 검토하기 위하여 계산 결과를 각 가정에서 다시 확인해 봐야한다.

검토할 것은 첫 번째 가정인 $[H^+] \gg [OH^-]$을 판단하기 위하여 계산 결과를 통해 얻은 두 농도의 상대적 비 $[H^+]/[OH^-] = 3.16 \times 10^3$ 이고, 두 번째 가정인 $[HOCl] \gg [OCl^-]$을 판단하기 위하여 계산 결과를 통해 얻은 두 농도의 상대적 비 $[HOCl^+]/[OCl^-] = 1.77 \times 10^2$ 이다.

두 번째 가정은 첫 번째 가정보다 두 농도의 차이가 적기는 하나 두 농도의 차이가 약 200배로 $[HOCl] \gg [OCl^-]$이라는 가정도 받아들일 수 있는 범위로 판단할 수 있다. 만약 이 가정을 받아들이기 어려운 것으로 판단하면, 하나의 가정만 받아들여 2차 방정식을 이용해 계산하거나, 더 정확한 계산을 원하면 가정 없이 해석한 3차 반응식을 이용하여 풀이하여야 한다.

5.4 강산과 약산의 평형 해석

5.4.1 강산의 평형 계산

강산의 평형 해석을 위하여 대표적 강산인 염산, HCl 의 총 농도가 10^{-3} M인 수용액의 pH와 존재 화학종들의 농도를 구하는 예를 살펴본다. 25 ℃에서 염산의 산 해리 상수 K_a는 1×10^3를 사용하고, 앞에서 기술한 순서에 따라 평형을 해석할 수 있다.

(1) HCl의 해리 반응식과 수용액에 존재하는 모든 화학종을 확인한다.

$$HCl + H_2O \rightleftharpoons H_3O^+ + Cl^-$$

$$HCl, Cl^-, H_3O^+, OH^-$$

(2) HCl 수용액의 산 해리 반응 평형 상수 관계식은 다음과 같다.

$$K_a = \frac{[H^+][Cl^-]}{[HCl]} = 10^3 \quad \cdots\cdots\cdots\cdots\cdots\cdots\cdots\cdots ①$$

$$K_w = [H^+][OH^-] = 10^{-14} \quad \cdots\cdots\cdots\cdots\cdots\cdots\cdots ②$$

(3) 질량 균형식을 기술하는데 총 농도를 $C_{T,Cl}$로 표시하면 다음과 같다.

$$C_{T,a} = [Ha] + [a^-] = 10^{-3} \quad \cdots\cdots\cdots\cdots\cdots\cdots ③$$

(4) 양성자 균형식은 양성자 과잉 화학종의 농도는 양성자 부족 화학종들의 농도 합과 같다.

$$[H^+] = [OH^-] + [a^-] \quad \cdots\cdots\cdots\cdots\cdots\cdots ④$$

이 네 식을 산 해리 평형 해석 방법에 따라, 차아염소산 풀이 과정에서처럼 각 식을 연립하여, 먼저 [H$^+$]에 대하여 정리하면 다음과 같은 3차식을 얻는다.

$$[H^+]^3 + K_a [H^+]^2 - (K_w + K_a \cdot C_{T,a})[H^+] - K_w \cdot K_a = 0$$

이 3차식은 약산인 HOCl의 평형 해석 경우에서와 같은 결과이며 이는 모든 일양성자 산(monoprotic acid)에서 동일하다.

이 3차 방정식을 풀어서 정확한 해를 구할 수 있다. 이로부터 pH=3.0000004 값을 얻을 수 있으나 소수 이하 1~2자리면 충분한 pH값 측정 표기에 따라 pH=3.00으로 기술할 수 있다. 한편 다른 화학종들의 농도는 다음과 같다.

$$[H^+] = 1.00 \times 10^{-3}$$

$$[OH^+] = 1.00 \times 10^{-11}$$

$$[a^-] = 1.00 \times 10^{-3}$$

$$[Ha] = 1.00 \times 10^{-11}$$

5.4.2 강산에 대한 간략한 평형 계산

약산에서와 마찬가지로 강산에 관해서도 평형 계산을 간략하게 수행할 수 있다.

강산 역시 산이라는 물질 특성에 따라, $[H^+] \gg [OH^-]$로 가정하면, 양성자 균형식 $[H^+] = [OH^-] + [Cl^-]$은 $[H^+] \approx [Cl^-]$ 와 같이 된다.

그리고 또한 염산은 물에서 물질의 대부분이 해리하는 강산이므로, 질량균형식, $C_{T,cl} = [HCl] + [Cl^-]$에서 강산의 특성에 따라 $[HCl] \ll [Cl^-]$로 가정하면, $C_{T,cl} \approx [Cl^-]$ 이 된다.

이는 최초 HCl이 모두 해리하여 총 농도 $C_{T,cl} = 10^{-3}$ M 에 해당하는 염소이온이 형성됨을 가르킨다. 이 값을 윗 식에 대입하면 수소 이온 농도가 얻어지고, 이어서 모든 화학종의 농도가 다음과 같이 계산된다.

$$[H^+] = 10^{-3}$$

$$[OH^-] = 10^{-11}$$

$$[Cl^-] = 10^{-3}$$

$$[HCl] = 10^{-11}$$

풀이에 도입한 2개의 가정이 적절 했는지 위의 계산 결과를 통해 확인해 볼 수 있다.

$[H^+] \gg [OH^-]$ 가정을 확인하기 위해 두 값을 비교하면, $[H^+]/[OH^-] = 10^8$ 이

고, $[HCl] \ll [Cl^-]$ 가정을 확인하기 위해 두 값을 비교하면 $[Cl^-]/[HCl] = 10^8$ 이다. 즉, 가정에서 비교한 두 농도의 차이가 10^8 배로 매우 크므로 두 가정은 모두 무리가 없이 받아들일 수 있는 것으로 판단할 수 있다.

이 결과는 강산에 일반적으로 적용할 수 있는 것으로, 강산 수용액의 pH는 산의 농도로부터 직접 계산할 수 있다. 예를 들어 강산의 농도가 C(mole/L)인 경우 수용액의 pH는 $-\log C$가 된다. 즉 10^{-2} M HCl의 pH값은 2, 10^{-5} M HCl의 pH값은 5 이다. 그렇다면 10^{-7} M HCl의 pH값은 7, 10^{-9} M HCl의 pH값은 9 라고 할 수 있을까? 다음 단원에서 이 경우를 논의한다.

5.4.3 농도가 묽은 강산의 평형 계산

강산의 pH는 농도에서 직접 계산할 수 있으므로, 10^{-7} M HCl의 pH = 7, 10^{-9} M HCl의 pH=9라고 계산할 수 있지만, 수용액의 pH가 7 이나 9 이면 수용액의 산-염기 분류에 따라 중성 혹은 염기성 수용액이라고 해야 한다. 하지만 산의 특성을 띠는 HCl 이 농도가 묽어져도 물질의 특성이 변하는 것은 아니므로, 중성물질 혹은 염기로 바뀌지 않는다.

평형에서 '물질이 대부분 해리 상태 화학종으로 존재한다'는 강산의 특성은 HCl의 농도가 묽어도 그대로 이다. 따라서 농도가 묽은 강산의 평형을 간략하게 계산할 때, 강산이므로 질량균형, $C_{T,Cl} = [HCl]+[Cl^-]$에서 $[HCl] \ll [Cl^-]$라는 가정을 도입하여 $C_{T,Cl} = [Cl^-]$로 쓸 수 있었다.

그러나 간략한 평형계산에서 양성자 균형, $[H^+] = [OH^-] + [Cl^-]$에서 $[H^+] \gg [OH^-]$라는 가정은, 산의 농도가 묽은 경우 $[H^+]$ 와 $[OH^-]$ 의 차이가 크지 않기 때문에 사용할 수 없다. 따라서 농도가 묽은 강산의 평형 해석에서 양성자 균형식을 기술할 때, 강산이므로 중성인 산이 모두 해리하는 특성과 물의 이온곱을 통한 수산이온 농도 표기가 필요하다.

$$[H^+] = [OH^-] + [Cl^-] = \frac{Kw}{[H^+]} + C_{T,a}$$

이 식을 정리하여 풀이하면

$$[H^+]^2 - C_{T,a}[H^+] - K_w = 0$$

$$[H^+] = \frac{C_{T,a} + \sqrt{C_{T,a}^2 + (4 \times 1 \times K_w)}}{2}$$

그리고 $K_a = \dfrac{[H^+][Cl^-]}{[HCl]} = \dfrac{[H^+] \cdot C_{T,a}}{[HCl]}$ 로부터 평형 상태에서의 HCl 농도를 다음과 같이 계산할 수 있다.

$$[HCl] = \frac{[H^+] \cdot C_{T,a}}{K_a}$$

이 결과로부터 10^{-7} M [HCl] 수용액의 모든 화학종의 농도를 계산하고 pH 값을 알아보면 다음과 같다.

$$[H^+] = 1.62 \times 10^{-7}$$

$$[OH^-] = 6.17 \times 10^{-8}$$

$$[Cl^-] \approx 10^{-7}$$

$$[HCl] = 10^{-16.79}$$

$$pH = 6.79$$

이 결과에서 보는 것처럼, 10^{-7} M [HCl] 수용액의 pH는 7.0 이 아니라 6.79 로 완전한 중성이 아니다. 한편 위의 평형 해석 결과에 따른 식을 이용해 10^{-9} M [HCl]의 pH를 계산하면 9.0 이 아니라 6.9957 로 여전히 pH 값이 중성인 7.0 미만 인 것을 알 수 있다. 즉 강산을 아무리 묽혀 낮은 농도로 제조하여도 pH는 7.0 이상이 될 수 없으며, pH가 중성에 가까워도 강산은 산 화합물이 거의 해리하는 고유 특성을 그대로 유지하고 있다.

5.4.4 농도가 묽은 약산의 평형 계산

농도가 묽은 약산의 평형 해석을 위하여, 대표적 약산인 아세트산(CH_3COOH, 간략하게 HAc로 표기)의 총 농도가 10^{-6} M 인 수용액의 pH와 존재 화학종들의 농도를 구하는 예를 살펴본다. 25 ℃ 에서 아세트산의 산 해리 상수는 $K_a = 10^{-4.75}$ 를 사용하고, 앞에서 기술한 순서에 따라 평형을 해석할 수 있다.

(1) 아세트산 해리 반응식과 수용액에 존재하는 모든 화학종을 확인한다.

$$HAc + H_2O \rightleftharpoons H_3O^+ + Ac^-$$

$$HAc,\ Ac^-,\ H^+,\ OH^-$$

(2) 이 반응의 평형상수는 산 해리 상수와 물의 이온곱 상수가 있다.

$$K_a = \frac{[H^+][Ac^-]}{[HAc]} = 10^{-4.75} \quad \cdots\cdots\cdots\cdots\cdots\cdots ①$$

$$K_w = [H^+][OH^-] = 10^{-14} \quad \cdots\cdots\cdots\cdots\cdots\cdots ②$$

(3) 질량 균형식에서 해리 전 아세트산 총농도 $C_{T,Ac} = 10^{-6}$ M 이므로,

$$C_{T,Ac} = [HAc] + [Ac^-] = 10^{-6} \quad \cdots\cdots\cdots\cdots\cdots\cdots\cdots ③$$

(4) 양성자 균형식은 양성자 기준 화학종이 HAc 이므로,

양성자 과잉 화학종 총농도가 양성자 부족 화학종 총 농도와 같음에 따라 다음과 같다.

$$[H^+] = [OH^-] + [Ac^-] \quad \cdots\cdots\cdots\cdots\cdots\cdots\cdots ④$$

위의 ①~④식들을 결합하여 먼저 [H⁺]를 구하기 위해 양성자 균형식 ④에서부터 시작한다. [OH⁻]는 물의 이온곱인 ②식을 정리하여 대입한다.

$$[H^+] = \frac{K_w}{[H^+]} + [Ac^-] \quad \cdots\cdots\cdots\cdots\cdots\cdots\cdots ⑤$$

이 식의 [Ac⁻]는 산 해리 평형상수 ①을 정리하여 [H⁺] 함수로 기술할 수 있다.

먼저 [HAc]는 질량 균형식, $C_{T,Ac}$ = [HAc] + [Ac⁻]에서 HAc는 해리가 잘 일어나지 않는 약산이므로 [HAc] ≫ [Ac⁻]라고 가정하면 $C_{T,Ac} \approx [HAc]$ 가 되고 이를 ①식에 대입하면 다음과 같다.

$$K_a = \frac{[H^+][Ac^-]}{[HAc]} = \frac{[H^+][Ac^-]}{C_{T,Ac}}$$

즉 $[Ac^-] = \dfrac{K_a \cdot C_{T,Ac}}{[H^+]}$ 이므로 이 것을 ⑤식에 대입하여 정리하면,

$$[H^+] = \frac{K_w}{[H^+]} + \frac{K_a \cdot C_{T,a}}{[H^+]}$$

$$[H^+]^2 = K_w + K_a \cdot C_{T,a}$$

$$[H^+] = \sqrt{K_w + K_a \cdot C_{T,a}}$$

따라서 각 상수를 대입하여 계산한 수소이온 농도는 다음과 같다.

$$[H^+] = \sqrt{10^{-14} + 10^{-4.75} \times 10^{-6}}$$

$$= 4.21815 \times 10^{-6}$$

이 값으로부터 산 화학종의 농도를 계산하면 다음과 같다.

$$[HAc] \approx C_{T,Ac} = 10^{-6}$$

$$[Ac^-] = \frac{K_a \cdot C_{T,Ac}}{[H^+]} = \frac{10^{-7.5} \cdot 10^{-6}}{2.04 \times 10^{-7}}$$

$$= 1.55 \times 10^{-7}$$

묽은 약산 수용액의 평형 해석 과정에서 취한 가정이 적절한 것인지 검토하기 위하여 위의 결과로부터 계산한 값을 살펴보면, $[HAc]/[Ac^-] \approx 6.5$ 이므로 $[HAc] \gg [Ac^-]$라고 가정한 것이 적절하다고 볼 수 있거나 혹은 그렇지 않다고 판단할 수도 있다. 그러므로 경우에 따라서는 가정을 포함하지 않은 좀 더 정확한 평형 계산을 수행할 수 있다.

6

도해법에 의한 산 - 염기 평형 해석

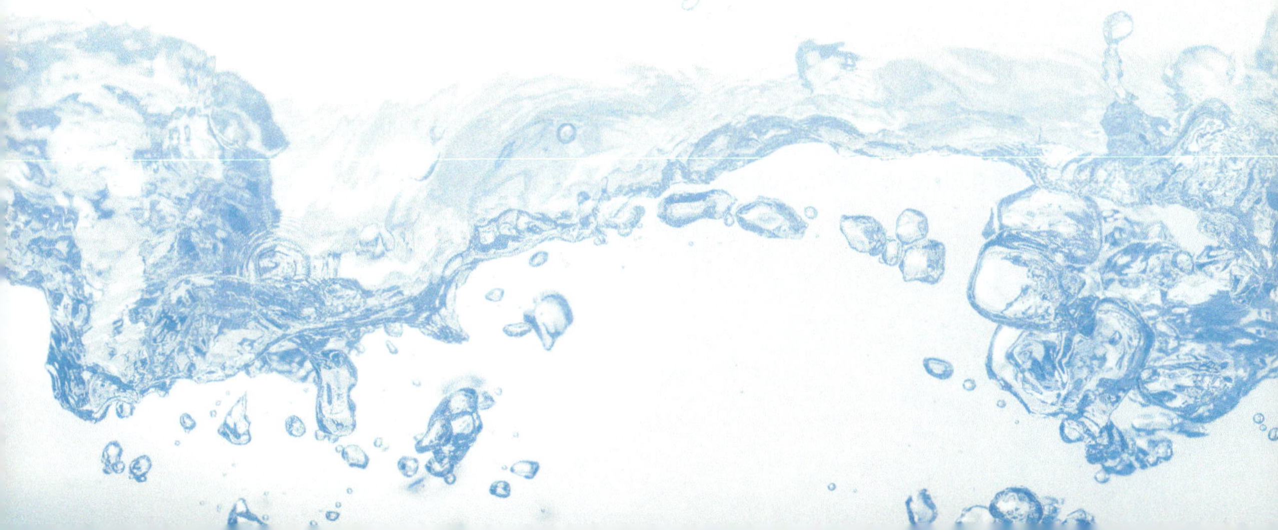

앞에서 산-염기 해리반응의 평형을 해석하기 위하여 대수학적 방법으로 연립 수식을 계산하면 반응 평형에 존재하는 각 화학종의 농도를 계산할 수 있었다. 이번에는 도해식 방법으로 산-염기 반응의 평형을 해석하는 과정을 알아본다. 대수학적 계산에서 활용한 화학종들의 관계식을 연립식으로 정리하여, 화학종 농도와 수소이온의 농도의 그래프(pC-pH diagramm)를 그리고 그 그림에서 평형점을 확인함으로써 산-염기의 평형을 해석할 수 있다.

6.1 일양성자산의 pC-pH 도해

도해식 산-염기 반응의 평형 해석을 위한 예로 약산이며 일양성자산인 차아염소산(HOCl, hypochlorous acid))의 해리 반응을 알아본다. 25 ℃ 에서 차아염소산의 산 해리 상수, Ka 값은 3.16×10^{-8} (pKa=7.5) 이다.

차아염소산 총 농도, $[HOCl]_T$ 가 1.0×10^{-3} mol/l 인 수용액의 pH는 얼마이며 그 속에 들어있는 화학종들의 농도는 얼마인지 먼저 pC-pH 도표를 그리고 도해식 방법으로 산-염기 평형을 해석한다.

물속에서 일어나는 HOCl 의 해리 반응은 다음과 같다.

$$HOCl + H_2O \rightleftharpoons H_3O^+ + OCl^-$$

이 해리를 통하여 물속에 존재하는 화학종 들은 HOCl, OCl^-, H^+, OH^-, 네 개 이다. 네 개의 미지의 화학종 농도를 구하기 위해서는 네 개의 독립된 관계식이 필요하고, 이 평형계에 대해 쓸 수 있는 식은 앞의 평형 계산에서 사용한 식들과 같다.

이 반응에 관해 쓸 수 있는 평형식 중에서, 먼저 산 해리 평형상수는 다음과
같다.

$$Ka = \frac{[H^+][OCl^-]}{[HOCl]} = 10^{-7.5} \quad\text{......................................} (1)$$

그리고 또 하나의 평형상수는 수용액에서 항상 쓸 수 있는 물의 자동이온화
에 따른 이온곱 상수이다.

$$Kw = [H^+][OH^-] = 10^{-14} \quad\text{................................} (2)$$

한편 물속에 들어있는 차아염소산 총량은, 해리가 시작되기 전의 양에 해당
한다. 산-염기 평형점에서는 해리하지 않고 처음 상태를 유지하는 HOCl 과 해
리하여 이온형태가 된 OCl⁻, 두 화학종이 존재하며, 이는 다음과 같은 질량균
형식을 이룬다.

$$C_{T,ocl} = [HOCl] + [OCl^-] = 10^{-3} \quad\text{..........................} (3)$$

평형 해석에 이용하는 네 번째 관계식은 전하 균형식 혹은 양성자 균형식으
로, 일양성자산에 대해서 이 두 식은 똑같이 다음 식으로 나타난다.

$$[H^+] = [OH^-] + [OCl^-] \quad\text{...............................} (4)$$

미지의 함수(화학종)가 4개이고, 독립된 관계식이 4개 이므로 각 식을 연립
하여 평형을 해석할 수 있다.

먼저 (3)식에 로그를 취하면, $-\log C_{T,ocl}$ 값은 3이 되고 이를 도표로 옮겨 다음과 같은 직선을 그린다.

$$pC_{T,oa} = 3 \quad \cdots\cdots\cdots\cdots\cdots\cdots\cdots\cdots\cdots\cdots\cdots ① 선$$

(2)식의 양변에 로그를 취하여 정리하면 H^+, OH^-, 의 농도를 pH에 대해 도시한 직선을 그릴 수 있으며, 이는 모든 수용액 속의 산-염기 평형에서 동일하다.

$$\log K_w = \log[H^+] + \log[OH^-] = -14$$

$$pH + pOH = 14$$

$$pOH = 14 - pH \quad \cdots\cdots\cdots\cdots\cdots\cdots\cdots\cdots\cdots ② 선$$

$$pH = -\log[H^+] \quad \cdots\cdots\cdots\cdots\cdots\cdots\cdots\cdots ③ 선$$

(3) 식을 정리하여 얻는 값, [HOCl] = $C_{T,ocl}$ - [OCl⁻] 을 (1)식에 대입하여 정리하면, [OCl⁻]을 [H⁺]의 함수로 쓸 수 있다.

$$Ka = \frac{[H^+][OCl^-]}{(C_{T,oa} - [OCl^-])}$$

$$[OCl^-] = \frac{Ka \cdot C_{T,oa}}{[H^+] + Ka} \quad \cdots\cdots\cdots\cdots\cdots\cdots (5)식$$

(5)식을 도표위에 그리기 위해서, 두 영역으로 나누어 생각한다.

첫째, Ka $\gg$ [H⁺] 경우, 즉, pH 값이 pKa(=7.5) 보다 큰 영역에서,

$$[OCl^-] = \frac{Ka \cdot C_{T,OCl}}{Ka} = C_{T,OCl} = 10^{-3}$$

그러므로,

$$p[OCl^-] = 3 \quad \cdots\cdots\cdots\cdots\cdots\cdots\cdots\cdots\cdots\cdots ⑥ 선$$

둘째, Ka $\ll$ [H⁺], 즉, pH가 pKa(=7.5) 보다 작은 영역에서,

$$[OCl^-] = \frac{Ka \cdot C_{T,OCl}}{[H^+]}$$

$$-\log[OCl^-] = pKa + pC_{T,OCl} - pH$$

$$p[OCl^-] = pKa + pC_{T,OCl} - pH$$

$$= 7.5 + 3 - pH = 10.5 - pH \quad \cdots\cdots\cdots\cdots\cdots ⑦ 선$$

⑤ 선은 기울기가, $\dfrac{dp[OCl^-]}{dpH} = -1$ 이다.

한편, (3) 식을 정리하여 얻는 값, [OCl⁻] = $C_{T,OCl}$ - [HOCl] 을 (1)식에 대입하여 정리하면, [HOCl]을 [H⁺]의 함수로 쓸 수 있다.

$$Ka = \frac{[H^+]\,(C_{T,OCl} - [HOCl])}{[HOCl]}$$

$$[HOCl] = \frac{[H^+] \cdot C_{T,OCl}}{[H^+] + Ka} \quad \cdots\cdots\cdots\cdots\cdots\cdots (6)$$

(6)식을 도표위에 그리기 위해서, 두 영역으로 나누어 생각한다.

첫째, $[H^+] \gg Ka$ 경우, 즉, pH 값이 pKa(=7.5) 보다 작은 영역에서,

$$[HOCl] = C_{T,oa}$$

$$p[HOCl] = 3 \quad\cdots\cdots\cdots\cdots\cdots\cdots\cdots\cdots\cdots\cdots\cdots\cdots\cdots\cdots\cdots ④ 선$$

둘째, $[H^+] \ll Ka$, 즉, pH가 pKa(=7.5) 보다 큰 영역에서,

$$\log[HOCl] = \log[H^+] + \log C_{T,oa} + \log Ka$$

$$p[HOCl] = pH + pC_T - pKa$$

$$= pH + 3 - 7.5 = pH - 4.5 \quad\cdots\cdots\cdots\cdots\cdots\cdots\cdots ⑤ 선$$

⑦ 선은 기울기가, $\dfrac{dp[HOCl]}{dpH} = 1$ 인 직선이다.

위의 ④ - ⑦선들은 pH = pKa 부근을 제외하곤 p[HOCl]와 p[OCl⁻]을 도표에 표기한 것이다. $[H^+]$ = Ka 즉 pH = pKa 지점에서는 다음과 같은 값을 갖는다.

(5) 식에서 [OCl⁻] = $C_{T,ocl}$/2 이므로, p[OCl⁻] = $pC_{T,ocl}$ + 0.3

(6) 식에서 [HOCl] = $C_{T,ocl/2}$ 이므로, p[HOCl] = $pC_{T,ocl}$ + 0.3

즉, p[OCl⁻] = p[HOCl] = $pC_{T,ocl}$ + 0.3 = 3.3 이며, 이는 산의 평형 해석에서, pH가 pKa와 같은, pH = pKa 인 점(그림에서 ⑧)에서 화학종 HOCl와 OCl⁻ 농도는 같고, 그 농도는 산의 초기 총 농도의 1/2에 해당한다. 즉, 산의 반이 이온화됨을 가르킨다. 이 점은 시스템 포인트(system point)라고도 한다.

이상의 자료들로 그린, 차아염소산의 pC-pH 도표는 다음과 같다.

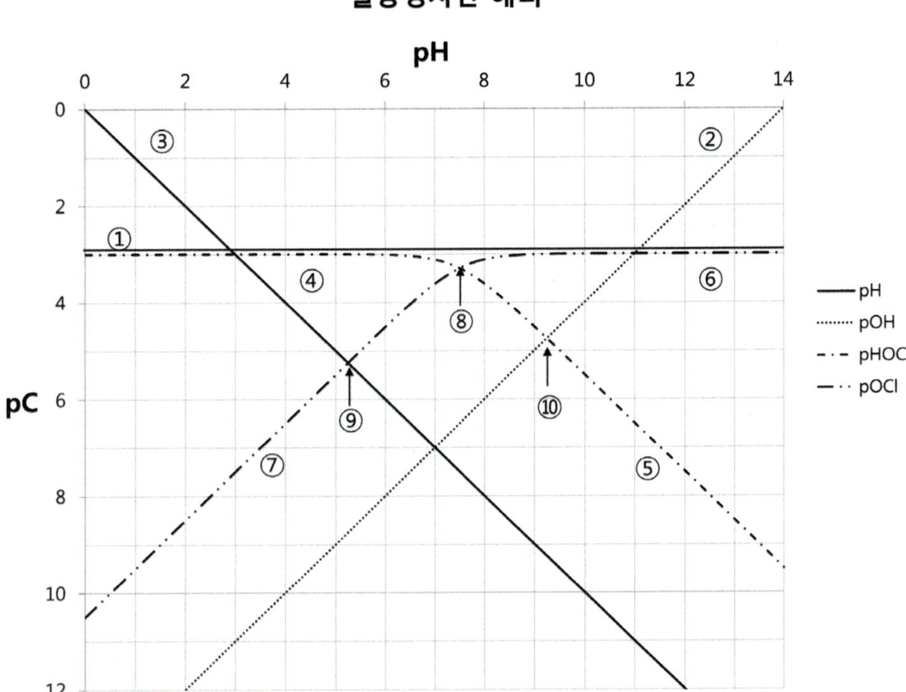

〈그림 6.1〉 차아염소산 해리 반응의 pC-pH 도표

$(pKa = 7.5 , [HOCl]_{T.ocl} = 1.0 \times 10^{-3} \, mol/l)$

이 그림에서 차아염소산 해리 반응의 평형점은 양성자 균형점을 만족시키는 점이다. 즉, $[H^+] = [OH^-] + [OCl^-]$ 인 점은, H^+ 농도 직선과 OH^- 농도와 OCl^- 농도를 합한 직선의 교차점이다. 한편, 차아염소산은 산이므로 $[H^+] \gg [OH^-]$ 이므로 윗 식은 $[H^+] \cong [OCl^-]$ 가되고, H^+ 농도 직선과 OCl^- 농도 직선이 만나는 점이 산 해리 평형점(그림에서 ⑨)이 된다. 따라서 평형에서의 pH는 pC-pH

도표로부터 5.3 부근인 것을 알 수 있다. 이 값은 5.2절과 5.3절에서 계산에 의해 해석한 결과와 일치한다.

한편 산-염기 반응에서, 산의 염(salt)에 대한 평형을 해석하고자 할 때, 대수학의 산술적인 연산과정을 통해 계산하는 것은 때때로 복잡한 작업이다. 그에 비하여 pC-pH 도표 그리기를 이용하면 비교적 간단하게 문제를 해결할 수도 있다. 예를 들어 차아염소산의 염인 차아염소산소듐(NaOCl)의 평형을 pC-pH 도표를 이용해 해석해보자.

차아염소산소듐 수용액의 농도가, [NaOCl] = 10^{-3} M인 수용액의 pH와 화학종 농도는 어떻게 되는가?

NaOCl 수용액을 HOCl 수용액과 비교하면, 해리하여 물속에 나타나는 화학종은 HOCl, OCl^-, H^+, OH^-, 네 개 외에 Na^+ 해가 추가하여, 5개의 화학종이 존재하고, 미지의 화학종 농도를 모두 구하려면 5개의 독립된 식이 필요하다.

이 용액의 평형상수와 화학종 균형식을 보면, 해리상수와 물의 이온곱상수는 차아염소산 수용액과 동일하고, 질량균형식도 똑같이 $C_{T,OCl}$ = [HOCl] + $[OCl^-]$ = 10^{-3} 이며, 용해성이 큰 염의 성질에 따라 $[Na^+]$ = 10^{-3} 이다. 한편 산(HOCl)에서는 전하 균형식과 양성자 균형식이 같았으나, 염(NaOCl)에서는 다르다. 전하 균형식은 소듐이온이 참여하여 $[H^+]$ + $[Na^+]$ = $[OH^-]$ + $[OCl^-]$ 이고, N_aOCl 수용액의 양성자 균형식은, 양성자 기준 물질이 염이 물에 용해하여 생긴 차아염소산 이온(OCl^-) 이므로 이 화학종보다 양성자를 내는 정도가 강한 (proton excess 또는 proton rich) 화학종은 양성자와 차아염소산(HOCl) 이다. 차아염소산이온(OCl^-)에 비해 양성자를 받는 성격이 강한(proton poor) 화학종은 수산화 이온, OH^- 뿐이다.

즉, NaOCl양성자 균형식은 HOCl에서와는 달리, 다음과 같이 쓸 수 있다.

$$[H^+] + [HOCl] = [OH^-]$$

양성자 균형식 외에 산 해리 평형상수와 물의 이온곱상수 및 질량균형식이 같으므로, NaOCl 수용액 중 네 화학종 HOCl, OCl$^-$, H$^+$, OH$^-$ 의 pC-pH 도표는 HOCl 에서와 동일하다. 다만 이 용액의 평형점은 NaOCl 수용액의 양성자 균형점을 만족 시키는 점을 도표 위에서 확인해야 한다. 도표를 보면 pH = 3 이상에서는 항상 [HOCl] 〉 [H$^+$] 이다. 따라서 위의 양성자 균형 점은 [HOCl]$\cong$ [OH$^-$] 인 곳(그림에서 ⑩), pH $\cong$ 9.0 부근이다. 앞서 동일한 도표에서 10^{-3} M HOCl 수용액의 평형점 pH는 5.3으로 산이었으나, 동일한 농도의 염, NaOCl 수용액의 pH는 9.0 으로 염기성이다.

이처럼 pC-pH 도표를 이용한 산-염기 평형 해석은 산과 그의 염에 대해 동일한 pC-pH 그림을 그리게 되고, 하나의 그림을 통해 각각의 평형을 해석할 수 있는 방법이다.

6.2 이양성자산의 pC-pH 도해

일양성자산에 대해 pC-pH 도표를 그리는 방법과 유사한 과정을 거치면 다양성자 산에 대한 pC-pH 도표를 그릴 수 있으며, 도표를 통해 평형에서의 pH 및 화학종의 농도를 산정할 수 있다. 다양성자산에 대한 예로 이 양성자산인 황화수소(H_2S)의 해리 평형을 알아본다.

물속에 용해된 황화수소(H_2S)의 총 농도는, $C_{T,S} = 10^{-3.5}$ M 이고, 산의 1차 및 2차 해리상수는 각각 pKa$_1$ = 7.0 , pKa$_2$ = 13.0 이며, 이 황화수소는 닫힌계 (closed system)에 들어 있다고 가정한다.(황화수소는 휘발성이 있어서 계를 벗어날 수 있지만, 닫힌계는 계에 에너지의 출입은 가능하지만 물질의 출입은 불가능한 시스템이므로, 이 계에서 황화수소 총량은 해리반응이 진행되는 동안 변함없이 일정하다)

황화수소의 1차 및 2차 해리 평형식과 물의 자동 이온화 평형식 값은 다음과 같다.

$$K_{a_1} = \frac{[H^+]\,[HS^-]}{[H_2S]} = 10^{-7.0} \quad\cdots\cdots\cdots\cdots\cdots\cdots (1)$$

$$K_{a_2} = \frac{[H^+]\,[S^{2-}]}{[HS^-]} = 10^{-13.0} \quad\cdots\cdots\cdots\cdots\cdots\cdots (2)$$

$$Kw = [H^+]\,[OH^-] = 10^{-14.0} \quad\cdots\cdots\cdots\cdots\cdots\cdots (3)$$

질량 균형식은 계의 황화수소가 휘발하여 감소 혹은 소멸되지 않으므로,

$$C_{T,S} = [H_2S] + [HS^-] + [S^{2-}] = 10^{-3.5} \quad\cdots\cdots\cdots\cdots (4)식$$

전하 균형식은 다음과 같이 쓸 수 있으며, 산 용액의 경우 양성자 균형식과

같다. 양성자 균형식을 쓸 경우 양성자 균형 기준물질은 H_2S 이므로, 이 화학

종 보다 양성자 과잉 화학종은 H^+ 뿐이고 나머지는 양성자 부족 화학종이 되

며, 당량을 고려하여 S^{2-} 경우는 H^+와의 당량을 고려하여 계수가 2이다.

$$[H^+] = [OH^-] + [HS^-] + 2[S^{2-}] \quad\cdots\cdots\cdots\cdots (5)식$$

먼저 (4)식에 로그를 취하면,

$$pC_{T,S} = 3.5$$

(2)식으로부터,

$$pOH = 14 - pH$$

$$pH = -\log[H^+]$$

일양성자산에서와 유사한 방법으로 산 해리 상수와 질량균형식을 연립하여

정리하면, (1), (2)식과 (4)식으로부터 $[H_2S]$, $[HS^-]$, $[S^{2-}]$를 $C_{T,S}$ 및 $[H^+]$의 함수로

표시할 수 있다.

(4)식, $C_{T,S} = [H_2S] + [HS^-] + [S^{2-}] = 10^{-3.5}$ 에서 각 항이 H_2S를 포함하

도록 정리하기 위해 1차 및 2차 산 해리 상수를 이용하면 윗 식은,

$$C_{T,S} = [H_2S] + Ka_1 \cdot \frac{[H_2S]}{[H^+]} + Ka_2 \cdot \frac{[HS^-]}{[H^+]}$$

$$= [H_2S] + Ka_1 \cdot \frac{[H_2S]}{[H^+]} + Ka_2 \cdot \frac{[K_{a1} \cdot [H_2S]]}{[H^+] \cdot [H^+]}$$

이 식을 정리하여 [H₂S]를 [H⁺]의 함수로 기술하는 것과 같은 방법으로 [HS⁻], [S²⁻]를 [H⁺]의 함수로 나타내면 다음 식을 얻는다.

$$[H_2S] = \frac{C_{T.S}}{1 + \dfrac{Ka_1}{[H^+]} + \dfrac{Ka_1\,Ka_2}{[H^+]^2}} \quad \cdots\cdots\cdots\cdots\cdots\cdots\cdots (6)$$

$$[HS^-] = \frac{C_{T,S}}{\dfrac{[H^+]}{Ka_1} + 1 + \dfrac{Ka_2}{[H^+]}} \quad \cdots\cdots\cdots\cdots\cdots\cdots\cdots (7)$$

$$[S^{2-}] = \frac{C_{T,S}}{\dfrac{[H^+]^2}{Ka_1\,Ka_2} + \dfrac{[H^+]}{K_2} + 1} \quad \cdots\cdots\cdots\cdots\cdots\cdots\cdots (8)$$

이들 식으로부터 pC-pH 도표를 그리기 위하여 식을 세 구간으로 나누어 생각하면,

$$(6)식, \quad [H_2S] = \frac{C_{T,S}}{1 + \dfrac{Ka_1}{[H^+]} + \dfrac{Ka_1\,Ka_2}{[H^+]^2}} \quad 에 \ 대하여,$$

첫째 구간은, 수소이온의 농도가 Ka_1 값 보다도 큰 영역($[H^+] \gg Ka_1 \gg Ka_2$), 즉 pH $<$ pKa_1 $<$ pKa_2 인 경우, $Ka_1/[H^+] = Ka_1 \cdot Ka_2/[H^+] \cong 0$ 이 되므로 이 구간에서의 함수는 다음과 같이 정리할 수 있다.

$$[H_2S] = C_{T,s}$$

$$\log[H_2S] = \log C_{T,S} = 3.5$$

$$p[H_2S] = pC_{T,S} = 3.5 \quad \cdots\cdots\cdots\cdots\cdots\cdots\cdots\cdots\cdots\cdots ①선$$

이 식의 기울기는 $\dfrac{d\log[H_2S]}{dpH} = 0$

둘째 구간은, 수소이온의 농도가 Ka_1 와 Ka_2 값 사이의 영역($Ka_1 \gg [H^+] \gg Ka_2$), 즉 $pKa_1 \langle pH \langle pKa_2$ 인 경우, $Ka_1/[H^+] \gg 1 \gg Ka_1 \cdot Ka_2/[H^+]^2$ 이 되므로 이 구간에서의 함수는 다음과 같이 정리할 수 있다.

$$[H_2S] = \dfrac{C_{T,S}}{\left(\dfrac{Ka_1}{[H^+]}\right)}$$

$$\log[H_2S] = \log C_{T,S} + \log[H^+] - \log Ka_1 = \log C_{T,S} - pH + pKa_1$$

$$p[H_2S] = pC_{T,S} + pH - pKa_1 \quad \cdots\cdots\cdots\cdots\cdots\cdots\cdots\cdots ②선$$

이 식의 기울기는 $\dfrac{d\log[H_2S]}{dpH} = 1$ 이다.

셋째 구간은, 수소이온의 농도가 Ka_2 값 보다도 작은 영역($[H^+] \ll Ka_2 \ll Ka_1$), 즉 $pKa_1 < pKa_2 < pH$인 경우, $1 < Ka_1/[H^+] \ll Ka_1 \cdot Ka_2/[H^+]^2$ 이므로 이 구간에서의 함수는 다음과 같이 정리할 수 있다.

$$[H_2S] = \frac{C_{T,S}}{(\dfrac{Ka_1 \cdot Ka_2}{[H^+]^2})}$$

$$\log[H_2S] = \log C_{T,S} + 2\log[H^+] - \log Ka_1 - \log Ka_2$$

$$= \log C_{T,S} - 2pH + pKa_1 + pKa_2$$

$$p[H_2S] = pC_{T,S} + 2pH - pKa_1 - pKa_2 \quad \cdots\cdots\cdots\cdots ③직선$$

이 직선의 기울기는 $\dfrac{d\log[H_2S]}{dpH} = 2$ 이다.

이제 pC-pH 도표를 완성하려면 pKa_1, pKa_2 부근에서의 값을 결정해야한다. 먼저, 수소이온 농도가 1차 산 해리 상수와 같은 경우, $[H^+] = Ka_1 \gg Ka_2$ (즉, $pH = pKa_1 < pKa_2$)이면 (6)식은,

$$[H_2S] = \frac{C_{T,S}}{(1+1)} = \frac{1}{2}C_{T,S}$$

$$p[H_2S] = pC_{T,S} + 0.3$$

그리고 수소이온 농도가 2차 산 해리 상수와 같은 경우, $[H^+] = Ka_2 \ll Ka_1$ (즉, $pKa_1 < pKa_2 = pH$)이면 (6)식은,

$$p[H_2S] = pC_{T,S} + pH - pKa_1 + 0.3$$

이 결과를 이용하여 모든 pH에서의 p[H$_2$S]를 도시할 수 있다.

동일한 방법으로 p[HS$^-$]와 p[S^{2-}]를 pH 함수로 정리하면 아래 그림과 같은 pC-pH 도표를 그릴 수 있다.

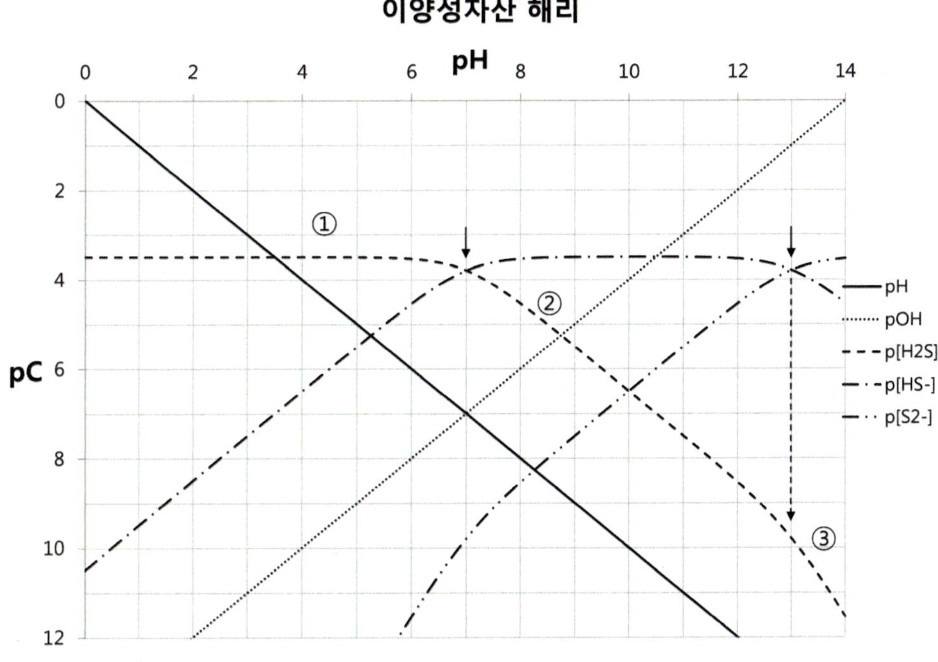

〈그림 6.2〉 황화수소산 해리 반응의 pC-pH 도표

(pKa$_1$ = 7.0 , pKa$_2$ = 13.0 , [H$_2$S]$_{T,S}$ = 1.0 x 10$^{-3.5}$ mol/l)

6.3 이온화 분율과 화학종 분포 곡선

산-염기 평형을 해석하여 도시한 pC-pH 도표는 총 분석농도에 따라 달라진다. 평형을 해석함에 있어서 화학종 총 농도에 대한 각 화학종의 농도비, 즉 이온화분율(ionisation fraction), $\alpha = \dfrac{C_{화학종\,i}}{\sum_i C_{화학종\,i}}$ 은 분석농도에 독립적이므로, 총 농도가 달라져도 변하지 않는 이온화 정도를 알 수 있다. 이를 그림으로 나타낸 것이 이온화 분율 분포 곡선인데, 이 화학종 분포곡선(species distribution curve)은 다음과 같은 특성을 갖는다.

가. pH에 따른 각 화학종의 α 값을 도시한 것으로,

나. 각 화학종의 농도는, $C_{화학종}$ = 해당 pH에서의 α값 × 총분석농도, 이 식을 통해 계산할 수 있으며,

다. pH 에 따른 이온화 분율은 질량균형식과 평형식을 연립하여 얻는다.

차아염소산의 해리에 따른 이온화 분율은 다음과 같이 평형에 관한 식들을 이용하여 계산할 수 있다. 차아 연소산의 해리 반응식은,

$$HOCl \ \rightleftharpoons \ H^+ + OCl^- \qquad (pKa = 7.5)$$

이 반응에 대한 질량 균형식, $C_{T,OCl}$ = [HOCl] + [OCl$^-$]에 산의 평형식

$$Ka = \frac{[H^+][OCl^-]}{[HOCl]} \ \text{를 대입하면,}$$

$$C_{T,oa} = [HOa] + \frac{Ka}{[H^+]}[HOa],$$

이 식의 양변을 $C_{T,oa}$ 로 나누면,

$$1 = \frac{[HOa]}{C_{T,oa}} + \frac{Ka}{[H^+]}\frac{[HOa]}{C_{T,oa}}$$

이 식을 정리하면,

$$\frac{[HOa]}{C_{T,oa}} = \frac{[H^+]}{[H^+] + Ka} = \alpha_0$$

이는 평형에서 해리하지 않은 산의 비율이다.

같은 방법으로 정리하면 다음과 같이 산의 해리된 비율을 구할 수 있다.

$$\frac{[Oa^-]}{C_{T,oa}} = \frac{Ka}{[H^+] + Ka} = \alpha_1$$

이 두 식으로부터 각 $[H^+]$혹은 pH에 따른 산의 이온화 분율을 계산할 수 있고, 다음 그림은 pH에 따른 이온화 분율을 나타낸 분포곡선이다.

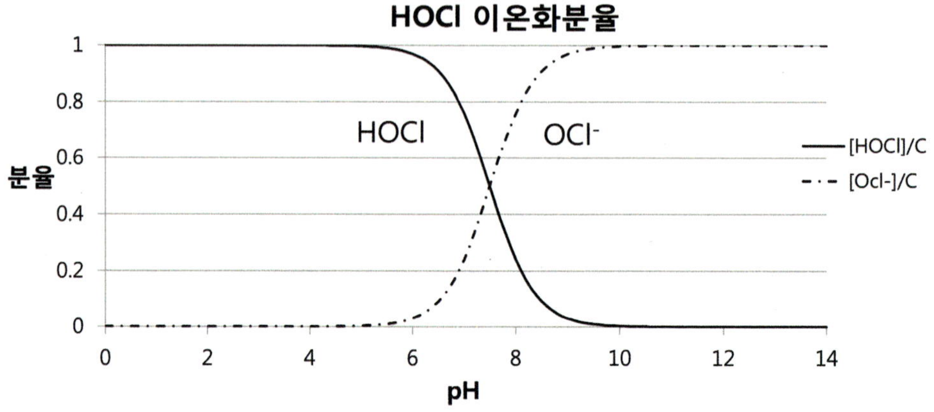

〈그림 6.3〉 차이염소산의 이온화 분율과 화학종 분포 곡선

6.4 염소 소독의 화학

상온에서 기체인 염소(chlorine, Cl_2) 분자는 공기보다 무겁고 불연성이며 인체 독성이 큰 화학물질이다. 화학적 특성이 소독에 적합한 강한 산화력을 나타내고 약품 비용이 적절하여 수처리 소독 공정에 오래전부터 많이 이용하고 있다.

소독 특성을 나타내는 염소 화학종은 주로 세 가지 물질, 액체 염소, 차아염소산 소듐 그리고 차아염소산 칼슘의 반응을 통해 생성한다.

(1) 액체 염소(Cl_2, liquid chlorine)

염소 기체(chlorine gas)로 알려져 있기도 한데, 이는 원소 상태의 염소 기체를 압축한 형태로 사용한다. 정수장을 비롯한 수처리 시설에서는 실린더 속에 들어있는 압축된 염소기체를 적절한 주입장치를 사용하여 필요한 곳으로 유도

주입한다.

(2) 차아염소산 소듐(NaOCl, sodium hypochlorite)

보통 액체 표백제(liquid bleach)로 불리기도 하는 데, 상용으로 구입하는 약품은 약 15 %(w/w) 차아염소산 소듐을 함유하고 있다. 액상이므로 사용 방법은 자유낙하로 직접 주입하거나 펌프를 이용할 수 있다.

(3) 차아염소산 칼슘(Ca(OCl)$_2$, calcium hypochlorite)

일반적으로 염소 분말(powder chlorine)이라고도 하는데 유효염소 70 %를 함유하고 있다. 고체이므로 필요한 곳에 펠렛(pellet) 형태로 사용하거나 물과 차아염소산 칼슘을 혼합한 용액을 주입할 수 있다.

이 세 화합물의 물리적 산화력을 나타내는 표준 환원 전위는 염소기체 (1.36 V)와 차아염소산 소듐(0.94 V) 사이에 차이가 있지만, 소독 기능을 나타내는 산화제로서의 효과는 고체상 약품(차아염소산 칼슘)이나 액상 약품(차아염소산 소듐)의 경우 원소 상태의 염소기체와 차이가 없다. 이는 세 화합물이 소독제로 작용하는 곳에서의 반응은 모두 차아염소산(hypochlorous acid: HOCl)을 생성하고, 물속에 생성된 HOCl이 용수와 폐수의 소독에 필요한 산화제 기능을 하기 때문이다.

염소 기체가 물에 용해하면 물과 반응하여 차아염소산과 염화수소산(HCl)을 생성한다. 즉,

$$Cl_2 + H_2O \rightleftharpoons HOCl + HCl$$

여기서 생성된 염화수소산(HCl)은 물에 용해하면서 강한 산성을 띠는 중성 화합물이 아닌 이온화한 H^+와 Cl^- 형태로 존재한다.

한편 차아염소산 소듐(NaOCl, sodium hypochlorite)과 차아염소산 칼슘 (Ca(OCl)$_2$, calcium hypochlorite)은 이온성 화합물이므로 물속에서 해리하여 차아염소산 이온을 생성하고,

$$NaOCl \rightleftharpoons Na^+ + OCl^-$$

$$Ca(OCl)_2 \rightleftharpoons Ca^{2+} + 2OCl^-$$

이 차아염소산은 물속에서 다음과 같이 산-염기 반응을 한다.

$$OCl^- + H_2O \rightleftharpoons HOCl + OH^-$$

이처럼 염소(Cl_2) 기체에서와 같이 NaOCl, Ca(OCl)$_2$ 모두 물속에서 동일하게 차아염소산(HOCl)을 생성하는데, 그 생성량은 위의 반응식에서 보듯이 용액의 pH에 따라 달라진다.

차아염소산은 약산(weak acid)으로 물속에서 다음과 같이 해리한다.

$$HOCl + H_2O \rightleftharpoons OCl^- + H_3O^+$$

물의 pH는 차아염소산과 차아염소산 이온의 상대적인 양을 결정하는 매우 중요한 요소인데, 멸균 등 소독기능을 비교하면 차아염소산(HOCl)의 소독 능력은차아염소산 이온(OCl⁻)보다 약 80배 이상 우세하다.

pH 6.0 이상이 되면 차아염소산의 양은 급격히 줄고 차아염소산 이온이 증가하며, pH 9.0 부근에서는 차아염소산의 비율이 거의 0 %가 된다. 즉 pH가 높을수록 물속의 HOCl 농도가 감소하고, 그로 인하여 염소 소독 기능이 저하된다(6.3절 이온화 분율과 화학종 분포곡선 참조). 차아염소산이 25 ℃, pH 7.5에서 해리하는 반응을 보면, HOCl과 OCl⁻가 1:1로 존재한다. pH 7.0이상에서는 HOCl 농도가 감소하면서 OCl⁻ 농도가 증가하고 낮은 pH 영역에서는 OCl⁻가 HOCl로 전환된다. pH 5정도에서는 거의 모든 염소가 HOCl 화학종으로 존재하고, pH 8.5정도에는 거의 OCl⁻ 화학종만 남게 된다.

한편, 염소 기체는 용액의 pH를 낮추어 HOCl 농도를 증가시키고 그에 따라 소독 능력도 몇 배가 증가한다. 염소 기체는 pH 7의 중성 수용액에서 76 %가 수용액 속에서 HOCl 형태로 존재한다.

7

탄산염 평형

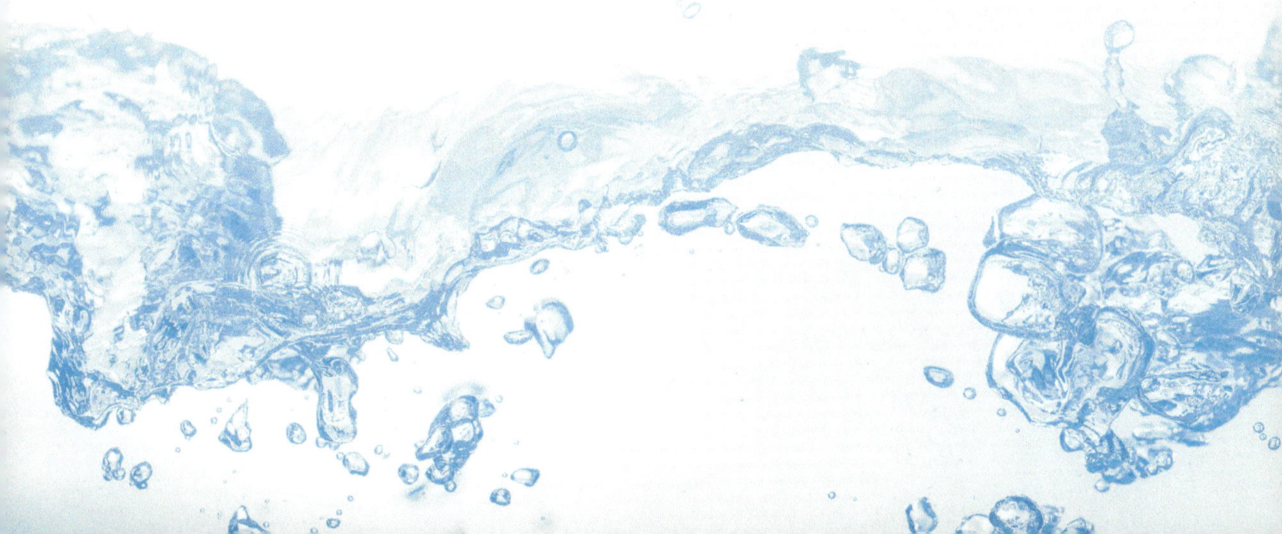

7.1 지구 환경에서의 탄산염 순환

대기 중의 이산화탄소 농도는 350 ppm정도로 그 양이 매우 적지만, 생물권에서의 동화 작용에 반드시 필요한 물질이며, 직접 기체로 혹은 물에 용해하여 대기권, 수질권 및 토양권에서 다양한 화학 반응을 수반한다. 이처럼 이산화탄소와 탄산염은 지구화학적 물질순환에서 중심 역할을 하며, 그 양이 적기 때문에 순환 속도는 상대적으로 빠르다.

탄산염 화학종 반응의 대표적 예를 몇 가지 살펴보면, 광합성 과정에서 대기 중의 이산화탄소를 흡수하여 생물체(biomass)를 생산하고, 수중 및 토양 유기체 혹은 인간의 호흡을 통해 다시 대기 중의 이산화탄소 기체로 전환된다. 유기체를 통한 반응 이외에도 토양 광물들과 여러가지 무기 반응을 하는데, 한 예로 수질권에서는 이산화탄소 화학종(용존 기체, 탄산 혹은 탄산이온 등)의 많은 부분이 탄산칼슘($CaCO_3$) 형태로 전환되고, 용해도가 낮은 이 화합물은 호수나 바다에서 암반이나 산호 등의 고체물질로 침전한다. 한편 화석 연료와 같이 지각 속 저장 물질에서 채굴된 탄소의 연소는 대기 중 이산화 탄소량을 증가시킨다.

이 단원에서는 수질화학적 관점에서 이산화탄소가 물속에 용해하여 이루어진 계의 화학반응 에 대하여 알아본다. 형성된 수용성 탄산염계의 화학 반응을 살펴보는 과정에서, 자연수에서의 산-염기 반응에서 가장 중요한 역할을 하는 탄산 H_2CO_3 와 산과 염기 성질을 모두 갖는 양쪽성 탄산염 화학종 HCO_3^- 그리고 중요한 염기성 탄산염 화학종 CO_3^{2-}의 평형을 해석한다.

아래 표에 이 단원에서 다루는 이산화탄소와 탄산염 화합물의 기본 반응에 대한 반응식과 평형상수를 나타냈다.

〈표 7.1〉 탄산염 화학종의 반응과 평형상수

		log K (25 ℃)
$CaCO_3(s)$	$\rightleftharpoons Ca^{2+}+CO_3^{2-}$	−8.42
$CaCO_3(s)+H^+$	$\rightleftharpoons HCO_3^-+Ca^{2+}$	1.91
$H_2CO_3{}^*$	$\rightleftharpoons H^++HCO_3^-$	−6.35
$CO_2(g)+H_2O$	$\rightleftharpoons H_2CO_3{}^*$	−1.47
HCO_3^-	$\rightleftharpoons H^++CO_3^{2-}$	−10.33

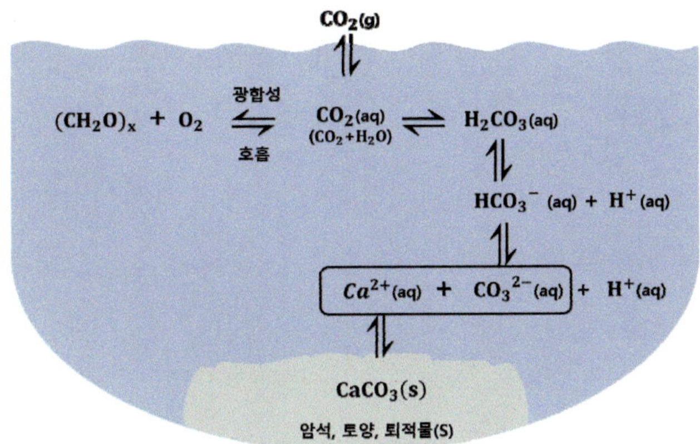

〈그림 7.1〉 대기(기체)−물(액체)−토양(고체) 에서의 탄산염 평형

7.2 열린계에서의 탄산염 평형

물과 대기 중의 CO_2가 평형에 있다면 그 계(system)는 열린계(open system)이다. 열린계는 계를 둘러싼 주변(surronding)과 에너지뿐만 아니라 물질을 교환할 수 있는 여건을 가진 상태이다.

빗방울은 그 속의 물이 주변 대기와 이산화탄소를 지속적으로 주고 받을 수 있는 열린계의 한 예이다.

열린계에서의 탄산염 평형의 예로써, 대기 중의 CO_2 농도가 316 ppm(0.0316 vol% 또는 $10^{-3.5}$ atm) 이라면, 이 기체와 평형에 있는 빗물의 pH와 탄산염 조성은 어떤지 알아본다.

25 ℃에서 이산화탄소의 헨리상수(Henry constant), K_H는 $10^{-1.5}$(mol · $atm^{-1} \cdot l^{-1}$) 이고, 탄산(H_2CO_3)의 1차 및 2차 산 해리 상수 pKa_1와 pKa_2는 각각 6.38 와 10.38 이다.

평형에 이산화탄소와 빗물 이외에 다른 화학종의 간섭이 없다면, 이 탄산염 계에 존재하는 화학종은, H_2CO_3 *, HCO_3^- , CO_3^{2-}, H^+ , OH^-의 5개 이므로 다음 식들을 이용하여 탄산염 평형을 해석할 수 있다.

먼저 열린계에서 물속 탄산 농도는 다음과 같이 헨리법칙을 통하여 계산할 수 있다.

$$[H_2CO_3^*] = K_H \cdot P_{CO_2} = 10^{-1.5} \cdot 10^{-3.5} = 10^{-5} \quad \cdots\cdots (1)$$

이 식에서 [H₂CO₃*]는 물속에 녹아있는 용존 이산화탄소농도 [CO₂(aq)] 와 이산화탄소가 물과 반응한 탄산농도 [H₂CO₃]의 합([H₂CO₃*] = [CO₂(aq)] + [H₂CO₃])이다.

다음 식들은 탄산의 1차 및 2차 산 해리 반응과 물의 자동 이온화 평형상수이다.

$$\frac{[H^+][HCO_3^-]}{[H_2CO_3^*]} = Ka_1 = 10^{-6.38} \quad\cdots\cdots\cdots\cdots\cdots (2)$$

$$\frac{[H^+][CO_3^{2-}]}{[HCO_3^-]} = Ka_2 = 10^{-10.38} \quad\cdots\cdots\cdots\cdots\cdots (3)$$

$$[H^+][OH^-] = Kw = 10^{-14} \quad\cdots\cdots\cdots\cdots\cdots (4)$$

한편 이 평형의 전하균형 또는 양성자 균형식은,

$$[H^+] = [HCO_3^-] + 2[CO_3^{2-}] + [OH^-] \quad\cdots\cdots\cdots\cdots\cdots (5)$$

그리고 탄산염 화학종의 질량 균형식은 다음과 같은데, 이는 물질의 유입이나 유출이 없어서 계의 물질 총 농도(C_{T,CO_3})가 일정한 닫힌계와 다르다.

$$C_{T,CO_3} = [H_2CO_3^*] + [HCO_3^+] + [CO_3^{2-}] \quad\cdots\cdots\cdots\cdots\cdots (6)$$

이 식들을 이용하여 pH에 따른 각 화학종의 농도(logC) 도표, logC-pH를 다음과 같이 그릴 수 있다.

(1)식에서

$$\log[H_2CO_3^*] = \log K_H + \log P_{CO_2} = -5$$

(2)식에서

$$\log[HCO_3^-] = -\log[H^+] + \log[H_2CO_3^*] + \log Ka_1 = pH - 11.3$$

이 식은 기울기가, $\dfrac{d\log[HCO_3^-]}{dpH} = 1$ 이고, 식에서 알 수 있듯이,

$pH = -\log Ka_1 = pKa_1$ 일 때 $\log[HCO_3^-] = \log[H_2CO_3^*]$ 이므로,

pH = 6.38 일 때 $\log[HCO_3^-]$ 직선과 $\log[H_2CO_3^*]$ 직선은 서로 교차한다.

(3)식을 다음과 같이 정리하고,

$$[CO_3^{2-}] = Ka_2 \cdot \frac{[HCO_3^-]}{[H^+]} = Ka_2 \cdot Ka_1 \cdot \frac{[H_2CO_3]}{[H^+]^2}$$

양변에 로그를 취하면,

$$\log[CO_3^{2-}] = \log Ka_2 + \log Ka_1 + \log[H_2CO_3^*] + 2pH$$

$$= -10.3 - 6.3 - 5 + 2pH = -21.6 + 2pH$$

이 식은 기울기가 2이고, 윗 식에서 알 수 있듯이, $2pH = pKa_1 + pKa_2$ 또는 pH=8.3 일 때, 두 직선 $\log[CO_3^{2-}]$ 과 $\log[H_2CO_3^*]$은 서로 교차한다.

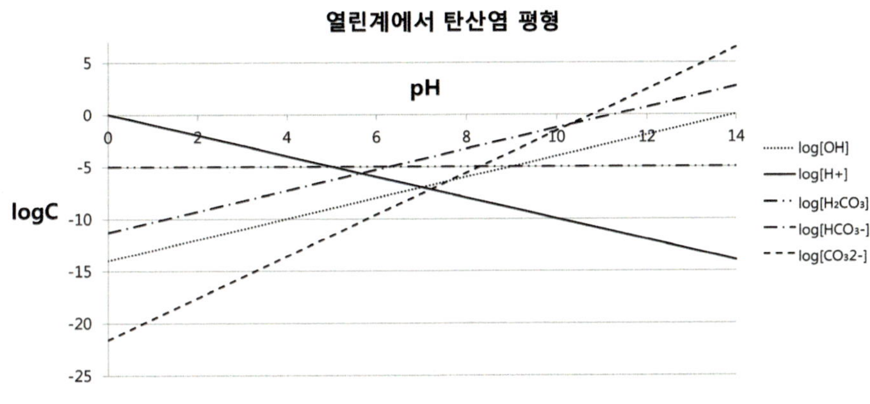

〈그림 7.2〉 열린계의 탄산염 평형 – 대기 중의 물과 CO_2의 평형

계에 물과 이산화탄소만 존재하므로, 계의 평형점은 탄산의 전하 균형식 혹은 양성자 균형식인 (5)식을 만족 시키는 점이다. (5)식의 화학종농도를 그래프에서 확인해보면, pH 10.0 이하에서는 $[HCO_3^-]$가 $[CO_3^{2-}]$ 또는 $[OH^-]$ 보다 훨씬 큰 값을 갖고, pH 10.0 이상에서는 $[CO_3^{2-}]$가 $[HCO_3^-]$ 또는 $[OH^-]$ 보다 훨씬 큰 값을 갖는다. 따라서 $[H^+]$ 농도 직선과 교차점이 나타나는 곳은 그림에서 $[H^+] \simeq [HCO_3^-]$ 인 점이 점이며, 그곳이 평형점이다.

(5)식은 다른 산-염기가 가해지지 않았을 때의 물의 조성을 알려준다. 대기오염으로 인한 HNO_3, H_2SO_4 와 같은 산이나 NH_3와 같은 염기가 계(빗방울)에 유입되면 pH값은 달라지고 다른 화학종의 농도도 그에 상응하게 된다.

열린계에서의 탄산염 평형을 나타낸 이 logC–pH 도표는, 오염되지 않은 대기의 빗물이 이산화탄소와 평형을 이룬 계에 해당하므로, 이 그림으로부터 빗물의 pH와 다른 화학종의 농도를 산정할 수 있다. 그 결과는 다음과 같다.

$$pH = 5.7$$
$$[H_2CO_3{}^*] = 1 \times 10^{-5}M$$
$$[HCO_3{}^-] = 2 \times 10^{-6}M$$
$$[CO_3{}^{2-}] = 6 \times 10^{-11}M$$

7.3 빗물의 pH

빗물의 산-염기 평형은 logC–pH 도표를 통한 평형해석 이외에도, (1)–(5)식을 연립하여 계산하는 방법을 통해서도 얻을 수 있다.

빗물의 pH를 계산하기 위하여 생각할 수 있는 가장 간단한 계의 모형은, 대기 중의 이산화탄소가 순수한 물에 용해되어 탄산을 형성하고, 탄산이 해리하여 산성을 나타나는 평형을 생각하는 것이다. 이에 대한 화학 반응식과 산 해리 평형상수는 다음과 같다.

$$CO_{2(g)} + H_2O \;\rightleftharpoons\; H_2CO_3$$

$$H_2CO_3 \;\rightleftharpoons\; H^+ + HCO_3^-$$

$$Ka = \frac{[HCO_3^-]\,[H^+]}{[H_2CO_3]}$$

위의 산 해리 반응식에서 보는 것처럼 탄산 1몰이 해리하면 양성자와 탄산수소이온은 같은 양, 1몰씩 생성된다. 따라서 Ka 는 다음과 같이 쓸 수 있다.

$$Ka = \frac{[H^+]\,[HCO_3^-]}{[H_2CO_3]} = \frac{[H^+]^2}{[H_2CO_3]}$$

이 식의 탄산 농도, $[H_2CO_3]$는 대기 중의 이산화탄소가 물(빗방울)에 용해된 것으로, 다음 헨리 법칙으로로부터 계산할 수 있다.

$$K_H = \frac{[H_2CO_3]}{pCO_2} \quad \text{로부터} \quad [H_2CO_3] = K_H \; pCO_2$$

이 농도를 산 해리 평형상수, Ka 에 대입하면,

$$[H^+]^2 = Ka \cdot K_H \cdot pCO_2$$

이 식의 산 해리 상수, 헨리법칙 상수 및 대기중 이산화탄소의 분압은 다음과 같으므로,

$$Ka = 10^{-6.38}, \quad K_H = 10^{-1.5}\,mol/atm \cdot l\,, \quad pCO_2 = 10^{-3.5}\,atm$$

이 값으로 부터 계산한 빗물의 pH는 5.7 이다.

이는 산과 염기를 나누는 기준인 pH =7.0 에 비하면 상당히 낮은 값이며, 오염되지 않은 대기 중에 내리는 비는 항상 산성이라고 할 수 있다. 그러나 대기 중의 이산화탄소에 의해 일어나는 자연적인 산-염기 평형에 따른 것이므로, 이 값은 산성비의 기준 값으로 생각할 수 있고, 이보다 pH가 낮은 비를 "산성비(acid rain)"라고 정의할 수 있다.

7.4 닫힌 계에서의 탄산염 평형

계(system)의 구분에서 열린계와 닫힌계는 모두 경계(boundary)를 통하여 주위(surrounding)와 에너지를 교환할 수 있지만, 차이는 경계를 통하여 물질 교환이 가능한지의 여부에 따라 달라진다.

주위와 물질 교환이 가능한 열린계의 예로써, 앞에서 물(system)이 일정한 CO_2분압(P_{CO2})을 갖는 대기(surrounding)와 평형에 있을 때의 pH와 탄산염농도를 해석하였는데 환경에서 대기와 물질을 교환하는 강이나 호수 또는 바다의 수표면이 이와 같은 열린계 모형이 된다.

한편 닫힌계는 계의 내부에서만 물질 교환(반응)이 일어나고, 계 내부 물질의 총 농도가 일정한 계이다. 계 내의 수용액이 기체상과 단절되어 있는 경우뿐 아니라 상호교환이 일어나지 않을 때, 즉 물속에 기체상이 존재하더라도 비휘발성이라고 가정하는 경우 닫힌계로 생각할 수 있다. 환경에서 닫힌계의 예는 대기와 상호 작용이 어려운 호수나 바다의 깊은 곳 또는 상하수도의 배관 속에서 일어나는 반응은 닫힌계의 모델로 생각할 수 있다.

그 외에 고립계가 있는 데, 이는 계와 주위가 완전히 단절 되어서 물질의 교환 뿐 아니라 에너지의 교환도 불가능한 계를 일컫는다. 이는 뚜껑이 달혀있는 이상적인 보온병과 같은 상태로 생각할 수 있으며, 실제 환경의 예로는 깊은 지하 공간에서의 반응을 고립계 모델로 생각할 수 있다.

여기에서는 닫힌계에서의 탄산염 평형을 알아본다. 닫힌계는 내부에 변하지 않는 일정한 농도로 물질을 함유하고 있는 계이다. 탄산염 평형을 알아보기 위하여 물속에 탄산염 화학종의 총 농도가 10^{-3} mol/l 인, 즉 C_{T,CO_3} = [H$_2$CO$_3$] + [HCO$_3^-$] + [CO$_3^{2-}$] = 10^{-3} M 인 수용액의 평형을 해석한다.

이 계는 탄산이 물속에 용존된 것으로, 그 속에 존재하는 화학종은 열린계에서와 마찬가지로 H$_2$CO$_3$, HCO$_3^-$, CO$_3^{2-}$, H$^+$, OH$^-$ 다섯 개 이다.

이양성자산인 탄산의 산 해리 반응은 다음과 같이 단계적으로 일어나는 두 개의 반응식으로 기술할 수 있다.

$$H_2CO_3 \ \rightleftharpoons \ H^+ + HCO_3^-$$

$$HCO_3^- \ \rightleftharpoons \ H^+ + CO_3^{2-}$$

1차 및 2차 해리에 대한 평형상수와 그 값은 다음과 같다.

$$Ka_1 \ = \ \frac{[H^+][HCO_3^-]}{[H_2CO_3]} \ = \ 10^{-6.3} \quad \cdots\cdots\cdots\cdots\cdots\cdots (1)$$

$$Ka_2 \ = \ \frac{[H^+][HCO_3^{2-}]}{[HCO_3^-]} \ = \ 10^{-10.3} \quad \cdots\cdots\cdots\cdots\cdots\cdots (2)$$

다음은 탄산염 수용액의 용매인 물의 자동이온화 상수, 물의 이온곱이다.

$$Kw = [H^+][OH^-] = 10^{-14.0} \quad \cdots\cdots\cdots\cdots\cdots\cdots\cdots (3)$$

이어서 화학 평형을 해석하는 데 필요한 독립식을 기술한다.

질량 균형식을 쓸 때 계의 상태를 고려해야한다. 이 계는 탄산염의 총 농도가 10^{-3} mol/l 로 일정한 닫힌계인데, 이는 앞서 논의한, pH에 따라 농도가 변하는 열린계(빗방울)의 경우와 구별할 수 있어야 한다.

$$C_{T,CO_3} = [H_2CO_3] + [HCO_3^-] + [CO_3^{2-}] = 10^{-3}M \quad \cdots (4)$$

전하 균형식은 화합물, 탄산의 평형에 대해 기술하는 것으로 이는 열린계의 전하 균형식과 동일하다. 한편 전하 균형식 대신 양성자 균형식을 고려할 수도 있는데, 그 경우 양성자 균형 기준 물질은 탄산, H_2CO_3이 되고 기준에 따라 존재하는 화학종을 구분하면, 탄산보다 더 강한 양성자 과잉 화학종은 H^+ 하나뿐 이고 나머지 세 화학종, HCO_3^-, CO_3^{2-}, OH^-는 양성자 부족 화학종이므로 이들 사이의 당량 균형은 다음과 같다.

$$[H^+] = [HCO_3^-] + 2[CO_3^{2-}] + [OH^-] \quad \cdots\cdots\cdots\cdots (5)$$

이 탄산염 계에 들이 있는 화학종이 5개 이므로 (1)식에서 (5)식에 이르는 다섯 개의 독립된 식을 연립하여 평형을 해석할 수 있다.

평형 해석의 한 과정을 예를 들어 설명하면,

질량균형식(4식)의 화학종 농도를 산 해리 평형상수와 결합하여 하나의 화학종 농도로만 표기 할 수 있다. 즉, 두 농도, $[HCO_3^-]$, $[CO_3^{2-}]$를 $[H_2CO_3]$로 치환하기 위하여 산의 1차 해리 상수와 2차 해리상수를 이용하면 질량균형식을 다음과 같이 정리하여 기술할 수 있다.

$$C_{T,CO_3} = [H_2CO_3] + [HCO_3^-] + [CO_3^{2-}]$$

$$= [H_2CO_3] + \frac{K_{a1} \cdot [H_2CO_3]}{[H^+]} + \frac{K_{a2} \cdot [HCO_3^-]}{[H^+]}$$

$$= [H_2CO_3] + \frac{K_{a1} \cdot [H_2CO_3]}{[H^+]} + \frac{K_{a1} \cdot K_{a2} \cdot [H_2CO_3]}{[H^+]^2}$$

$$= [H_2CO_3](1 + \frac{K_{a1}}{[H^+]} + \frac{K_{a1} \cdot K_{a2}}{[H^+]^2})$$

이 식은 탄산염 총 농도를 탄산 농도 $[H_2CO_3]$와 수소이온 농도 $[H^+]$로 정리한 것인데, 같은 방법으로 탄산수소이온 농도 및 탄산이온 농도도 수소이온농도만의 함수로 나타낼 수 있다.

$$C_{T,CO_3} = [HCO_3^-]\left(\frac{[H^+]}{K_{a1}} + 1 + \frac{[K_{a2}]}{[H^+]}\right)$$

$$C_{T,CO_3} = [CO_3^{2-}]\left(\frac{[H^+]^2}{K_{a1}K_{a2}} + \frac{[H^+]}{K_{a2}} + 1\right)$$

위의 세 식은 각 화학종농도를 탄산염 총농도로 나눈 값으로 정리하여 다음과 같이 쓸 수도 있다.

$$\frac{[H_2CO_3^*]}{C_{T,CO_3}} \ = \ \frac{1}{\left(1 + \dfrac{Ka_1}{[H^+]} + \dfrac{K_{a1}K_{a2}}{[H^+]^2}\right)} \ = \ \alpha_0$$

$$\frac{[HCO_3^-]}{C_{T,CO_3}} \ = \ \frac{1}{\left(\dfrac{[H^+]}{K_{a1}} + 1 + \dfrac{[K_{a2}]}{[H^+]}\right)} \ = \ \alpha_1$$

$$\frac{[CO_3^{2-}]}{C_{T,CO_3}} \ = \ \frac{1}{\left(\dfrac{[H^+]^2}{K_{a1}K_{a2}} + \dfrac{[H^+]}{K_{a2}} + 1\right)} \ = \ \alpha_2$$

이 세 식의, α_0, α_1, α_2 값이 나타내는 것은 해리 평형 상태에서, 탄산염 전체 농도에 대한 각 화학종의 농도비, 즉 전체 탄산염 중에서 해리하지 않은 산, 1차 해리한 탄산수소 화학종 및 2차 해리한 탄산 이온의 비율을 나타내는데, 이 값은 탄산의 이온화 분율(ionization ratio) 이다. 한편 이온화 분율을 수소 이온의 농도, [H⁺], 또는 pH의 함수로 도시하면 다음과 같이 각 탄산염의 이온화 분율을 알 수 있는 화학종 분포 곡선(species distribution curve)을 얻는다.

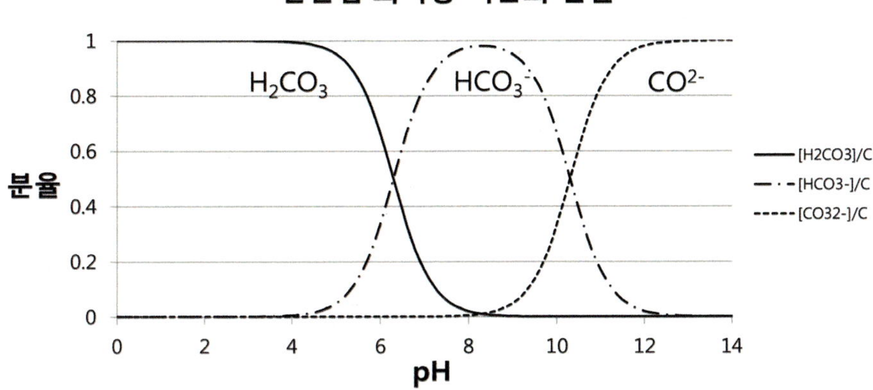

〈그림 7.3〉 닫힌계에서 탄산염 화학종의 이온화 분율 분포 곡선

수소이온 농도 함수로 나타낸 이온화 분율을 구하는 것은 산 해리 평형을 해석하는 하나의 방법이다. 이 과정을 통하여 특정한 pH에서 각 화학종의 이온화 분율을 계산하거나 분포 곡선으로부터 산정할 수 있으며, 이온화분율 값을 통하여 평형에서의 각 탄산염 화학종 농도를 계산할 수 있다.

$$[H_2CO_3] \;=\; C_{T,CO_3} \cdot \alpha_0$$

$$[HCO_3^-] \;=\; C_{T,CO_3} \cdot \alpha_1$$

$$[CO_3^{2-}] \;=\; C_{T,CO_3} \cdot \alpha_2$$

이온화 분율을 구하지 않고, 앞의 황화수소산에서와 같이 탄산에 대한 pC-pH 도표를 그릴 수도 있다. 이는 다음과 같이 황화수소산의 해리를 해석한 경우와 같은 과정을 통하여

$[H_2CO_3]$, $[HCO_3^-]$, $[CO_3^{2-}]$를 $[H^+]$의 함수로 나타내면 다음 식을 얻는다.

$$[H_2CO_3] = \frac{C_{T,CO_3}}{1 + \dfrac{Ka_1}{[H^+]} + \dfrac{Ka_1\,Ka_2}{[H^+]^2}} \quad \cdots\cdots\cdots\cdots\cdots\cdots\cdots (6)$$

$$[HCO_3^-] = \frac{C_{T,CO_3)}}{\dfrac{[H^+]}{Ka_1} + 1 + \dfrac{Ka_2}{[H^+]}} \quad \cdots\cdots\cdots\cdots\cdots\cdots\cdots (7)$$

$$[CO_3^{2-}] = \frac{C_{T,CO_3}}{\dfrac{[H^+]^2}{Ka_1\,Ka_2} + \dfrac{[H^+]}{K_2} + 1} \quad \cdots\cdots\cdots\cdots\cdots\cdots\cdots (8)$$

이들 식으로부터 pC-pH 도표를 그리기 위하여 각 식을 다음과 같이 세 구간으로 나누어 생각할 수도 있다.

첫째 구간은, 수소이온의 농도가 Ka_1 값 보다도 큰 영역($[H^+] \gg Ka_1 \gg Ka_2$), 즉 pH 〈 pKa_1 〈 pKa_2 인 경우이고, 이 구간에서의 $p[H_2CO_3]$ 함수는 다음과 같이 정리할 수 있다.

$$p[H_2CO_3] = pC_{T,CO_3} = 3.0 \quad \text{이고 이 직선의 기울기는 0이다.}$$

둘째 구간은, 수소이온의 농도가 Ka_1 와 Ka_2 값 사이의 영역($Ka_1 \gg [H^+] \gg Ka_2$), 즉 pKa_1 〈 pH 〈 pKa_2 인 경우이고, 이 구간에서의 $p[H_2CO_3]$ 함수는 다음

과 같이 정리할 수 있다.

$$p[H_2CO_3] = pC_{T,CO_3} + pH - pKa \quad \text{이고 이 직선의 기울기는 -1이다.}$$

이 식의 기울기는 $\dfrac{dlog[H_2CO_3]}{dpH} = 1$ 이다.

셋째 구간은, 수소이온의 농도가 Ka_2 값 보다도 작은 영역($[H^+] \ll Ka_2 \ll Ka_1$), 즉 $pKa_1 \langle pKa_2 \langle pH$인 경우이고, 이 구간에서의 $p[H_2CO_3]$ 함수는 다음과 같이 정리할 수 있다.

$$p[H_2CO_3] = pC_{T,CO_3} + 2pH - pKa_1 - pKa_2 \quad \text{이고 이 직선의 기울기는 -2}$$
이다.

세 구간에서 직선의 기울기가 다른데, 이는 pH에 따른 $p[H_2CO_3]$ 직선의 기울기가, 1차 및 2차 해리상수 값인 pKa_1 와 pKa_2 를 기준으로 세 구간에서, pH가 낮은 영역에서부터 0, -1, -2로 변하는 것을 뜻한다.

$p[H_2CO_3]$ 에서와 같은 방법으로 $p[HCO_3^-]$와 $p[CO_3^{2-}]$도 pH의 함수로 정리하여 도시하면, 닫힌계의 탄산 해리 평형에 대한 pC-pH 도표를 그릴 수 있고, 도표를 통하여 다양한 탄산염 화학종의 평형을 해석할 수 있다.

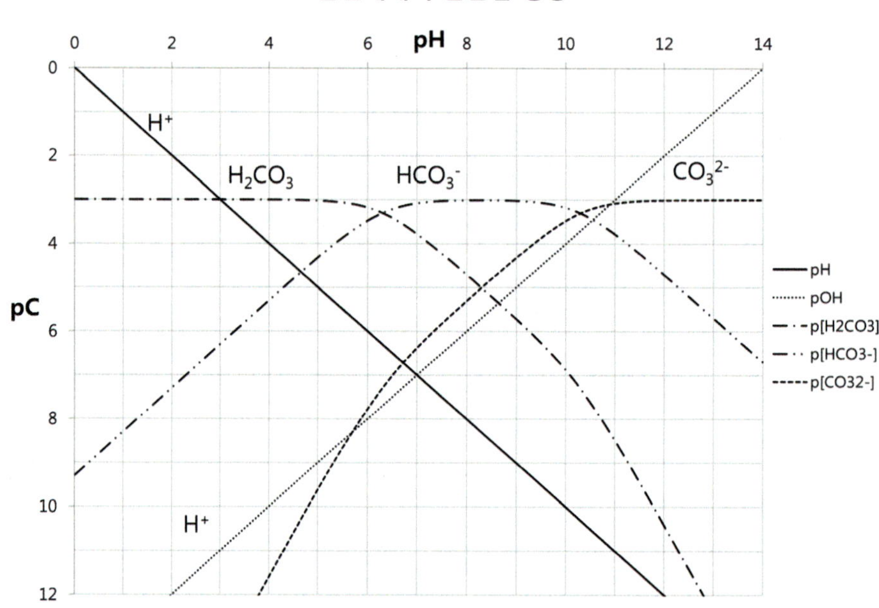

〈그림 7.4〉 닫힌계에서 탄산의 해리에 대한 pC-pH 도표

7.5 알칼리도

물의 알칼리도(alkalinity)는 물의 pH가 낮아지면서 수질이 산성화되는 경향에 대응하는 능력을 나타내는 척도이다. 즉 물의 pH를 낮추는 산성 물질을 중화시킬 수 있는 물의 능력을 일컫는다. 그 능력과 연관된 알칼리도는 수질 시스템에 산이나 염기가 유입되거나 또는 수처리에서 약품 첨가에 따른 pH 변화의 충격을 줄이는 물의 완충 용량(buffer capacity)과 관련된다.

자연 수질계의 알칼리도 생성은 무엇보다도 지질학적 요인을 들 수 있다. 수계 주변 암석의 특성이 알칼리도에 영향을 끼치는데, 석회석, 인산염, 붕산염

이 용해되어 물의 알칼리도를 높이고 완충 용량을 키울 수 있다. 계절적 요인도 작용하는데, 봄에 눈이 녹거나 산성비가 내리는 경우 수계의 산성도가 증가함에 따라 알칼리도는 감소한다.

자연적인 요인 외에 인간의 활동이 알칼리도에 끼치는 영향도 다양하다. 한 예로, 산성 광산 폐기물에 의한 것으로 산성광산배수(AMD: acid mine drainage)가 발생하여 강이나 하천에 유입되면 그 수계의 산성도가 증가하고 중화에 필요한 알칼리도 수요는 커진다. 한편 도시화에 따른 요인 중 하나로 시멘트나 여러 건축 재료에서 유래한 물질이 수계에 유입되어 알칼리도에 변화를 줄 수 있다.

알칼리도는 수산화이온(OH)과 같은 강한 염기성 화학종의 존재에 기인하는 특별한 경우도 있으나, 일반적으로는 약산의 염이 용해되어 있는 결과이다. 자연수의 알칼리도를 결정하는 주된 화학종은 탄산수소이온(HCO_3^-: hydrogen carbonate 또는 bicarbonate)으로, 이는 대기 중의 기체 CO_2가 물에 녹아 해리되거나 토양 혹은 암석의 탄산염 성분이 풍화 작용 등을 통해 용출된 결과이다. 탄산염 외에 미량이기는 하지만, 붕산염(boratos), 규산염(silicates), 암모니아(ammonia), 인산염(phosphate) 그리고 자연유기물질(NOM: natural organic matter)에서 유래하는 유기산 등도 알칼리도 값에 영향을 끼친다.

알칼리도나 산도(acidity)가 인체 건강에 유해한 점으로 알려진 것은 없지만 강한 산성이나 염기성을 띠는 물은 그 맛이 좋을 수 없다. 수질 분석과 수처리 기술에서 알카리도를 분석하고 그 값을 정량하는 것은 다음과 같은 의미를 갖는다.

① 알칼리도는 수질 분석의 기본 항목으로서 그 값은 수질계에서 중요한 의미를 갖고 다양한 수처리 공정의 제어 변수로 활용되고 있다. 알칼리도는 처리 기술에서 뿐 아니라 자연 수체(water body)가 산성 물질(예: 산성비)유입에 얼마나 민감할 수 있는지 가늠할 수 있는 정보가 되기도 한다.

② 정수공정에서 나타나는 탁도는 주로 응집과 플록(floc)형성을 통해 제거한다. 이 공정에서 알카리도는 수소이온(H^+)이 물속으로 빠져나오는 H^+와 반응하기에 충분한 값이어야 효과적인 응집을 기대할 수 있다.

③ 물의 알카리도에 따라 침전공법으로 경수(hard water)를 연수화(softening)할 때 첨가하는 소석회(주된 화학성분: $Ca(OH)_2$)나 소다회(주된 화학성분: Na_2CO_3)의 양을 계산할 수 있다.

④ 자연수계 및 수처리 반응에서 알카리도 형성의 주된 화학종인 탄산수소이온(HCO_3^-)과 탄산이온(CO_3^{2-})은 다른 화합물과 결합하면서 물질의 독성, 이동성, 소멸 등에 영향을 끼친다.

다음은 자연수계 알카리도의 중심화합물인 탄산염 화학종의 생성과 변화에 대한 주된 화학반응식이다.

$$CO_2(g) + H_2O(l) \rightleftharpoons H_2CO_3^* \quad \cdots\cdots\cdots\cdots\cdots\cdots\cdots\cdots (1)$$

$$H_2CO_3 \rightleftharpoons HCO_3^- + H^+ \quad \cdots\cdots\cdots\cdots\cdots\cdots\cdots\cdots (2)$$

$$HCO_3^- \rightleftharpoons CO_3^{2-} + H^+ \quad \cdots\cdots\cdots\cdots\cdots\cdots\cdots\cdots (3)$$

(1)식은 대기권의 이산화탄소와 물속의 이산화탄소 사이의 평형을 나타낸 것으로, $H_2CO_3^*$는 물에 녹아있는 기체 CO_2와 물과 화합한 농도를 구별하여 $[H_2CO_3^*] = [CO_2(aq)]+[H_2CO_3(aq)]$로 표기할 수 있으나, 일반적으로 (1)식의 평형상수는 헨리법칙(Henry's law)상수를 사용하고 $[H_2CO_3^*]$는 $[H_2CO_3(aq)]$로 대체하여 구별않고 동일하게 사용하기도 한다. (1),(2),(3) 반응의 평형식은 다음과 같이 쓸 수 있다.

$$K_{H,\,CO_2} = \frac{[H_2CO_3(aq)]}{P_{CO_2}} = 10^{-1.47} \quad\dotsb\quad (4)$$

$$K_{a,\,1} = \frac{[H^+][HCO_3^-]}{[H_2CO_3]} = 10^{-6.35} \quad\dotsb\quad (5)$$

$$K_{a,\,2} = \frac{[H^+][CO_3^{2-}]}{[HCO_3^-]} = 10^{-10.33} \quad\dotsb\quad (6)$$

위의 식에서 P_{CO_2}는 물 위에 작용하는 기체 중에서 이산화탄소가 갖는 부분압력이고 $K_{H,\,CO_2}$는 이산화탄소의 헨리 법칙 상수($mol \cdot L^{-1} \cdot bar^{-1}$)이며, $K_{a,1}$과 $K_{a,2}$는 탄산의 1차 해리상수, 2차 해리상수이다.

일반적으로 알카리도 측정은 적정량의 물 시료에 강산(H_2SO_4)을 적가액으로 사용하여 pH 4-5정도까지 적정함으로써 분석한다. 적정과정에서 나타나는 pH 변화에 따라 알카리도를 탄산염 알카리도(carbonate alkalinity)와 총 알칼리도(total alkalinity) 등으로 구별하여 정량할 수 있다.

탄산염 알카리도는 물 시료의 pH가 약 8.3이 될 때까지 가해준 산의 당량으로부터 계산하는데, 종말점(pH 8.3근처)을 확인하는데 페놀프탈레인 (phenolphthalein) 지시약을 사용하므로 페놀프탈레인 알카리도라고도 한다.

총알카리도는 메칠오렌지(methyl orange) 지식약을 사용하여 분석하는 데, 탄산염 알카리도 분석점을 지나도록 산을 더 첨가하여 pH 4.5 근처의 종말점까지 소비된 산의 당량으로부터 계산한다.

이 두 알칼리도의 차이를 중탄산염 알카리도(bicarbonate alkalinity)로 구별하여 나타내기도 한다.

알카리도를 분석하는 적정시험법에서 종말점의 pH는 정확한 한 값으로 지정하기 어렵다. 이는 적정시 나타나는 정확한 종말점은 시료에 존재하는 탄산염 화학종의 총 농도에 따라 달라지기 때문이다. 탄산염 화학종의 농도들의 합 즉 총 탄산염 화학종 농도가 클수록 총알카리도를 정량하는 종말점의 pH는 낮아진다.

닫힌계에서 탄산의 해리에 대한 pC-pH 도표에서 화학종 H^+의 농도 곡선과 화학종 HCO_3^-의 농도 곡선이 만나는 곳 즉, $[H^+] = [HCO_3^-]$에 해당하는 점이 총 알카리도 측정 종말점에 해당한다.

수질 분석 항목과 표준 분석법을 집대성하여 전 세계 환경과학자와 기술자들이 많이 참고하는 자료집, standard method for the examination of water and wastewater(American water works association, 18[th]en. 1992)에서 기술한 분

석법을 보면, 총 알카리도가 약 50 mg/l인 시료의 경우 종말점 pH는 5.1, 총알카리도가 150 mg/l 인 시료에서는 종말점 pH가 4.8 그리고 총알카리도가 500 mg/l 이 되면 pH 4.5까지 산을 적가하면서 적정해야 종말점에 이른다.

한편, 알카리도 측정의 적정곡선에서 pH에 따라 나타나는 시료 중의 화학적 변화는 다음과 같다.

① pH 10.7 전 후

여기서는 두 화학종의 농도가 $[HCO_3] = [OH]$인 점에 해당하는데 이는 가성 알카리도(caustic alkalinity)의 종말점이다. 한편 이 점은 알카리도 와 대비되는 개념의 산도(acidity)적정에서는 총산도(total acidity)정량의 종말점이기도 하다.

② pH 8.3 전 후

이 점은 $[H_2CO_3]=[CO_3^{2}]$에 해당하며, 탄산이온(CO_3^{2})이 모두 반응하고 (그에 따라 '탄산염 알카리도' 정량점이라 칭하며) 탄산수소이온(HCO_3^-) 의 반이 적정에 의해 중화된 점이다. 이는 분석에 사용하는 지시약 이름 을 따라 '페놀프탈레인 알카리도'라고도 한다.

③ pH 4.5 전 후

이 점에서는 $[H^+]=[HCO_3]$가 되고 산성 물질이 모두 중화되는 종말점으로 총알카리도를 정량하는 종말점이다.

7.6 수처리 공정과 알칼리도

7.6.1 폐수처리에서의 알카리도

생물학적 폐수처리에서 핵심 역할을 하는 박테리아와 생물체들은 pH 중성 부근이나 pH 7-8정도의 약알카리 영역에서 가장 효율적으로 기능한다. 생물 활성에 최적인 pH를 유지하기 위해서는 공정 내의 생물체가 폐수를 처리하면서 생성하는 산(acids)을 중화하기에 충분한 알카리도가 있어야 한다. 따라서 폐수가 원활히 처리될 수 있도록 적절한 pH를 유지하는 것이 필수인데, 이같은 사실이 알카리도가 폐수 처리공정에 왜 중요한지를 설명하는 것이기도 하다.

한 예로, 호기성 폐수처리(aerobic wastewater treatment)에서 일어나는 질산화(nitrification)과정과 알카리도의 연관성을 살펴보면 다음과 같다.

도시하수나 식품산업 폐수의 주된 오염물 중 하나가 암모니아(NH_3: ammonia)이다. 암모니아는 질산화 공정을 통해 질산이온(NO_3^-: nitrate)으로 전환되는데, 질산화는 여러 질산화 박테리아(nitrifying bacteria)에 의해 진행되는 두 단계의 생물학적 공정(two-step biological process)이다. 이 박테리아 종들은 pH 7에서 8정도의 약 알카리 영역에서 가장 활발히 활동하는데 그 과정에서 수소이온(H^+)이 방출되고 그 산성 화학종을 중화하는데 폐수의 알카리도가 소모된다.

두 단계로 일어나는 생물학적 질산화 과정에 대한 메카니즘 규명은 복잡하고 어려운 점이 있지만, 생성물 결과에 따라 화학반응식을 다음과 같이 기술할 수 있다.

1단계: 산소 분위기(호기성: aerobic)에서 암모니아가 아질산이온(NO_2^-: nitrite)로 변한다.

$$NH_3 + O_2 \rightarrow NO_2^- + 3H^+ + 2e^- \quad \cdots\cdots (1)$$

2단계: 1단계에서 생성된 아질산이온이 질산이온(NO_3^- : nitrate)으로 산화된다.

$$NO_2^- + H_2O \rightarrow NO_3^- + 2H^+ + 2e^- \quad \cdots\cdots (2)$$

두 단계의 반응을 더한 다음은 생물학적 질산화 과정에 대한 화학종 변화와 물질의 정량적 관계를 보여준다.

$$NH_3 + O_2 + H_2O \rightarrow NO_3^- + 5H^+ + 4e^- \quad \cdots\cdots (3)$$

(3)식에서 보는 것처럼, 질산화 공정에서 오염물질(NH_3) 1몰을 처리하는 동안 수소이온 5 몰이 폐수 속에서 생성되고, 수소이온은 공정수(process water)의 알카리도를 소모하면서 중화되므로, 공정수의 pH는 낮아져서 경우에 따라 질산화 박테리아 등 폐수처리를 주도하는 생물체의 활성이 떨어지거나 사멸 위험에 놓일 수 있다.

7.6.2 알카리도 조절 화학약품

수처리 공정에서 알카리도 조절에 사용하는 화학물질은 다음과 같은데, 이 물질들은 물의 알카리도와 pH를 높이는데 쓰인다.

① 소석회(slaked lime)

가장 널리 사용되는 물질로, 생석회(CaO)와 물을 반응시켜 만든 백색의 석회 슬러리(hydrated lime slurry)로 관용명으로 소석회 또는 수화석회라고도 한다. 주된 화학성분은 수산화 칼슘($Ca(OH)_2$: calcium hydroxide)이지만 Mg, Si, Al 혹은 Fe 등 광물에서 유래된 물질들을 함유하고 있다.

② 가성소다(caustic soda)

가성소다는 수산화 소듐($NaOH$: sodium hydroxide)의 관용명이다. 소석회와 유사하게 물에 대한 용해도가 크고 염기성이 매우 강해 생물학적 공정의 알카리도 조절을 위한 주입 시 pH 변화가 급격히 일어날 수 있음에 유의해야한다.

③ 소다회(soda ash)

소다회는 탄산소듐(Na_2CO_3: sodium carbonate)의 관용명이다. 상용의 소다회는 한 제품의 성분 표기, Na_2CO_3-98.22 %, $NaHCO_3$-0.42 %, $NaCl$-0.70 %, H_2O-0.74 %, $Fe_2O_3+Al_2O_3$-0.10 %, Na_2SO_4-0.04 %, 불용해분-0.16 %에서 보듯이 탄산소듐이 주성분인 혼합물이다.

④ 수산화 마그네슘(magnesium hydroxide)

위산의 중화에 복용하는 제산제인 탄산수소마그네슘(magnesium hydrogen carbonate 또는 magnesium bicarbonate)로 이는 milk of magnesia와 같은 이름으로도 불리는 데 수처리에서도 산을 중화하거나 알카리도 조절에 사용한다. 물속에서 수산화마그네슘은 pH 8.5 근처에서 스스로 완충 특성을 나타내므로 급격한 pH 변화 없이 알카리도를 조절할 수 있다.

8

착화합물 형성

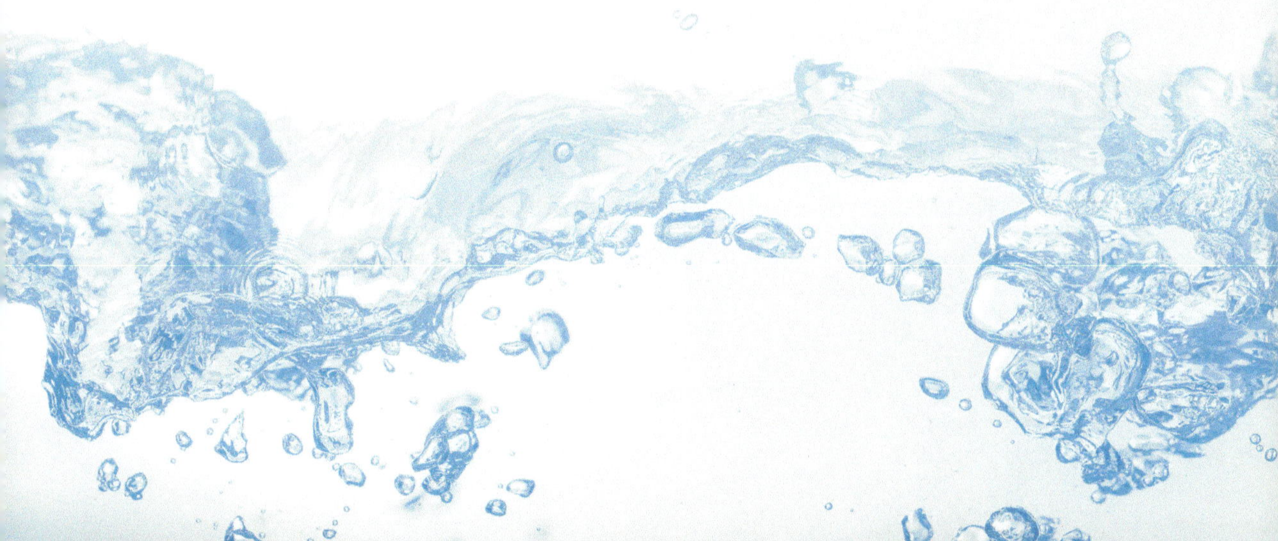

8.1 물속 금속이온의 반응

8.1.1 금속 이온과 리간드

수질화학에서 중요한 반응으로 착화합물 형성을 다루는 것은 물속의 금속이 온들은 그 자체가 자유 이온(free ion)으로 존재하기보다 물 분자와 결합하여 착화합물을 형성하고 있는 것으로부터 시작되기 때문이다. 이와 같이 이온들이 용매인 물 분자와 상호작용하여 생긴 화학종은 수화이온(hydrated ion) 또는 아쿠오착물(aquocomplex)이라고 부른다.

일반적으로 자연 수질계에는 용매인 물 이외에도 금속 이온들과 착화합물을 형성할 수 있는 다양한 무기물질 혹은 유기물질이 존재하는데, 이런 물질들을 리간드(ligand)라고 한다. 따라서 수질화학에서 금속이온들의 특성을 분석하기 위해서는 물속에서 다양한 리간드들과 착화합물을 형성하는 반응을 이해해야 한다. 형성되는 착화합물들은 금속 자유이온이나 수화이온들과는 구별되는 다른 성질들, 예를 들어 용해도나 산화 환원 거동 등이 다른 특성을 나타낸다.

착화합물은 중심 이온(수질계에서 많은 경우 금속 이온)에 한 개 혹은 여러 개의 리간드가 중심 이온을 둘러싼 구조로 그 사이에는 대부분 정전기적인 힘이 작용한다. 둘러싼 리간드 수를 배위수(CN: coordination number)라 하고, 생성되는 착화합물은 이온과 리간드의 전하에 따라 양이온-, 음이온-, 중성-착화합물이 생성된다. 수질계에서 대표적인 무기 리간드는 물(H_2O) 이외에, OH^-, HCO_3^-/CO_3^{2-}, Cl^-, SO_4^{2-}, HS^-/S^{2-}, NH_3 등을 들 수 있는데 이들은 산-염기 반응, 산화·환원 반응 혹은 침전과 용해 등과 함께 다루어야하는 경우가 많다. 한편 유기 리간드로는 아미노산이나 부식질(humic substance)과 같은 자연물질 뿐 아니라 EDTA(ethylenediamine tetraacetic acid)나 NTA (nitrilotriacetic acid)같은 인위적 오염물질이 물속의 금속 이온들과 착화합물을 형성한다.

특히 EDTA나 NTA는 한 분자 내에 있는 여러개의 질소와 산소 원자가 중심 금속 이온과 동시에 결합하여 착화합물을 형성하는데, 이와 같은 리간드는 한 분자(혹은 이온) 내의 한 자리(site)만 중심 금속 이온과 결합하는 한자리 (monodentate) 리간드와 구별하여 여러자리(multidentate) 리간드 혹은 킬레이트(chelate)라고 한다.

이러한 리간드들은 중심 금속 이온을 안정화시키고 용액 상태에 존재케 함으로써 금속의 용해도를 증가시키는데 기여하기도 한다.

8.1.2 착화합물과 배위수

금속 이온들은 전자쌍을 받아들이는 루이스 산(Lewis acid)에 해당하므로 원칙적으로 착화합물 형성에서 전자쌍을 줄 수 있는 루이스 염기(Lewis base)에 해당하는 리간드를 만나 결합을 형성할 수 있다.

금속이 이렇게 착화합물을 형성하려는 경향은 주기율표에서 가늠할 수 있으며 착화합물의 안정도에 따라 반응 특성이 달라진다. 해당 금속 이온의 전자배치와 리간드의 전자쌍 주개 능력은 착화합물 형성 여부를 결정하는데 가장 중요한 요인이다. 특히 전이 금속 양이온들이 리간드를 받아들여 착화합물을 잘 형성하는데, 이 이온들의 전자 결핍은 최외각에서 뿐 아니라 내부 전자껍질에서도 나타난다. 예를 들어 4주기의 금속들은 3d-궤도 전자들이 채워지지 않은 상태이다. Fe^{2+}/Fe^{3+}, Co^{2+}/Co^{3+}, Zn^{2+}, Mn^{2+}, Cr^{3+} 등과 같은 이온들이 그에 해당하는데, 한 예로 Zn^{2+} 이온의 전자 배치는 $1s^2 2s^2 2p^6 3s^2 3p^6 4s^2 3d^7$으로 4s궤도는 전자가 차있으나 10개의 전자가 들어갈 수 있는 3d궤도에는 전자가 7개만 있고 꽉 채워지지 않은 상태이다.

리간드는 주로 자유 전자쌍을 갖는 음이온이나 비공유전자 쌍을 갖고 있는 분자 화학종으로, 그 전자쌍을 금속 이온에 공여(donation)함으로써 착화합물 결합을 형성하는데 아래 표에 대표적인 리간드의 몇 가지 예를 나타내었다.

〈표 8.1〉 착화합물 형성 리간드의 예

음이온	F^-(플루오린화 이온), Cl^-(염화 이온), I^-(아이오딘화 이온), OH^-(수산화이온), CN^-(사이안산화 이온), SCN^-(싸이오사이안산 이온), $R-S^-$(티오레이트), $R-COO^-$(카르복실산 이온)
분자	NH_3(암모니아), $R-NH_2$(아민), NO(일산화질소), CO(일산화탄소), O_2(산소), H_2O(물), $R-OH$(알코올), 이써($R-O-R'$)

리간드들은 기본적으로 비금속원소 화합물이다. 무기화합물 뿐 아니라 유기화합물들도 리간드로 착화합물을 형성하는데, 이는 질소, 산소 혹은 황 원자를 함유하는 극성 작용기를 갖고있는 화합물 들이 대부분이다. 배위수는 중심 금속 이온을 에워싸고 있는 리간드의 결합자리 수를 일컫는 것으로 무엇보다 리간드의 크기와 중심 금속 이온의 크기 및 전자 배치 구조에 따라 달라진다.

알려진 금속 착화합물의 배위수는 2에서 12까지 매우 다양하나, 착화합물에서 가장 흔한 배위수는 2와 4 그리고 6 이다. 이 배위수는 금속 이온의 전하와는 관계가 없으며, 착화합물의 구조를 설명함에 있어 CN = 2이면 직선, CN = 4이면 정사면체(tetrahedron) 혹은 사각형(square), CN = 6이면 정팔면체(octahedron) 구조의 화합물을 고려할 수 있다.

착화합물 리간드 중에는 하나의 전자쌍 주개 원자만을 갖는 것 이외에도, 특히 한 화합물 구조 안에 여러 개의 전자쌍 주개 원자를 갖고 있으며 이들이 동시에 하나의 중심 금속 이온을 에워싸 결합을 형성하는 것이 있다. 이러한 리간드들은 한 화학종 내에 여러 개의 착화합물 형성 자리를 갖고 있는 여러자리 리간드(multidentate 혹은 polydentate ligand: dentate는 'dental-치아의'에서 유래)이며 킬레이트(chelate: 크리스어, chelat, 게의 집게에서 유래. 집게형 혹은 가위형 화합물)라고 한다. 이와같이 한 화합물 내에 2개 이상의 결합 자리를 갖는 여러 자리 리간드가 한 금속 이온을 에워싸 형성한 착화합물이 킬레이트 착화합물(chelate complex)이다.

킬레이트 착화합물은 킬레이트의 결합 자리 수 만큼의 한자리 리간드 여러 개가 중심 금속 이온과 결합한 한자리 리간드 착화합물에 비해서 화학적으로 더 안정한데, 이를 킬레이트 효과(chelate effect)라고 한다.

이는 착화합물 평형 상수인 안정화 상수를 비교하여 보면 확실해 진다. 물속에서 니켈(II) 이온이 한 자리(monodentate) 리간드인 암모니아(NH_3) 여섯 분자와 결합하는 경우와 두 자리(bidentate) 리간드인 에틸렌디아민(en: ethylendimine) 두 분자와 결합하는 반응의 안정화 상수(혹은 착물형성 상수) K 는 다음과 같다.

$$[Ni(H_2O)_6]^{2+} + 6NH_3 \rightleftharpoons [Ni(NH_3)_6]^{2+} + H_2O \qquad K = 2.0 \times 10^9$$

$$[Ni(H_2O)_6]^{2+} + 3en \rightleftharpoons [Ni(en)_3]^{2+} + 6H_2O \qquad K = 3.8 \times 10^{17}$$

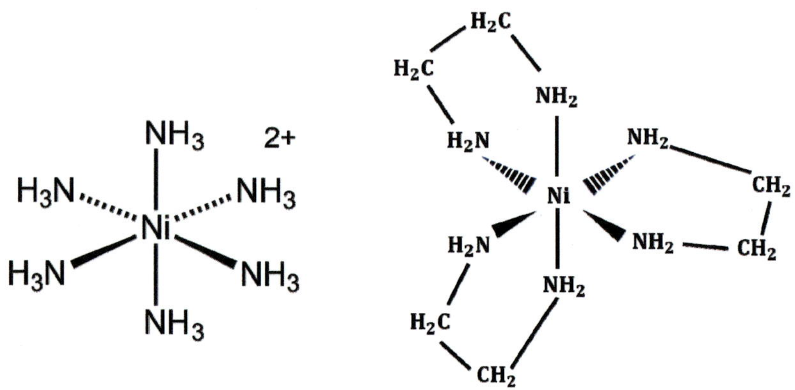

〈그림 8.1〉 착화합물 $[Ni(NH_3)_6]^{2+}$와 $[Ni(en)_3]^{2+}$ 의 구조

첫 번째 반응은 6개의 물 분자로 수화된 Ni^{2+}이온이, 물보다 착화합물 형성 능력이 큰 6개의 암모니아 분자로 치환된 것으로 반응계의 물질 질서 변화는 크지 않은 경우이다. 두 번째 반응은 6개의 물 분자가 Ni^{2+}이온에서 떨어져 나가고, 물보다 강한 리간드인 비공유결합 전자쌍을 가진 질소 원자 2개를 함유하고 있는 에틸렌디아민 분자 3 개가 결합한 것이다.

강한 리간드 결합력 외에도 반응계에 참여하는 입자들의 수가 첫 번째 반응에서는 반응 전후에 7개씩으로 변화가 없지만, 두 번째 반응에서는 4개에서 7개로 증가하여 계의 무질서도가 증가한다. 따라서 반응의 자발성 척도인 Gibb's 에너지식 $\triangle G = \triangle H - T\triangle S$ 에서 △S 증가에 따라 △G에 변화가 나타난다.

이러한 '킬레이트 효과'는 한 킬레이트 내에 결합자리가 많은 리간드에서 더 크다. 예를 들어 EDTA(ethylenediamine tetraacetic acid) 착화합물은 안정도가 매우 큰데 이는 킬레이트 리간드, $EDTA^{4-}$가 한 화합물 내에 6개의 전자쌍 주개 원자(질소 원자 2개, 산소 원자 4개)를 갖고 있기 때문이다.

8.1.3 착화합물 안정화 상수

금속이온(M)과 리간드(L) 사이의 착화합물 형성 반응은 일반적인 화학반응과 같이 쓸 수 있다.

$$M + L \ \rightleftharpoons\ ML$$

이 반응에 대한 평형상수 역시 질량작용법칙의 수학적 표기로써, 각 화학종의 농도를 [ ]로 표기하여 다음과 같이 나타낼 수 있다.

$$K = \frac{[ML]}{[M]\,[L]}$$

착화합물 형성 반응에 대한 이 상수는 착화합물 형성 상수(complex formation constant) 혹은 생성된 착화합물의 안정화 상수(stability constant)라고 부른다. 착화합물 형성 반응의 한 특징은 중심 금속 이온에 리간드가 여러 개 둘러싼 다양한 착화합물들이 형성될 수 있는 것이다.

$$M + L \rightleftharpoons ML \qquad K_1 = [ML]/[M][L]$$

$$ML + L \rightleftharpoons ML_2 \qquad K_2 = [ML_2]/[ML][L]$$

$$ML_2 + L \rightleftharpoons ML_3 \qquad K_3 = [ML_3]/[ML_2][L]$$

$$\vdots \qquad\qquad\qquad\qquad \vdots$$

$$ML_{n-1} + L \rightleftharpoons ML_n \qquad K_n = [ML_n]/[ML_{n-1}][L]$$

이 상수들, K_1, K_2, K_3 ... K_n은 단계적 형성 상수(stepwise formation constant)라고 한다.

위의 단계적 착화합물 형성 반응은 다음과 같이 금속과 여러 개의 리간드가 한 단계로 착화합물을 형성하는, 총괄 형성 반응으로 쓸 수도 있으며, 이 때 평형 상수는 β 로 나타내고 총괄 형성 상수(overall formation constant) 라고 한다. 아래에 나타낸 것처럼 총괄 형성 상수는 단계적 평형 상수의 곱으로 기술된다.

$$M + L \rightleftharpoons ML \qquad \beta_1 = \frac{[ML]}{[M][L]} = k_1$$

$$M + 2L \rightleftharpoons ML_2 \qquad \beta_2 = \frac{[ML_2]}{[M][L]^2} = k_1 \cdot k_2$$

$$M + 3L \rightleftharpoons ML_3 \qquad \beta_3 = \frac{[ML_3]}{[M][L]^3} = k_1 \cdot k_2 \cdot k_3$$

$$\vdots$$

$$M + nL \rightleftharpoons ML_n \qquad \beta_n = \frac{[ML_n]}{[M][L]^n} = k_1 \cdot k_2 \cdot k_3 \cdots k_n$$

아래의 표 8.2는 금속이온과 리간드의 착물형성 반응의 예와 착물형성상수를 나타낸 것이다. Ag^+와 Cu^{2+}가 리간드 NH_3, CN^- 와 착물을 형성하는 경우의 착물현성 상수를 비교해보면 CN^- 리간드가 더 안정한 착화합물을 형성함을 알 수 있다. 동일한 리간드에 대해서는 Ag^+보다 Cu^{2+}가 더 안정한 착화합물을 형성한다.

철이온과 리간드 CN^- 사이에 형성된 착화합물 반응에서는 Fe^{2+}보다 Fe^{3+}의 착화합물 $Fe(CN)_6^{3-}$의 착물형성상수가 훨씬 큰 것을 알 수 있다.

한편 동일하게 4개의 OH^- 리간드와 착물을 형성한 Al^{3+}, Cr^{3+}, Zn^{2+}의 착물형성상수는 금속의 종류에 따라 생성되는 착화합물의 안정성이 달라짐을 보여준다.

〈표 8.2〉 금속 이온과 리간드의 착물형성 상수

착화합물	화학반응식			착물형성상수 (K_f)
$Ag(NH_3)_2^+$	$Ag^+(aq) + 2NH_3(aq)$	$\rightleftharpoons$	$Ag(NH_3)_2^+(aq)$	1.7×10^7
$Ag(CN)_2^-$	$Ag^+(aq) + 2CN^-(aq)$	$\rightleftharpoons$	$Ag(CN)_2^-(aq)$	1×10^{21}
$Cu(NH_3)_4^{2+}$	$Cu^{2+}(aq) + 4NH_3(aq)$	$\rightleftharpoons$	$Cu(NH_3)_4^{2+}(aq)$	5×10^{12}
$Cu(CN)_4^{2-}$	$Cu^{2+}(aq) + 4CN^-(aq)$	$\rightleftharpoons$	$Cu(CN)_4^{2+}(aq)$	1×10^{25}
$Ni(NH_3)_6^{2+}$	$Ni^{2+}(aq) + 6NH_3(aq)$	$\rightleftharpoons$	$Ni(NH_3)_6^{2+}(aq)$	1.2×10^9
$Fe(CN)_6^{4-}$	$Fe^{2+}(aq) + 6CN^-(aq)$	$\rightleftharpoons$	$Fe(CN)_6^{4-}(aq)$	1×10^{35}
$Fe(CN)_6^{3-}$	$Fe^{3+}(aq) + 6CN^-(aq)$	$\rightleftharpoons$	$Fe(CN)_6^{3-}(aq)$	1×10^{42}
$Al(OH)_4^-$	$Al^{3+}(aq) + 4OH^-(aq)$	$\rightleftharpoons$	$Al(OH)_4^-(aq)$	1.1×10^{33}
$Cr(OH)_4^-$	$Cr^{3+}(aq) + 4OH^-(aq)$	$\rightleftharpoons$	$Cr(OH)_4^-(aq)$	8×10^{29}
$Zn(OH)_4^{2-}$	$Zn^{2+}(aq) + 4OH^-(aq)$	$\rightleftharpoons$	$Zn(OH)_4^{2-}(aq)$	4.6×10^{17}

8.2 착화합물의 구조 – 리간드장 이론

착화합물(complex, 또는 착물)은 일반적으로 구조와 조성이 복잡한 화합물로서 배위 결합(coordination bond)으로 형성된다. 착화합물은 중심 원소와 그를 둘러싸고 전자쌍을 제공하는 리간드(ligand)로 구성되어있다. 이 화합물 구조는 보통 배위 다면체 형태를 이루며, 중심 원자를 에워싸고 있는 리간드 수를 배위수(CN: coordination number)라 한다.

착화합물에서 가장 많이 나타나는 배위수는 2, 3, 4, 6 인데 그 중에서도 리간드 수가 6인 착화합물이 가장 흔하다. 대부분의 리간드들은 한 자리 리간드(monodentate), 즉 중심원자와 배위 결합할 수 있는 자리가 하나이다. 한편 하나의 리간드가 여러 개의 배위결합 자리 갖는 여러 가지 리간드(multidentate)도 있는데, 이를 킬레이트(chelate, chela는 가위라는 뜻) 리간드라 부른다.

여기서 또 한가지 알아야 할 중요한 특징은 착화합물은 공유결합물과는 다르며 훨씬 더 정전기적인 인력으로 이루어진 물질이라는 사실이다. 착화합물 중에서는 거의 이온 결합에 가까운 특성을 띠는 것도 있으며 그 외의 화합물은 공유결합 화합물과 매우 유사하다.

착화합물에서의 결합 관계는 리간드 장 이론(ligand field theory)으로 설명한다. 리간드들이 중심원자에 다가감으로써 에너지가 동등했던 d-궤도(d-orbital)가 서로 분리되어 에너지 차이를 나타내게 된다. 이 궤도 분리는 리간드와 중심원자 특성에 따라 달라진다.

궤도가 분리되는 갈라짐 성질은 리간드와 금속원자의 기본적 성질에 따라 다른데, 예를 들어 시안이온(CN^-)과 같이 친핵성이 큰 리간드들은 강한 d-궤도 분리 물질이다. 그밖에도 금속 종류에 따라 궤도 분리가 크게 일어나도록 하는 중심원자들이 있다. 이런 d-궤도 분리는 리간드와 금속원자에 따른 일련의 분광학적인 특징(spectrochemical series), 즉 리간드 세기에 따라 순서를 정한 목록, $I^- < Br^- < S^{2-} < Cl^- < OH^- < H_2O < NH_3 < CN^- < CO$, 과 산화수에 근거한 금속이온의 목록, $Ni^{2+} < Co^{2+} < Fe^{2+} < Fe^{3+} < Cr^{3+} < Co^{3+}$)에 따라 달라진다.

d-궤도에 전자가 채워지는 상태에 따라 착화합물은 자기적(magnetic)성질을 나타낸다. 각각 상자성(paramagnetic) 착화합물과 반자성(diamagnetic) 착화합물로 구별되는데, 반자성 물질은 궤도의 전자가 모두 쌍을 이루고 채워진 반면, 상자성 물질은 궤도 껍질에 쌍을 이루지 않고 존재하는 홀 전자로 인해 상자기 자기 극성을 갖는다. 쌍을 이루지 않은 전자의 수가 최대인 경우엔 착화합물이 큰 스핀(high spin)을 갖고 있다하고, 쌍을 이룬 전자의 수가 최대인 착화합물은 작은 스핀(low spin)을 갖고 있다고 한다.

작은 스핀을 갖는 착화합물들은 훈트의 규칙(Hund's rule) 즉, 원자 궤도에 전자가 채워질 때 스핀이 최대가 되는 순서로 전자 배치가 이루어진다는 규칙에 반하는 반면, 큰 스핀 착화합물들은 훈트 규칙을 충족시킨다.

니켈(Ni) 이온중에서 8개 d 궤도 전자를 갖고 있는 Ni^{2+}은 d^8 금속이기 때문에 어차피 에너지가 낮은 d-궤도 껍질에는 전자가 쌍을 이루어 채워진 상태이고, 높은 d-궤도에 있는 전자는 쌍을 이루지 않은(채워지지 않은) 상태이므로 큰 스핀이나 작은 스핀의 차이가 없다.

한편 전자 배치는 d^4에서 d^7에 이르는 금속인 Cr^{2+}, Mn^{2+}, Fe^{2+}, Co^{2+} 경우에는 큰 스핀 착화합물이냐 작은 스핀 착화합물이냐의 차이가 나타난다.

착화합물의 스핀이 크냐(high) 작으냐(low) 하는 것은 d-궤도의 분리 크기(에너지, $\triangle$)에 따른 것으로, 분리된 d-궤도 사이의 에너지 차이가 크면 착화합물은 d-궤도 중 에너지가 낮은 궤도에 훈트의 규칙에 따라 먼저 전자를 채우고 에너지가 높은 궤도에 전자를 채우기 때문에 작은 스핀을 선호하고, d-궤도 사이의 에너지 차이가 적으면 5개의 궤도에 훈트의 규칙에 따라 차례로 전자가 채워짐으로써 큰 스핀을 나타낸다.

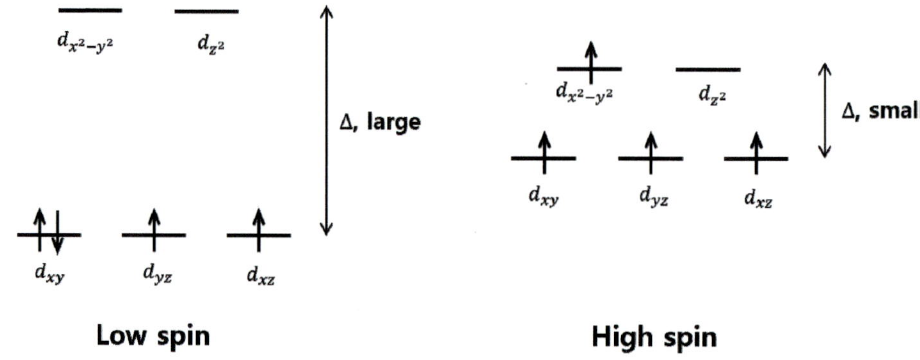

〈그림 8.2〉 d^4-금속의 전자배치: 작은 스핀(low spin)과 큰 스핀(high spin)

d-궤도 분리는 착화합물의 구조를 결정한다. 만약 궤도가 d_{xy}, d_{yz}, d_{zx}와 $d_{x^2-y^2}$, d_{z^2}로 뚜렷이 분리되면 두 궤도, $d_{x^2-y^2}$, d_{z^2}는 에너지 측면에서 유리하지 않으므로(궤도 에너지가 크므로) 정팔면체(octahedral) 착화합물이 형성되기 쉽다. 한편 $d_{x^2-y^2}$, d_{z^2} 궤도가 에너지 측면에서 유리하면(d_{xy}, d_{yz}, d_{zx} 보다 궤도 에너지가 낮은 경우) 정사면체(tetrahedral) 착화합물이 생성된다.

그 외에도 리간드와 금속의 특성에 따라 5개 d-궤도(d_{xy}, d_{yz}, d_{zx}, $d_{x^2-y^2}$, d_{z^2})의 에너지가 어떤 형태로 분리되느냐에 따라 착화합물의 구조, 즉 리간드가 중심금속을 에워싸는 모습이 달라진다.

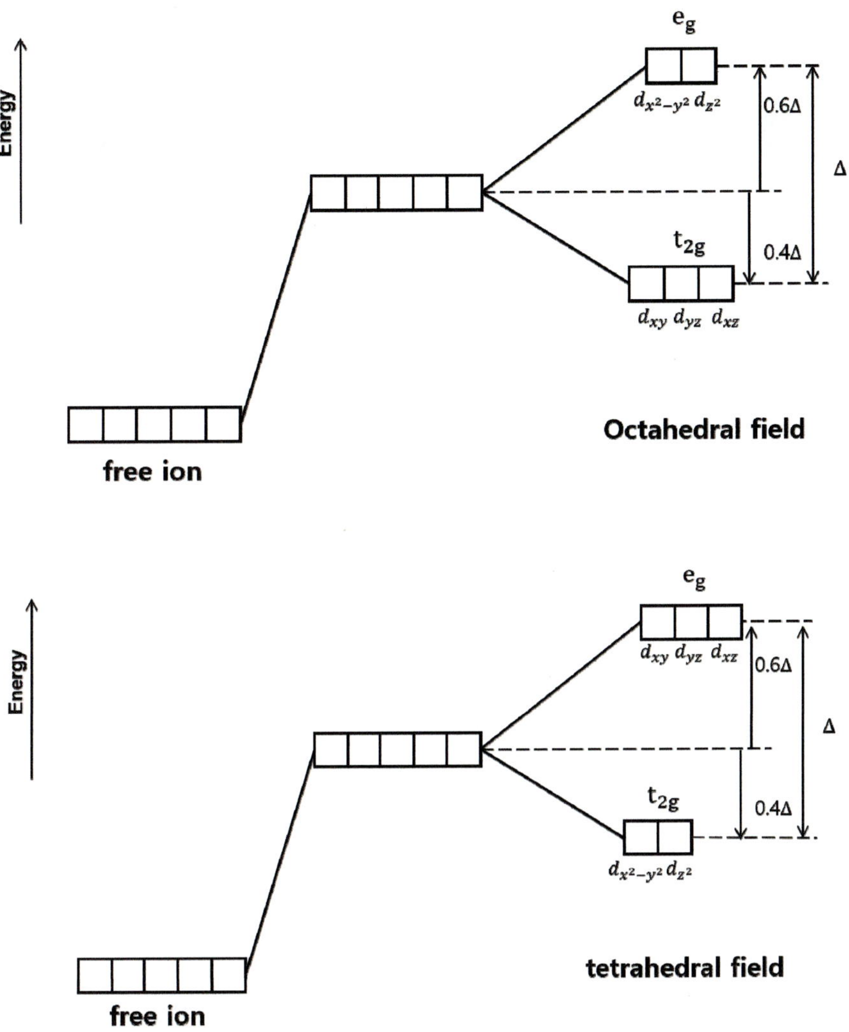

〈그림 8.3〉 d-궤도의 분리 형태와 착화합물의 구조

8.3 착화합물 형성 반응의 평형 해석

8.3.1 착화합물 형성 반응

화학 반응은 단순한 계의 기본 화학 반응식을 쓰는 것으로 시작으로 훨씬 복잡한 환경계로 확대할 수 있는데, 실제 반응의 완결을 정확히 예상하거나 일어나는 모든 반응을 기술하는 것은 어려우며, 제한된 주요 반응을 기술함으로써 실제 반응을 설명할 수 있다.

수은 이온(Hg^{2+})이 리간드인 염소 이온(Cl^-)과 착화합물을 형성하는 과정을 네 단계에 걸친 반응으로 기술하면 그 반응식과 평형상수는 다음과 같다.

$$Hg^{2+} + Cl^- \ \rightleftharpoons\ HgCl^+ \qquad k_1 = \frac{[HgCl^-]}{[Hg^{2+}][Cl^-]} = 10^{6.72} \qquad \cdots\cdots (1)$$

$$HgCl^+ + Cl^- \ \rightleftharpoons\ HgCl_2 \qquad k_2 = \frac{[HgCl_2]}{[HgCl^+][Cl^-]} = 10^{6.51} \qquad \cdots\cdots (2)$$

$$HgCl_2 + Cl^- \ \rightleftharpoons\ HgCl_3^- \qquad k_3 = \frac{[HgCl_3^-]}{[HgCl_2][Cl^-]} = 10^{1.0} \qquad \cdots\cdots (3)$$

$$HgCl_3^- + Cl^- \ \rightleftharpoons\ HgCl_4^{2-} \qquad k_4 = \frac{[HgCl_4^{2-}]}{[HgCl_3^-][Cl^-]} = 10^{0.97} \qquad \cdots\cdots (4)$$

단계적 평형상수를 나타낸 (1), (2), (3), (4) 식을 다음과 같이 정리하면 Hg-Cl 착화합물 화학종 농도를 중심 금속 이온인 수은과 리간드인 염소 이온 농도로 나타낼 수 있다.

$$[HgCl^+] = k_1 \cdot [Hg^{2+}][Cl^-] \quad \cdots\cdots\cdots\cdots\cdots\cdots\cdots\cdots\cdots\cdots\cdots\cdots (5)$$

$$[HgCl_2] = k_2 \cdot [HgCl^+][Cl^-] = k_1 \cdot k_2 \cdot [Hg^{2+}][Cl^-]^2 \quad \cdots\cdots\cdots\cdots (6)$$

$$[HgCl_3^-] = k_3 \cdot [HgCl_2][Cl^-] = k_1 \cdot k_2 \cdot k_3 \cdot [Hg^{2+}][Cl^-]^3 \quad \cdots\cdots\cdots (7)$$

$$[HgCl_4^{2-}] = k_4 \cdot [HgCl_3^-][Cl^-] = k_1 \cdot k_2 \cdot k_3 \cdot k_4 \cdot [Hg^{2+}][Cl^-]^4 \cdots (8)$$

8.3.2   도해법을 이용한 착물 형성 반응 해석

산-염기 반응에서 화학종 농도와 수소 이온 농도 사이의 도표, pC-pH 도표를 그리는 것과 같이, 착화합물 형성 반응에서 리간드(ligand) 농도를 변수로 $\log C_{화학종}$ - $pC_{리간드}$ 도표를 그릴 수 있다.

반응식을 살펴본 Hg-Cl 착화합물 형성 반응에 대한 $\log C_{화학종}$ - $pC_{리간드}$ 도표를 그려서 반응을 살펴보자. 이 때 먼저 착화합물을 형성하지 않은 자유 수은 이온(Hg^{2+})의 농도를 측정하거나 알 수 있으면, 수은-염소 이온 착화합물 화학종의 농도를 리간드인 염소 이온(Cl^-)의 농도 함수로 기술할 수 있다.

만약 착화합물을 형성하지 않은 수은 이온의 농도가 10^{-7} M이라면 위의 (5) 식은 다음과 같이 정리할 수 있다.

$$\log[HgCl^+] = \log K_1 + \log[Hg^{2+}] + \log[Cl^-]$$

$$= \log(10^{6.72}) + \log(10^{-7}) + \log[Cl^-]$$

$$= -0.28 + \log[Cl^-]$$

$$= -0.28 - pCl \quad \cdots\cdots\cdots\cdots\cdots\cdots\cdots\cdots\cdots (9)$$

같은 방법으로 (6), (7), (8) 식을 정리하면 다른 착화합물 화학종들에 관해서도 리간드(Cl^-)의 함수로 정리할 수 있다.

$$\log[HgCl_2] = 6.23 + 2\log[Cl^-] = 6.23 - 2pCl \quad\cdots\cdots\cdots\cdots (10)$$

$$\log[HgCl_3^-] = 7.23 + 3\log[Cl^-] = 7.23 - 3pCl \quad\cdots\cdots\cdots\cdots (11)$$

$$\log[HgCl_4^{2-}] = 7.52 + 4\log[Cl^-] = 7.52 - 4pCl \quad\cdots\cdots\cdots\cdots (12)$$

이 네 개의 식, (9) – (12),을 x 축이 리간드 농도 pC리간드, y축이 착화합물 화학종 농도 logC화학종 이 되도록 도표를 그리면 다음과 같다.

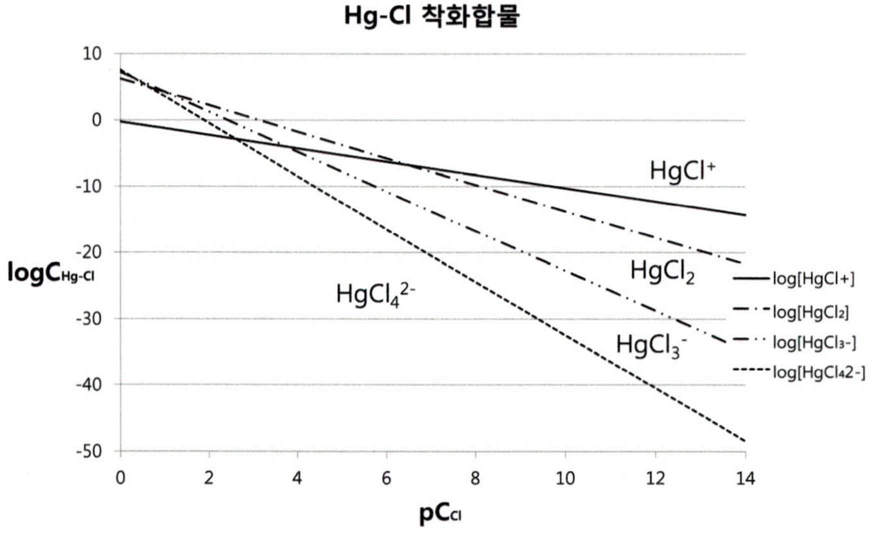

〈그림 8.4〉 Hg(Ⅱ)와 Cl^-의 착화합물 형성 반응에 대한 logC화학종-pC리간드 도표

8.3.3 착화합물 형성의 정량 분석

중심 금속 이온, Hg(II)와 리간드, Cl^-, 사이의 착화합물 형성에 대한 질량 균형식은 중심 금속 이온과 리간드에 관하여 각각 쓸 수 있다.

먼저 중심 금속 이온 총 농도, $[Hg(II)]_T$,는 앞의 식 (5) – (8)을 정리하여 대입하면,

$$[Hg(II)]_T = [Hg^{2+}] + [HgCl^+] + [HgCl_2] + [HgCl_3^-] + [HgCl_4^{2-}]$$

$$= [Hg^{2+}](1 + K_1 \cdot [Cl^-] + K_1 \cdot K_2 \cdot [Cl^-]^2 + K_1 \cdot K_2 \cdot K_3 \cdot [Cl^-]^3 + K_1 \cdot K_2 \cdot K_3 \cdot K_4 \cdot [Cl^-]^4)$$

그리고 리간드 총농도, $[Cl]_T$, 는 착화합물을 형성하지 않은 자유 이온 Cl^- 농도와 착화합물속의 리간드로서의 Cl^- 화학종 농도의 합이므로,

$$[Cl]_t = [Cl^-] + [HgCl^-] + 2[HgCl_2] + 3[HgCl_3^-] + 4[HgCl_4^{2-}]$$

여기서 2, 3, 4 는 해당 착화합물속의 Cl^- 이온에 따른 화학양론적인 결과이다. 예를 들어 1 mole의 착화합물 $HgCl_3^-$는 1 mole의 Hg(II)와 3 mole의 Cl^-가 결합한 것이다.

위의 식에 식 (5) – (8)을 대입하여 정리하면

$$[Cl]_T = [Cl^-] + [Hg^{2+}](K_1 \cdot [Cl^-] + 2K_1 \cdot K_2 \cdot [Cl^-]^2 + 3K_1 \cdot K_2 \cdot K_3 \cdot$$

$$[Cl^-]^3 + 4K_1 \cdot K_2 \cdot K_3 \cdot K_4 \cdot [Cl^-]^4)$$

이 식의 $[Hg^{2+}]$에 $[Hg(II)]_T$에서 유도한 $[Hg^{2+}]$를 대입하면

$$[Cl]_T = [Cl^-] +$$

$$[Hg(II)]_T \frac{(K_1[Cl^-] + 2K_1K_2[Cl^-]^2 + 3K_1K_2K_3[Cl^-]^3 + 4K_1K_2K_3K_4[Cl^-]^4)}{(1 + K_1[Cl^-] + K_1K_2[Cl^-]^2 + K_1K_2K_3[Cl^-]^3 + K_1K_2K_3K_4[Cl^-]^4)}$$

이 식은 $Hg(II)_T$와 $[Cl]_T$가 일정한 시스템(예를 들어 물 1리터 속에 염화수은 (II), $[HgCl_{2(s)}] = 10^{-3}$ M이 용해된 수용액)에서의 Hg-Cl 착화합물 형성 반응을 분석함에 있어서, 착화합물 형성식과 질량 균형식 으로부터 미지의 변수가 한 개 포함된 식으로 평형을 계산한 결과이다.

1리터 물에 10^{-3} M의 $HgCl_2$가 완전히 용해된 수용액에서, 즉 $[Hg(II)]_T = 10^{-3}$ M, $[Cl^-]_T = 2\times10^{-3}$ M인 계에서 위의 식을 풀면 착화합물을 형성하지 않은 리간드, $[Cl^-]$ 와 금속 이온, Hg(II), 농도는 각각 $[Cl^-] = 1.79 \times 10^{-5}$ M, $[Hg^{2+}] = 1.85 \times 10^{-7}$ M 이다. 그 외의 다른 네 화학종 농도는,

$$[HgCl^+] = 1.82 \times 10^{-5} \ M$$

$$[HgCl_2] = 9.81 \times 10^{-4} \ M$$

$$[HgCl_3^-] = 1.76 \times 10^{-7} \ M$$

$$[HgCl_4^{2-}] = 3.14 \times 10^{-11} \ M$$

계산 결과에서 알 수 있듯이 이 계에서 수용액 속에 존재하는 가장 주된 화학종은 $HgCl_2$로 전체 금속과 리간드의 98 % 이상이 착화합물을 형성하고 있다. 그 다음으로 농도가 높은 수은 화학종은 $HgCl^+$이며, 수은과 염소이온의 3차 착물인 $HgCl^{3+}$ 착화합물이나 자유이온, Cl^-의 농도는 주된 화학종 농도의 1/1,000 이하 이고, 4차 착물의 농도는 백만분의 일 이하로 매우 낮다. 실제 반응에서는 더 다양한 종류의 착물 화학종이 생성될 수 있을지라도 그 농도는 매우 낮을 것으로 예상된다.

8.4 가수분해

8.4.1   금속 이온의 가수분해 반응

앞에서 언급하였듯이 금속 이온이 물에서 특별한 결합을 형성하지 않고 자유 이온으로 존재해 있다는 것은 M^{Z+} 가 아니라, 일반적으로 용매인 물 분자가 둘러싼 수화된 이온(hydrated ion), $(M(H_2O)_n)^{Z+}$ 형태로 존재하고 있는 것을 말한다. 이를 표기할 때 물 분자를 생략하고 간략히 M^{Z+}로 표기하고 $(M(H_2O)_n)^{Z+}$ 와 동일한 화학종으로 취급하기도 한다.

금속 이온(M)의 가수분해(hydrolysis)에 대한 일반적인 화학 반응식은 다음과 같이 쓸 수도 있다.

$$(M(H_2O)_n)^{z+} + H_2O \rightleftharpoons (M(H_2O)_{n-1}(OH))^{(z-1)+} + H_3O^+$$

이 반응에 대한 평형 상수 표기는 일반적인 화학 반응에서와 동일하다.

$$K_{eq} = \frac{[(M(H_2O)_{n-1}(OH))^{(z-1)+}]\,[H_3O^+]}{[(M(H_2O)_2)^{z+}]}$$

가수분해 반응에 대한 이 평형식은 브뢴스테드 정의에 따른 다음 산-염기 반응의 평형상수 표현과 유사하다.

$$HA + H_2O \rightleftharpoons A^- + H_3O^+$$

$$K_a = \frac{[A^-]\,[H_3O^+]}{[HA]}$$

또한 이 반응은 금속 이온을 에워싼 H_2O 리간드가 OH^- 리간드로 치환되어 수산화착화합물(hydroxo complex)을 형성하는 반응으로 생각할 수 있다. 수용액의 용매인 물(H_2O) 리간드를 생략해서 쓰면 아래의 첫 번째 반응식과 같고, 금속과 리간드가 직접 결합하는 일반적인 착화합물 형성 반응으로 쓰면 두 번째 반응식으로 나타낼 수 있는데 두 번째 식은 첫 번째 식의 양쪽에 OH^- 이온을 첨가하여 정리한 식과도 같다.

$$M^{2+} + H_2O \rightleftharpoons MOH^{(z-1)+} + H^+ \quad \text{또는}$$

$$M^{2+} + OH^- \rightleftharpoons MOH^{(z-1)+}$$

이 두 반응식에 대한 평형 상수는 다음과 같이 쓸 수 있다.

$$K_1 = \frac{[(MOH)^{z-1}]\,[H^+]}{[M^{z+}]}$$

$$K_1^* = \frac{[(MOH)^{z-1}]}{[M^{z+}]\,[OH^-]}$$

두 평형 상수는 물의 이온곱, $K_w=[H^+][OH^-]$를 통해 다음과 같이 전환될 수 있다.

$$K_1 = K_1^* \cdot K_w$$

즉, K_1과 K_1^* 는 모두 금속이온의 가수분해 또는 금속과 수산화이온의 착물 형성반응에 관한 상수로 물의 이온곱 상수와 연결되는 것을 알 수 있다.

8.4.2 도해법을 이용한 가수 분해 평형 해석

알루미늄 이온과 물이 반응하는 가수분해 반응을 통하여, 물에서 금속 이온이 어떤 화학 결합을 이루고 있는지 평형을 해석하고, 도해 방법을 통하여 생성된 금속 화학종의 농도와 물의 pH 와의 관계를 알아본다.

물에서 +3가 인 알루미늄 이온, Al^{3+} 의 가수 분해는 다음과 같이 Al^{3+} 과 수산화 이온(OH^-) 사이의 착화합물 형성 반응식으로 기술할 수 있다.

$$Al^{3+} + H_2O \rightleftharpoons Al(OH)^{2+} + H^+$$

$$Al^{3+} + 2H_2O \rightleftharpoons Al(OH)_2^+ + 2H^+$$

$$Al^{3+} + 3H_2O \rightleftharpoons Al(OH)_3^0 + 3H^+$$

$$Al^{3+} + 4H_2O \rightleftharpoons Al(OH)_4^- + 4H^+$$

각 반응에 대한 총괄 형성상수(β) 는 다음과 같다.

$$\beta_1 = \frac{[Al(OH)^{2+}][H^+]}{[Al^{3+}]} = 10^{-5} \cdots\cdots (1)$$

$$\beta_2 = \frac{[Al(OH)_2^+][H^+]^2}{[Al^{3+}]} = 10^{-10.1} \cdots\cdots (2)$$

$$\beta_3 = \frac{[Al(OH)_3^0][H^+]^3}{[Al^{3+}]} = 10^{-15.4} \cdots\cdots (3)$$

$$\beta_4 = \frac{[Al(OH)_4^-][H^+]^4}{[Al^{3+}]} = 10^{-22.2} \cdots\cdots (4)$$

위와 같은 착화합물 형성 반응 외에, 중성 화합물인 수산화알루미늄, $Al(OH)_3$ 은 잘 녹지 않는 난용성 염으로 수용액에서 침전과 용해 반응을 수반한다. 용존상태의 알루미늄 이온 Al^{+3}(III)과 침전 상태의 고체 수산화알루미늄 $(Al(OH)_3)_{(S)}$ 사이의 화학 반응은 다음과 같다.

$$Al(OH)_{3(s)} \ \rightleftharpoons \ Al^{3+} + 3OH^-$$

이 반응의 평형상수는 용해도곱, K_{sp}(solubility product) 로 나타낸다.

$$K_{sp} = [Al^{3+}]\,[OH^-]^3 \ = \ 10^{-34} \ \cdots\cdots\cdots \ (5)$$

이 식을 해석하면 침전과 용해반응에 따른 고체 $Al(OH)_{3(s)}$의 용해도, 즉 물에 녹아 있는 $Al(OH)_3$의 농도를 계산할 수 있는데, K_{sp} 값으로부터 계산한 $[Al(OH)_3]$의 용해도는 $10^{-7.4}$ mole/l 이다.

금속 이온의 가수 분해 평형을 분석함에 있어, 평형 상수 (1) - (4)식을 정리하면 용존 가수분해 알루미늄 화학종들의 농도를 pH 함수로 나타내고, 화학종 농도와 pH를 그림으로 나타내는 logC-pH 도표를 그릴 수 있다.

먼저 용해도 곱을 기술한 (5)식에서 $[OH^-]$를 물의 이온곱상수를 통해 $K_w/[H^+]$로 치환하고 양변에 log를 취하여 정리하면 다음 식과 같은 식이 된다.

$$\log[Al^{3+}] \ = \ 8 - 3pH \ \cdots\cdots\cdots \ (6)$$

이 자유 알루미늄 이온 농도를 (1), (2), (3), (4) 식에 차례로 대입하여 각 수산화 알루미늄 착화합물의 농도를 pH함수로 정리한 다음 식들을 얻을 수 있다.

$$\log[Al(OH)^{2+}] = 3 - 2pH \quad \cdots\cdots\cdots\cdots (7)$$

$$\log[Al(OH)_2^+] = -2.1 - pH \quad \cdots\cdots (8)$$

$$\log[Al(OH)_3^0] = -7.4 \quad \cdots\cdots\cdots\cdots (9)$$

$$\log[Al(OH)_4^-] = -14.2 + pH \quad \cdots\cdots (10)$$

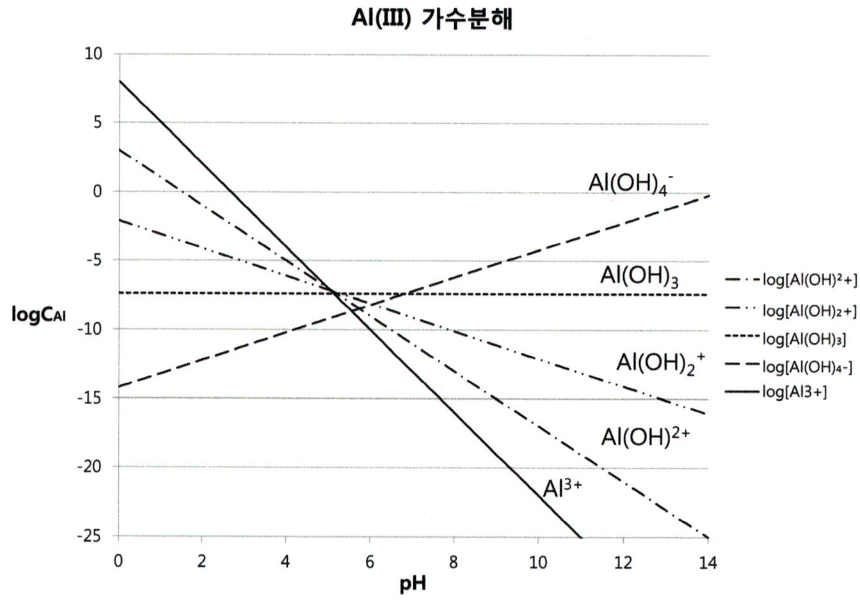

〈그림 8.5〉 Al(Ⅲ) 가수분해 반응의 logC-pH 도표

평형 해석을 통해 정리한 (6) - (10) 식을 이용하여, 물속에서 생성되는 알루미늄 이온의 가수분해 화학종으로 고려한 Al^{3+}, $Al(OH)^{2+}$, $Al(OH)_2^+$, $Al(OH)_3^0$, $Al(OH)_4^-$의 다섯 가지 화합물에 대한 logC-pH 도표를 위와 같이 그릴 수 있다.

Al^{3+}의 가수분해 해석에서 위의 다섯 화학종 이외에도 다른 여러 가지 화학종들(예를들어 $Al(OH)_5^{2-}$, $Al_2(OH)_2^{4+}$ 등)이 더 존재할 수 있으나, 이 해석에서는 다섯 개의 화학종 만 고려하였다.

8.5 착물형성 반응과 수질분석 – 물의 경도

수질평가 항목의 하나인 경도(hardness)는 물에 용해된 모든 다가양이온(polyvalentcation: +2가 이상의 산화수를 갖는 양이온) 화학종들의 농도를 합한 값이다. 자연수와 일반 폐수에서 경도에 기여하는 가장 대표적인 양이온은 칼슘(Ca)과 마그네슘(Mg)이온이지만, 철(Fe), 스트론튬(Sr), 망간(Mn)이온들도 경도를 나타낼 수 있다. 일반적으로 물, 특히 자연수의 경도는 Ca^{2+}과 Mg^{2+} 농도의 합으로 결정하는데, 이는 이 두 이온이 다가양이온 농도의 거의 대부분을 차지하기 때문이다.

센 물(hard water)은 경도 분석 결과 Ca^{2+}와 Mg^{2+}가 많이 함유된 물로써, 비누의 지방산이 경도 유발 이온들과 결합하여 불용성 침전물을 형성한다. 한편, 빗물이나 연수기(water softener)를 통과한 물은 Ca^{2+}나 Mg^{2+}의 농도가 낮은 연수(soft water)이다.

일반적인 경도 분석(hardness analysis)은 그림 8.6에 그 화학 구조를 나타낸 EDTA(ethylene diamine tetraacetic acid)표준 용액을 사용하여 적정법을 통하여 Ca^{2+}와 Mg^{2+}의 농도를 정량한다.

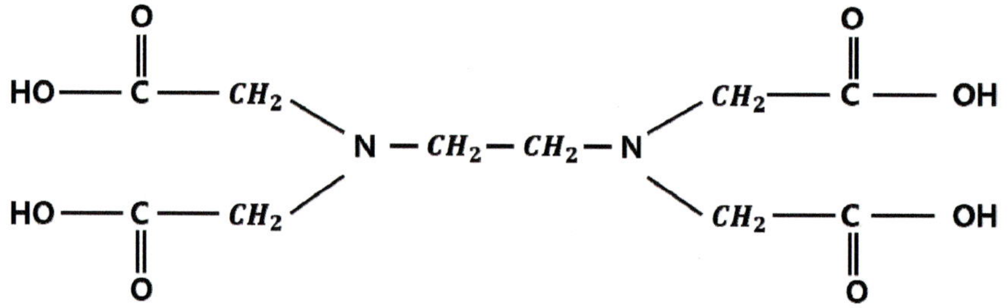

<그림 8.6> 화합물 EDTA(ethylene diamine tetraacetic acid)의 구조

네 개의 아세트산기를 갖고 있는 EDTA의 간략한 표기는 H_4Y로 나타내고, 아세트산기의 수소가 차례로 떨어져 나가면서 생성되는 화학종을 H_3Y^-, H_2Y^{2-}, HY^{3-}, Y^{4-} 로 표기하기도 한다. 경도 분석의 EDTA 표준용액 제조에 사용하는 화합물은 보통 EDTA의 수소 원자 중 2개가 소듐(Na)으로 치환된 무기 수화물, $Na_2H_2Y \cdot 2H_2O$를 사용한다.

다가양이온들은 EDTA 화학종들 중에서 수소가 모두 떨어져 나가고 탈양성자화(deprotonated)된 음이온과 결합한다. 즉 Y^{4-}이온이 금속이온(Ca^{2+}와 Mg^{2+})과 1:1 착화합물(complex compound)을 형성한다. 경도를 측정하는 적정 분석법에서 pH를 10 정도로 높이 조정하는 것은 EDTA 화학종들 중에서 착물을 형성하는 Y^{4-}와 HY^{3-}의 분율을 높이기 위함이다. 이 음이온들은 2가 금속 이온들(M^{2+})와 다음과 같은 반응식에 따라 1:1 착물을 형성한다.

$$M^{2+} + HY^{3-} \rightleftharpoons MY^{2-} + H^+$$

$$M^{2+} + Y^{4-} \rightleftharpoons MY^{2-}$$

금속 이온(Ca^{2+} 및 Mg^{2+})과 EDTA가 반응하여 형성된 착화합물의 3차원 구조를 그리면 다음 8.7과 같다.

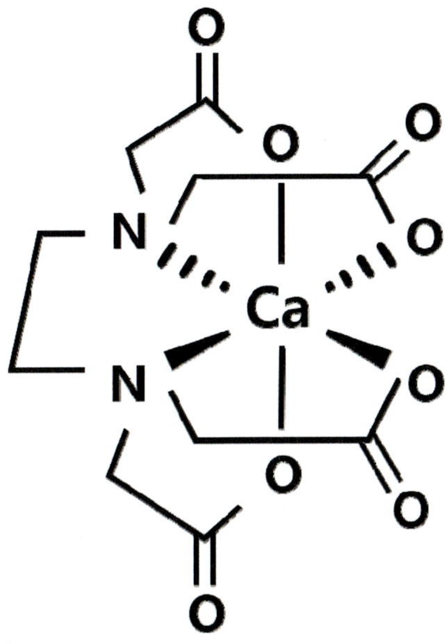

〈그림 8.7〉 Ca – EDTA 착화합물의 입체 구조

이 구조는, 금속 이온이 정팔면체(O_h: octahearon)의 중심에 위치하고 EDTA 화학종에 있는 두 질소원자의 비공유 전자쌍과 아세트산기에서 수소이온이 떨어져나간(양성자화된) 분자 끝(분자단)에 있는 네 개의 산소원자(이온형)의 전자쌍들이 중심 금속과 배위결합(coordination bond)을 이룬 전형적인 여섯자리 리간드(hexa-dentate)의 킬레이트(chelate) 착화합물이다.

EDTA 종말점(end-point)은 금속 변색 지시약(metallochromic indicator)을 사용하여 결정하는데, 이 지시약은 금속 이온과 결합하면서 색이 변하는 착물 형성 시약이다. 경도 측정에서 많이 사용하는 지시약 중의 하나인 Eriochrome black T(EBT: 아래 반응식에서 $H_2I_n^-$)는 Mg^{2+}와 결합하면서 다음과 같이 색이 변한다.

$$Mg^{2+} + H_2I_n^- + 2H_2O \rightleftharpoons MgI_n^- + 2H_3O^+$$

$$\text{(blue)} \qquad\qquad\qquad \text{(red)}$$

적정시약인 EDTA(반응식의 Y)는 지시약 EBT(반응식의 I)보다 강한 착물 형성 물질이므로 금속 이온과의 착물형성 시 다음 식에서 보는 바와 같이 리간드 치환반응(ligand-substitution reaction)이 일어난다.

$$MgI_n^- + Y^{4-} + 2H^+ \rightleftharpoons MgY^{2-} + H_2I_n^-$$

$$\text{(red)} \qquad\qquad\qquad \text{(blue)}$$

Ca^{2+}는 Mg^{2+}만큼 EBT와 안정한 착물을 형성하지 않는다. 한편 EDTA 착물 형성상수(formation constant)는 아래 표에서 보듯이 Ca-EDTA가 큰 것을 알 수 있다.

$$\log K_{f,\text{Ca-EDTA}} = 10.65$$

$$\log K_{f,\text{Mg-EDTA}} = 8.79$$

<표 8.3> 몇 가지 이온의 EDTA 착물형성상수($\log K_f$)

이온	$\log K_f$	이온	$\log K$
Li^+	2.95	Mn^{2+}	13.89
Na^+	1.86	Fe^{2+}	14.30
K^+	0.8	Co^{2+}	16.45
Mg^{2+}	8.79	Mn^{3+}	25.2
Ca^{2+}	10.65	Fe^{3+}	25.1
Sr^{2+}	8.72	Co^{3+}	41.4
Al^{3+}	16.4	U^{4+}	25.7

9 침전과 용해

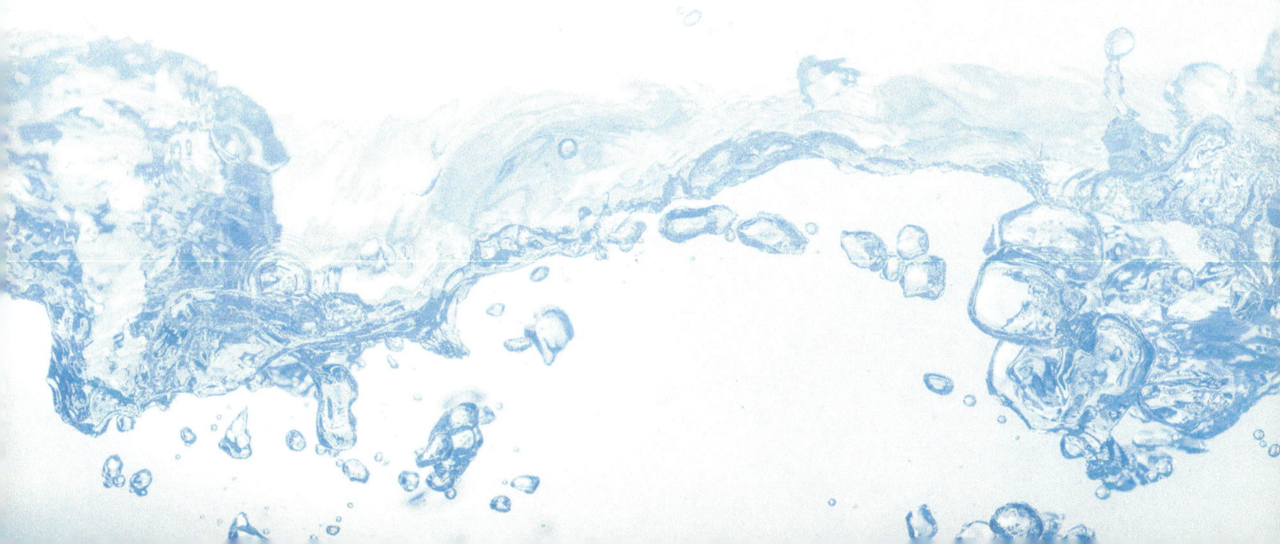

9.1 침전과 용해의 기초

침전(precipitation)과 용해(dissolution)는 하나의 계(system)에 존재하는 특정한 물질이 고체 상태와 액체 상태로 공존하면서, 이 둘 사이에 동적인 평형(dynamic equilibrium)을 이루고 있는 반응계이다.

물속에 용존되어 있는 대부분의 무기 물질은 이온 형태로 들어 있다. 자연수 중에 용존되어 있는 주요 이온들은 주로 광물질이 물과 접촉하면서 용해되어 생긴 물질이다. 일반적으로 화학식 M_nA_m(M은 금속 양이온, A는 음이온)으로 표기되는 이온성 고체 화합물이 물과 접촉하면서 용해되는 화학 반응식은, 이온 전하 표기를 생략하면 다음과 같이 쓸 수 있다.

$$M_nA_{m(s)} \rightleftharpoons nM + mA$$

이 반응의 평형 상태에 대해 질량 작용 법칙을 적용한 평형식을 쓰면 다음과 같은 평형상수로 쓸수 있는데, 여기서 각 화학종의 정량적 표현은 활동도가 아닌 농도로 표기하였다. 농도와 활동도의 차이는 9.4.3절에서 논의한다.

$$K = \frac{[M]^n [A]^m}{[M_nA_{m(s)}]}$$

이 반응은 고체상과 액체상이 함께 섞인 불균일(heterogeneous) 평형 상태이고, 여기서 순수한 고체상 물질, $M_nA_{m(s)}$의 몰농도는 일정한 값이며, 평형상수 K는 용해도곱(solubility product) 또는 용해도곱 상수라고 부르는 K_{sp}로 표기하고 다음과 같이 정의한다.

$$K_{sp} = [M]^n [A]^m$$

용해도곱이 작을수록 고체 물질의 용해도는 작다. 용해도곱은 열역학적으로 도달하는 평형상태를 특징한다. 용액 속에 들어있는 용해에 관여하는 이온들의 농도 곱이 용해도곱보다 작으면 고체물질이 추가적으로 물속에 녹아들 수 있고, 용해도곱보다 크면 침전이 일어난다. 용해도곱은 pH에서와 같이 지수함수로 나타낼 수 있는데, $pK_{sp} = -logK_{sp}$ 값이 된다.

고체상 물질의 침전과 용해는 자연수의 조성(특히 이온성 물질 생성)을 결정하는 중요한 반응이다. 따라서 물이 유입되는 지역의 지구화학적인 반응의 결과가 조성에 그대로 나타난다.

침전공정은 수처리 기술에서도 중요한 역할을 한다. 예를 들어 중금속이온을 제거하기 위하여 중금속 수산화물이나 용해도가 작은 중금속 화합물의 생성을 유도하는 침전 공정을 이용하는데 중화 침전이나 황화물 침전 혹은 인산염이나 경도 유발물질을 제거하는 등 여러 공정에 많이 적용되고 있다.

다음 표에 수질계에서 침전을 형성하는 몇 가지 대표적인 금속염의 용해도곱 상수를 나타내었다.

〈표 9.1〉 몇 가지 금속염의 용해도곱 상수

화학물질	용해도곱(K_{sp})	pK_{sp}
$CaSO_4$	$10^{-4.32}$	4.32
$CaHPO_4$	$10^{-6.7}$	6.7
$CaCO_3$	$10^{-8.48}$	8.48
$MgCO_3$	$10^{-3.7}$	3.7
$FeCl_3$	$10^{-10.7}$	10.7
$Fe(OH)_2$	$10^{-13.5}$	13.5
FeS	$10^{-18.1}$	18.1
$FePO_4$	$10^{-26.0}$	26.0
$Fe(OH)_3$	$10^{-38.7}$	38.7
$Al(OH)_3$	$10^{-32.7}$	32.7

9.2 고체 화합물의 용해

9.2.1 산성 용액에서의 용해

지각의 대표적 암석중 하나인 석회석으로 대표되는 탄산칼슘($CaCO_3$)의 물 속에서의 침전과 용해 반응은 다음 반응식에 따른다.

$$CaCO_{3(S)} \rightleftharpoons Ca^{2+} + CO_3^{2-} \qquad Ksp = 4.7 \times 10^{-9}$$

$CaCO_3$가 용해함으로써 생겨난 탄산이온, CO_3^{2-}는 산성 수용액 속에서 산성 화학종 H_3O^+와 다음과 같은 반응을 한다.

$$CO_3^{2-} + H_3O^+ \rightleftharpoons HCO_3^- + H_2O$$

$$HCO_3^- + H_3O^+ \rightleftharpoons H_2CO_3 + H_2O$$

$$H_2CO_3 \rightleftharpoons CO_{2(g)} + H_2O$$

세 번째 반응은 $CaCO_3$의 용해로 생성된 CO_3^{2-}이온이 산용액에서 단계적 반응을 거쳐 기체 이산화탄소를 생성하는 것으로, 기체는 물속에서 대기중으로 사라지게 된다. 수소이온의 풍부한 산성 수용액에서 위의 네 반응은 르 샤틀리에 법칙(Le chatelier's law)에 따라 오른쪽(정반응의)방향으로 진행된다. 이는 산성화된 수용액에서는 $CaCO_3$ 용해가 더 진행됨을 의미한다.

이 과정을 정성적으로 설명해주는 르 샤틀리에 법칙은 어떤 반응계에 외부에서 변화를 주면(예: 온도, 압력, 부피 혹은 농도) 계는 평형을 유지하기 위하여 외부에서 준 변화를 감소시키는 방향으로 화학반응이 진행된다는 법칙이다.

9.2.2 양쪽성물질의 용해

물질에 따른 용해도 특성을 알아보기 위해, 수산화알루미늄, $Al(OH)_3$의 용해도가 산성용액 혹은 염기성용액에서 어떻게 되는지 살펴보자. 물속에서의 침전과 용해에 따른 반응과 평형상수(용해도곱)를 보면 다음과 같다.

$$Al(OH)_{3(s)} \rightleftharpoons Al^{3+} + 3OH^- \qquad Ksp = 5.0 \times 10^{-33}$$

Al(OH)₃는 용해도가 매우 작은 난용성물질인데, 이 물질의 산성용액에서의 용해반응은 다음과 같이 일어날 수 있다.

$$Al(OH)_{3(S)} + 3H_3O^+ \rightleftharpoons Al^{3+} + 6H_2O$$

염기성 용액에서의 반응도 다음과 같이 용존성 화합물을 생성하는 용해반응이다.

$$Al(OH)_{3(S)} + OH^- \rightleftharpoons Al(OH)_4^-$$

즉 Al(OH)₃는 중성영역의 물속에서는 거의 녹지 않지만(용해도가 매우작지만), 산성용액이나 염기성용액에서는 모두 용해도가 증가한다. 특히 Al(OH)₃처럼 pH가 산성이나 염기성, 두 영역에서 모두 용해하는 물질을 '양쪽성물질(ampholyte)라고 한다. 이러한 결과로부터, 물속의 알루미늄이온을 침전시켜 제거하려면 중성영역의 pH에서 반응시켜 처리해야한다.

9.3 침전과 용해 반응의 평형상수

9.3.1   용해도곱과 용해도

용해도곱(solubility product)은 용액 속에 침전되어(precipitated) 있는 물질과 그 물질이 용매에 녹아서(dissolved) 용액 속에 존재하는 화학종 사이의 평형상수이다. 한편 용해도(solubility)는 용액 속에 녹아있는 용존 형태 고체(침전) 물질의 농도(실제는 대부분 고체가 해리되어 생성되는 구성 이온의 농도)이다.

모든 고체 물질들은, 불용성(insoluble) 염이라고 부르는 물질까지도 어느 정도는 물에 녹는다. 예를 들어 불용성 혹은 난용성 염으로 분류하는 염화은(AgCl)의 물속에서의 용해도를 계산해보자.

다음은 염화은이 물속에서 녹는 침전과 용해 반응이다.

$$AgCl_{(s)} \rightleftharpoons Ag^+_{(aq)} + Cl^-_{(aq)}$$

이 반응의 평형상수, 즉 용해도곱은 다음과 같다.

$$K_{sp} = [Ag^+][Cl^-] = 3 \times 10^{-10}$$

한편 침전과 용해 평형에서 용존 되어 있는 염화은(AgCl)의 농도, 즉 용해도를 S mol/l라고 하면, 그로부터 해리되어 생성되는 Ag^+ 와 Cl^- 의 농도도 각각 S mol/l 이 되므로(AgCl 1개가 해리하면 Ag^+ 와 Cl^- 도 각각 1개씩 생성되므로), 용해도곱 상수와 용해도는 다음 식과 같이 쓸 수 있다.

$$K_{sp} = S \cdot S = 3 \times 10^{-10}$$

따라서 용해도를 계산하면,

$$S = 1.73 \times 10^{-5} mol/L$$

이 농도가 침전과 용해 평형에 따른 염화은의 용해도이고, 이 농도는 곧 Ag^+ 와 Cl^- 의 농도이기도 하다.

금속 이온과 음이온이 1:1 결합을 한 AgCl의 경우와 달리 좀 더 복잡한 이온성 고체 물질의 용해도 계산에서는 유의할 점들이 있다. 예를 들어 인산칼슘의 침전과 용해 반응식은 다음과 같다. 이 반응식으로부터 인산칼슘의 용해도를 계산해보자.

$$Ca_3(PO_4)_{2(s)} \rightleftharpoons 3Ca^{2+} + 2PO_4^{3-}$$

침전물이 존재하는 평형 상태에서 인산칼슘의 용해도를 S라 하면, 1 mole의 $Ca_3(PO_4)_2$ 로부터 3 mole의 Ca^{2+}과 2 mole의 PO_4^{2-}가 생성되므로, 인산칼슘의 농도가 S 라면, 칼슘이온과 인산이온의 농도는 각각 $[Ca^{2+}]$ = 3S, $[PO_4^{3-}]$ = 2S 가 된다.

한편 인산칼슘의 용해도곱에 이를 대입하여 용해도를 계산하면,

$$K_{sp} = [Ca^{2+}]^3 \cdot [PO_4^{3-}]^2 = 2.7 \times 10^{-33}$$

$$K_{sp} = [3S]^3 \cdot [2S]^2 = 2.7 \times 10^{-33}$$

$$S = 1.20 \times 10^{-7} \, mole/l$$

위의 농도 S는 침전과 용해 평형에 따른 인산칼슘의 용해도이다.

이 풀이 과정의 농도 항에서 보는 것처럼 1:1 화합물이 아닌 복잡한 화합물의 용해도곱 상수 식에는 해당이온 농도와 농도의 지수가 들어있으므로, 다양한 조성의 화합물질에 대한 용해도를 비교하기 위해서는 용해도곱 상수를 단순 비교하여 판단할 수는 없으며 반드시 화학반응에 따른 농도 계산을 통해 확인해야 한다.

9.3.2 용해도곱 상수와 금속 이온 침전

pH 가 0.5인 폐수에 들어있는 납 이온, Pb(II)과 철 이온, Fe(II)의 농도를 분석하니 모두 0.05 mol/l였다. 이 금속이온을 침전시키기 위해 황화수소(H_2S) 기체를 포화농도(0.1 mole/l)까지 폐수에 유입하였다. 이 조건에서 침전되는 물질이 PbS 인지 FeS 인지 혹은 두 물질 모두인지 판단해 보자.

문제를 해석하기 위해 필요한 침전과 용해에 관한 반응식과 평형 상수는 다음과 같다.

$$H_2S + H_2O \rightleftarrows S^{2-} + 2H_3O^+ \qquad K_a = \frac{[S^{2-}][H_3O^+]^2}{[H_2S]} = 1.1 \times 10^{-21} \cdots (1)$$

$$PbS_{(s)} \rightleftarrows Pb^{2+} + S^{2-} \qquad K_{sp,PbS} = 7.0 \times 10^{-29} \cdots (2)$$

$$FeS_{(s)} \rightleftarrows Fe^{2+} + S^{2-} \qquad K_{sp,FeS} = 4.0 \times 10^{-19} \cdots (3)$$

황화 이온을 생성 할 수 있는 황화수소의 해리 평형상수 식 (1)을 정리하면,

$$[S^{2-}] = \frac{K_a \cdot [H_2S]}{[H_3O^+]^2} \quad \cdots\cdots (4)$$

H_2S는 약산이므로, 평형에서의 농도 $[H_2S]$와 초기 농도 $[H_2S]_0$가 $[H_2S] \approx [H_2S]_0 = 0.1$ M 이라고 볼 수 있다. 그리고 폐수의 pH가 0.5이므로 수소이온 농도는, pH = 0.5 = $-\log[H^+]$에서 $[H_3O^+] = 0.32$ mole/l 이다. 이 두 값을 (4)식에 대입하면 황화 이온의 농도를 계산할 수 있다.

$$[S^{2-}] = \frac{(1.1 \times 10^{-21}) \times (0.1)}{(0.32)^2} = 1.2 \times 10^{-21} \ (mole/L)$$

이 황화이온 농도와 침전 여부를 알아보려는 납 이온 그리고 철 이온 농도를 곱해 주면 그 값은 다음과 같다. 이 값은 침전과 용해의 평형에 따른 평형상수인 용해도곱과는 다른, 임의의 상태에서 구한 농도 곱이다.

$$[Pb^{2+}][S^{2-}] = [Fe^{2+}][S^{2-}] = 0.05 \times (1.2 \times 10^{-21}) = 6.1 \times 10^{-23}$$

계산 결과는 PbS의 이온곱 상수($K_{sp,Pbs} = 7.0 \times 10^{-29}$) 보다는 크고, FeS의 이온곱 상수($K_{sp,Pbs} = 4.0 \times 10^{-19}$) 보다는 작다. 이는 용액 속에 있는 Pb^{2+} 와 S^{2-} 의 농도가 용해도 보다 크다는 것을 의미한다.

따라서 위의 조건에서 폐수 속의 Pb^{2+}는 PbS로 침전되지만 Fe^{2+}는 침전되지 않고 이온으로 용액 속에 그대로 남아있게 되어 선택적으로 Pb^{2+} 만 침전 제거된다.

9.3.3   순수한 물에서의 금속염 용해도

황산바륨($BaSO_4$)은 물에 잘 녹지 않는 난용성염이다. 고체 침전으로 물속에 존재하는 고체 황산바륨이 일부 녹아 용해되어 있는 황산바륨과 평형상태를 이루고 있는 반응은 다음과 같이 기술할 수 있다.

$$BaSO_4 \rightleftharpoons Ba^{2+} + SO_4^{2-} \qquad Ksp = 1.5 \times 10^{-9}$$

이 반응과 평형 상수를 이용하여 순수한 물속에서 난용성염, $BaSO_{4(s)}$의 용해도가 얼마인지 계산하여 보자.

용해도곱 상수, K_{SP}는 다음과 같이 용해 상태의 화학종 농도로 나타낼 수 있다.

$$Ksp = [Ba^{2+}][SO_4^{2-}] = 1.5 \times 10^{-9}$$

반응식에서 알 수 있듯이 $BaSO_{4(s)}$ 1몰이 용해하면, 바륨이온과 황산이온도 각각 1몰씩 생성된다. 난용성인 $BaSO_{4(s)}$가 물 1리터 속에 S몰 용해된다면 수용액속의 바륨이온과 항산이온의 몰농도도 각각 S mol/l 가 된다. 따라서 K_{SP}로부터 다음과 같이 용해도 S를 계산할 수 있다.

$$Ksp = S{\cdot}S = 1.5 \times 10^{-9}$$

$$S = 3.87 \times 10^{-5} \, mole/l$$

이 값은 순수한 물속에 침전되어 있는 $BaSO_{4(s)}$과 용존 상태의 황산바륨이 평형을 이루고 있는 상태에서의 황산바륨의 농도, 즉 황산바륨의 용해도이며, 이는 동시에 용존 상태의 황산바륨이 이온화하여 생성하는 바륨이온과 황산이온 농도이기도 하다.

이 용해도 계산은 계에 순수한 물과 황산바륨만 존재하는 경우이다. 순수한 물이 아닌 오염된 물 혹은 다른 이온이나 화학물질이 계에 공존하는 경우에 용해도가 어떻게 달라지는지 다음 단원에서 알아본다.

9.4 용해도에 대한 용존 물질의 영향

9.4.1 공통 이온 효과

앞에서 계산한 황산바륨의 용해도는 증류수와 같은 순수한 물속에서의 용존 농도이다. 순순한 물이 아닌 폐수와 같이 다른 이온들이 함유된 물속에서의 용해도는 앞에서 다룬 경우와는 다르다. 특히 용해도곱 상수에 포함된 이온과 같은 이온, 즉 공통이온(common ion)이 함께 들어 있는 경우 용해도는 달라진다. 즉 바륨이온이나 황산이온이 들어있는 물속에서 황산바륨의 용해도 계산은 다음과 같다.

BaSO$_{4(S)}$가 침전 · 용해되어있는 순수한 물속에 0.1 M의 Na$_2$SO$_4$ 를 첨가하는 경우 BaSO$_{4(S)}$ 의 용해도는 어떻게 달라지는지를 계산함으로써 공통이온이 용해도 변화에 끼치는 영향을 알아본다.

BaSO$_{4(S)}$의 용해도곱상수 K$_{SP}$ 는 그대로이지만, K$_{SP}$ 의 농도 항 중에서 황산이온은 BaSO$_{4(S)}$ 에서 뿐 아니라 Na$_2$SO$_4$ 에서도 생성된다. 특히 Na$_2$SO$_4$ 는 물에 대한 용해도가 커서 쉽게 녹고 첨가농도 그대로 0.1 M SO$_4^{2-}$ 가 황산바륨 용해에 따른 황산이온과 합쳐져 용해도곱 상수에 기여하게 된다. 따라서 추가된 공통이온 농도를 고려하여 용해도곱 상수 K$_{SP}$ 를 다음과 같이 고쳐 써야 한다.

$$Ksp = [Ba^{2+}][SO_4^{2-}]$$
$$= S \cdot [S + 0.1] = 1.5 \times 10^{-9}$$

이 식을 근의 공식을 이용하여 풀면 용해도는 S는 1.5×10^{-8} M 이다. 즉 순수한 물속에서 BaSO$_4$의 용해도는 3.87×10^{-5} M 이었고, 그 수용액에 공통이온이 포함된 화합물, 0.1 M Na$_2$SO$_4$ 를 첨가 한 경우의 용해도는 1.5×10^{-8} M 로 감소하였다. 이는 두 물질에 공통적으로 함유된 용해도곱 상수에 기여하는 화학종인 황산이온첨가에 따른 것이다.

이처럼 침전과 용해 평형을 이루고 있는 계에, 그 속에 들어있는 것과 같은 이온(공통이온)을 추가하는 경우(혹은 녹이려는 염의 조성과 같은 이온이 들어있는 용액 속에서 염을 녹이는 경우)염의 용해도는 감소하는데, 이를 공통이온 효과(common ion effect)라고 한다.

9.4.2 이온세기의 영향

용해도곱 상수에 포함되어있지 않은 이온들이 물속에 들어있는 경우(혹은 순수한 물에 첨가하는 경우)염의 용해도는 어떻게 되는가? 이 경우 첨가된 이온들이 용해도곱 상수의 화학종들과 직접 반응하지 않으므로 용해도에 큰 영향을 끼치지 않는 것으로 간주 할 수 있으나, 열역학적 정의에 따른 평형상수를 통해 좀 더 정확하게 해석 할 수 있다.

앞서의 예에서 평형상수 $K_{SP} = [Ba^{2+}][SO_4^{2-}]$에서 $[Ba^{2+}]$와 $[SO_4^{2-}]$는 분석농도(analytical concentration)로 이식은 질량작용법칙에 따라 평형을 기술한 것이다. 열역학적 평형상수는 농도가 아닌 활동도(activity)로 기술하는데 그 관계는 다음식과 같다.

$$Ksp^* = \left\{ Ba^{2+} \right\} \left\{ SO_4^{2-} \right\}$$

$$= \gamma_{Ba^{2+}} [Ba^{2+}] \cdot \gamma_{SO_4^{2-}} [SO_4^{2-}]$$

여기에서 { }는 활동도로써 화학반응에 실질적으로 영향을 나타내는 화학종의 유효한 양이며, 이는 물리적 측량 값인 몰농도 [ ]에 활동도 계수(activity coefficient), γ(gamma)를 곱한 값으로, γ 크기는 모든 이온 화학종에서 $\gamma \leq 1.0$이다.

즉 위의 식에서 $\gamma_{Ba^{2+}}$와 $\gamma_{SO_4^{2-}}$는 1.0 이하 이므로 황산바륨이 용해된 바륨이온과 황산이온 농도 $[Ba^{2+}]$와 $[SO_4^{2-}]$는 열역학적 평형값 $\{Ba^{2+}\}$ 또는 $\{SO_4^{2-}\}$ 보다 크다.

즉 $BaSO_{4(S)}$ 의 수용액에 Ba^{2+}, SO_4^{2-} 와 같은 공통이온이 아닌 다른 이온들이 함유된 경우 $BaSO_{4(S)}$ 의 용해도는 증가한다. 이는 활동도 계수(γ)의 값이 1.0 보다 작은데 기인하는 것으로, 이 활동도 계수는 용액 속에 존재하는 이온들의 세기, 즉 이온세기(ionic strength)와 관계있다.

이온세기는 용액 속에 들어있는 모든 이온들의 상호작용 세기를 나타내는 척도로, 다음 식으로 나태낼 수 있다. 이온세기, μ[mju:]는

$$\mu = \frac{1}{2}\sum C_i Z_i^2$$

여기서 i는 각 이온들을 나타내고, C_i는 해당이온의 몰농도, Z_i는 해당이온의 전하로 μ는 계에 존재하는 모든 양이온과 음이온에 대한 값을 합한 것이다. 한편 계의 모든 이온에 대한 정성 및 정량분석을 완벽하게 하기는 쉽지 않은데, 실험실이나 현장에서는 실험과 경험을 바탕으로 총용존고형물질(TDS: total dissolved soid)의 농도로부터 이온세기를 산정하는 다음 식을 이용하기도 한다.

$$\mu = (2.5 \times 10^{-5}) \times TDS$$

〈표 9.2〉 자연 수계에서 물의 일반적인 이온세기 범위

물	이온세기
호수와 강	0.001~0.005
지하수(음용수원)	0.001~0.002
해수	0.7

이 이온세기(μ)와 활동도 계수(γ)사이의 관계는 많은 학자들이 제한한 식에 따르는데 적용하고자 하는 계에 따라 선택하여 이용할 수 있다. 그 중의 하나인 Guntelberg 유사식은 다음과 같다. 이 식은 여러 종류의 전해질이 들어있으며 이온세기 μ = 0.1 이하인 용액에 적용한다.

$$\log\gamma = -5 \cdot Zi^2 \cdot \frac{\sqrt{\mu}}{1 + \sqrt{\mu}}$$

이렇게 산정한 이온 A의 활동도계수, γ_A 를 분석농도 [A]와 곱해주면, 반응에서 유효한 화학종의 양, 활동도 {A}를 구할 수가 있다.

아래 그림은 Guntelbeg 식에 따른 전하가 1(+1가 혹은 -1가)인 이온 또는 전하가 2(+2가 혹은 -2가)인 이온의 이온세기와 활동도이다. 그림에서 볼 수 있는 것처럼 이온세기가 커질수록 활동도 계수는 감소하고 전하량이 클수록 감소폭이 크다.

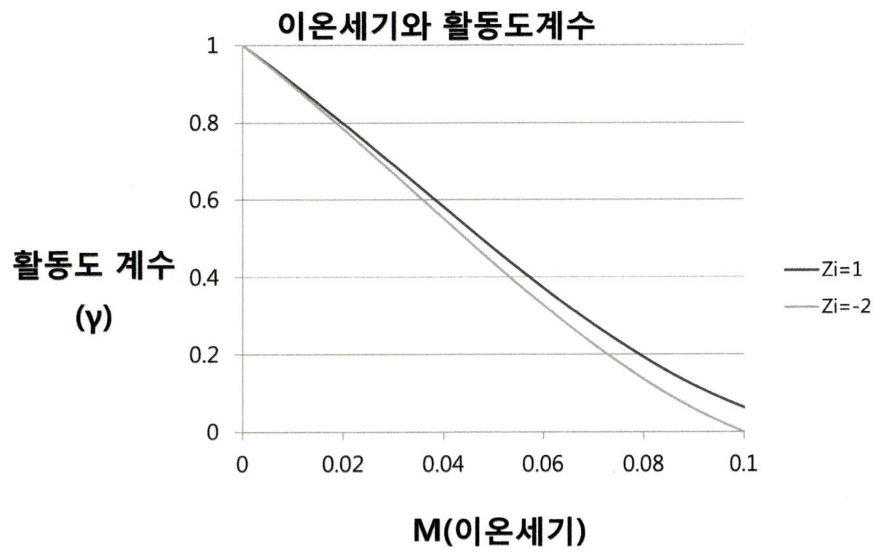

〈그림 9.1〉 이온세기와 활동도 계수

9.4.3 활동도와 농도

화학반응에 참여하는 화학종들의 양을 정량적으로 나타내는 척도로 활동도와 농도(activity and concentration)를 사용할 수 있는데 활동도는 물리적인 분석량인 농도와는 구별되는 '유효한 농도' 라고 할 수 있다. 화학반응을 하는 화학종(예: 자유이온, free ions)의 개수는 이온-이온 혹은 수용액에서 이온-물(수화껍질)등의 상호 작용에 의해 물리적으로 존재하는 숫자보다 적은 수만 반응에 효과적으로 참여한다.

화학반응이 일어나는 계가 묽은 용액 상태면 용액 속 물질사이의 상호작용은 무시할 수 있을 정도로 작고, 그런 경우 용액은 '이상적 거동(ideal behavior)'을 한다고 하며 '이상 용액' 이라고 묘사하고, 진한용액 속에서는 물질 사이의 상호작용이 커지고 용액이 비이상적 거동(nonideal behavior)을 하는 실제용액(real solution)이라고 기술한다.

농도가 묽은 용액에서처럼 용액 속 물질들이 이상적으로 행동하면 물질의 활동도는 농도와 같다. 하지만 실험실과 현장에서 다루는 대부분의 실제 용액에서는 용액속의 물질(이온이나 분자 등의 용질)의 유효농도, 즉 활동도는 실제농도(분석적으로 정의되는 물리량)보다 작다.

임의의 화학종 A의 활동도와 농도는 각각 기호 {A}와 [A]로 구별하여 표기하고 그 관계는 {A}=γ_A[A]로, γ_A는 화학종 A의 활동도 계수(activity coefficient)이며, 그 값은 1.0이하 이다.

활동도-농도 관계는 화학반응의 평형상수 표현에 그대로 나타나는데 다음과 같은 반응, aA + bB $\rightleftharpoons$ cC + dD에서 열역학적 평형상수는 농도가 아닌 활동도로 표기한다. 이를 활동도계수와 농도로 바꾸어 표기하면 다음과 같다.

$$K = \frac{\{C\}^c \{D\}^d}{\{A\}^a \{b\}^b}$$

$$= \frac{(\gamma_C[C])^c (\gamma_D[D])^d}{(\gamma_A[A])^a (\gamma_B[B])^b}$$

$$= \left(\frac{\gamma_C^{\,c} \cdot \gamma_D^{\,d}}{\gamma_A^{\,a} \cdot \gamma_B^{\,b}}\right) \cdot \frac{[C]^c [D]^d}{[A]^a [B]^b}$$

화학종의 농도(concentration)로 나타낸 평형상수를 K_C로 표기하면,

$$K_C = \frac{[C]^c [D]^d}{[A]^a [B]^b}$$

$$K_C = K \left(\frac{\gamma_A^{\ a} \cdot \gamma_B^{\ b}}{\gamma_C^{\ c} \cdot \gamma_D^{\ d}} \right)$$

따라서 실제용액의 평형상수 계산에는 활동도 계수에 대한 정보가 필요하지만 본 교재를 비롯하여 많은 경우, 평형을 기술하면서 K=[K$_d$]^{b}와 같이 활동도로 나타내는 열역학적 평형상수와 농도로 표기하는 평형상수를 사용하기도 한다. 하지만 그 차이를 알고 필요한 경우 정확한 평형해석을 수행 할 수 있어야 함은 당연하다.

9.5 도해법을 이용한 침전과 용해의 평형 해석

침전과 용해 반응의 평형을 해석하여 산-염기의 pC-pH 도표를 그리는 것처럼, 반응에 관여하는 화학종들의 용존 농도(용해도)를 그림으로 나타낼 수 있다.

9.5.1 금속 탄산염의 용해

여러 가지 2가 금속이온, M^{2+} 와 탄산이온, CO_3^{2-} 이 수용액에서 침전과 용해 반응을 나타낼 때, 평형상수인 용해도곱을 분석하여 탄산이온 농도와 2가 금속이온 농도의 관계를 살펴본다.

$$MCO_{3(S)} \rightleftharpoons M^{2+} + CO_3^{2+}$$

$$Ksp = [M^{2+}][CO_3^{2-}]$$

$$\log[M^{2+}] = p[CO_3^{2-}] + \log Ksp$$

이 식에 따르면 금속이온의 농도 $\log[M^{2+}]$와 탄산이온농도 $p[CO_3^{2-}]$는 기울기가 +1이며 절편이 $\log K_{sp}$인 1차함수 직선을 나타낸다.

몇 가지 2가 이온의 K_{SP} 값 정보를 다음 표에 기술하였다. 이 값에 따라 각 금속이온의 탄산염이 침전과 용해 반응에서 나타내는 농도 그래프, $\log[M^{2+}]$ $-p[CO_3^{2-}]$ 도표를 아래 그림에 나타내었다.

〈표 9.3〉 2가 금속의 탄산염 용해도 곱

화합물	Ksp
$MgCO_3$	6.8×10^{-6}
$CaCO_3$	5.9×10^{-9}
$FeCO_3$	3.1×10^{-11}
$CdCO_3$	5.2×10^{-12}
$PbCO_3$	3.3×10^{-14}

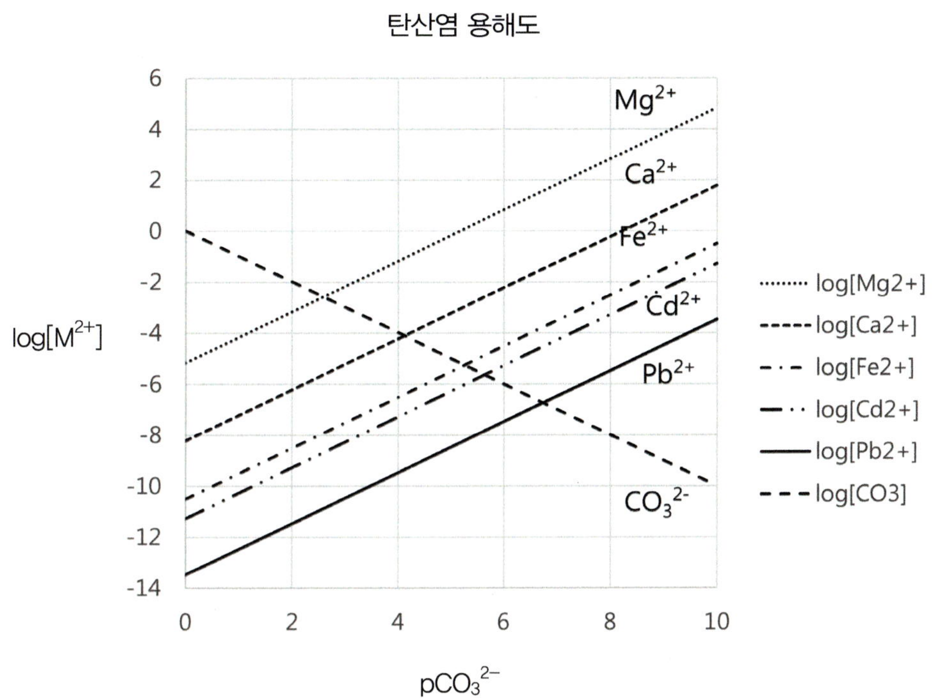

〈그림 9.2〉 2가 금속 탄산염의 침전과 용해 반응에 관한 logC-log[CO_3^{2-}]

위의 그림으로부터 탄산염 용해도가 가장 큰 금속이온은 Mg^{2+}이고 가장 작은 금속이온은 Pb^{2+}임을 알 수 있다.

물속의 탄산염농도를 알면 금속이온의 용해도를 볼 수 있는데, 예를 들어 [CO_3^{2-}]=10^{-3}M인 물속에서 탄산염에 따른 Fe^{2+}이온의 용해도는 약 10^{-5}M이다.

이 그림에서 탄산이온, CO_3^{2-}의 용해도 직선과 각 이온의 용해도 직선이 교차하는 점은 순수한물(예: 증류수) 속에서 해당 금속 탄산염이 침전과 용해 반응을 수행하는 평형점, 또는 각 탄산염의 용해도 조건을 나타내는 점이다.

9.5.2 금속 수산화염의 용해도

마그네슘을 비롯한 많은 금속이온들은 물속에서 잘 녹지 않는 수산화염의 침전을 형성한다.

$$Mg^{2+} + 2OH^- \rightleftharpoons Mg(OH)_{2(S)} \downarrow$$

용액 속에 반응 관련 화학종 이외에 다른 용질들이 존재하지 않는 순수한 수용액에서 전하가 +Z인 금속(M)의 수산화 화합물의 용해반응과 용해도곱상수는 다음과 같이 쓸 수 있다.

$$M(OH)_{Z(S)} \rightleftharpoons M^{Z+} + ZOH^-$$

$$Ksp = [M^{Z+}][OH^-]^Z$$

이 식에 로그를 취하여 정리하면

$$\log[M^{Z+}] = \log Ksp - Z\log[OH^-]$$

이 식의 [OH⁻]는 물의 이온 곱으로부터, pOH=pK$_w$-pH 이므로

$$\log[M^{Z+}] = \log Ksp + Z(pKw - pH)$$

$$\log[M^{Z+}] = (\log Ksp + Z{\cdot}pKw) - ZpH$$

이식은 전하가 +Z인 금속이온의 농도 log[M^{Z+}]와 수소이온농도 pH의 그래프는 기울기가 -Z이며, 절편이 (logK$_{sp}$+Z·pK$_w$)인 1차 함수 직선을 나타낸다.

아래 표는 몇 가지 대표적인 +2 및 +3가 금속이온의 K_{SP} 값이다.

이 값에 따라 각 금속이온의 수산화물이 침전과 용해반응에서 나타내는 농도그래프, logC-pH 도표를 아래그림에 나타내었다.

<표 9.4> 몇 가지 금속 수산화물의 용해도곱

화합물	Ksp
$Ca(OH)_2$	$10^{-5.3}$
$Mg(OH)_2$	$10^{-10.8}$
$Fe(OH)_2$	$10^{-15.1}$
$Cr(OH)_3$	$10^{-30.2}$
$Al(OH)_3$	$10^{-33.5}$
$Fe(OH)^3$	$10^{-37.4}$

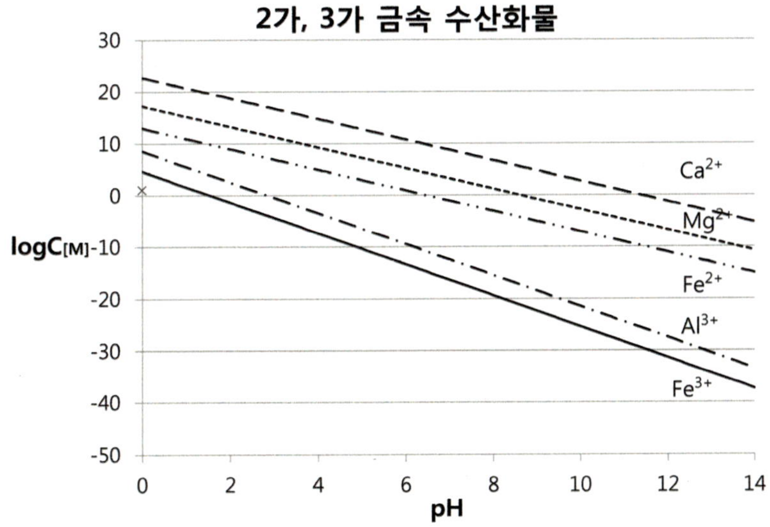

<그림 9.3> 금속 수산화 착화합물의 $\log[M^{Z+}]$–pH 도표

도표에서 알 수 있듯이 금속수산화물의 용해도는 pH가 증가할수록, 즉 [OH⁻]농도를 증가시킬수록 감소한다.

9.5.3 금속 탄산염의 용해도에 대한 pH 영향

많은 탄산염 화합물은 물에 잘 녹지 않는다. 자연 수질 계에 많이 존재하는 탄산염 중에서 탄산칼슘 또한 대표적인 난용성염이다. 이 염의 침전반응은 다음과 같이 쓸 수 있다.

$$Ca^{2+} + CO_3^{2-} \rightleftharpoons CaCO_{3(s)} \downarrow$$

물속에 반응 화학종외에 다른 용질이 존재하지 않는 경우 위 반응의 평형상수인 용해도곱, K_{SP} 는 다음과 같이 쓸 수 있다.

$$Ksp = [Ca^{2+}][CO_3^{2-}] = 5.9 \times 10^{-9}$$

평형상수식 속의 화학종 중 탄산이온, CO_3^{2-}는 물속에서 양성자와 반응하므로 다음과 같은 화학종들이 함께 존재한다.

$$CO_3^{2-} \underset{-H^+}{\overset{+H^+}{\rightleftharpoons}} HCO_3^- \underset{-H^+}{\overset{+H^+}{\rightleftharpoons}} H_2CO_3$$

이는 H_2CO_3의 1차 및 2차 산 해리 평형(평형상수 K_{a1}, K_{a2})을 해석하는 방법과 동일한 과정으로 계산 할 수 있다.

탄산염 화학종의 총 농도를 C_{T,CO_3}로 표기하면 다음과 같고,

$$C_{T,CO_3} = [H_2CO_3] + [HCO_3^-] + [CO_3^{2-}]$$

각 화학종을 수소이온농도, [H$^+$]의 함수로 정리하면

$$[CO_3^{2-}] = \frac{C_{T,CO_3}}{\left(1 + \dfrac{[H^+]}{Ka_2} + \dfrac{[H^+]^2}{Ka_1 \cdot Ka_2}\right)}$$

이 값을 K$_{SP}$에 대입하면 칼슘이온의 농도, [Ca^{2+}], 즉 탄산칼슘의 용해도를 수소이온농도, pH의 함수로 도표를 그릴 수 있다.

$$[Ca^{2+}] = (5.9 \times 10^{-9}) \frac{\left(1 + \dfrac{[H^+]}{Ka_2} + \dfrac{[H^+]^2}{Ka_1.Ka_2}\right)}{C_{T,CO_3}}$$

수질계의 탄산염 총 농도가 10^{-3}M이면, K$_{a1}$=$10^{-6.38}$ K$_{a2}$=$10^{-10.38}$ 이므로 위의 식은 다음과 같이 수소이온 농도 함수로 칼슘이온의 농도를 나타낼 수 있다.

$$[Ca^{2+}] = (5.9 \times 10^{-6})\left(1 + \frac{[H^+]}{10^{-10.38}} + \frac{[H^+]^2}{10^{-16.76}}\right)$$

이 칼슘이온 농도는 곧 탄산칼슘의 용해도에 해당한다. 아래 그림은 pH에 따른 탄산칼슘의 용해도 변화를 도시한 것이다.

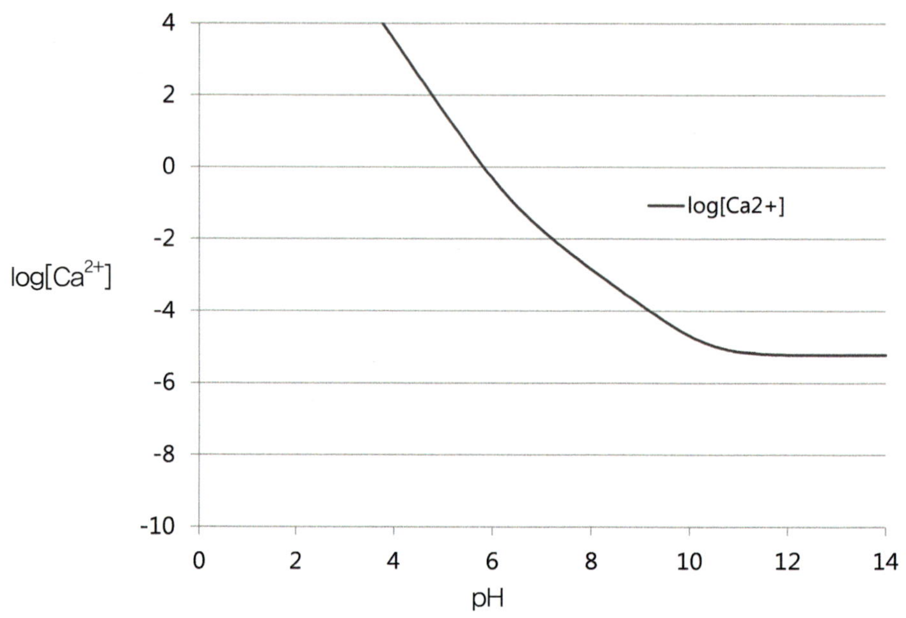

<그림 9.4> pH 변화에 따른 탄산 칼슘 용해도

9.5.4 착화합물 형성과 용해도

금속이온이 리간드와 결합하는 용해성 착화합물 형성은 금속이온의 용해도를 증가 시킬 수 있다. 폐수 중의 금속이온을 제거하는 기술 중 하나는 난용성 염을 형성하는 것인데, 예를 들어 아연이온(Zn^{2+})이 함유된 폐수에 염기를 가하여 pH를 높이면 난용성 수산화물, $Zn(OH)_{2(s)}$를 형성하여 침전 제거할 수 있다. 아연의 용해 반응식과 용해도곱상수는 다음과 같다.

$$Zn(OH)_{2(S)} \rightleftharpoons Zn^{2+} + 2OH^- \qquad Ksp = 8 \times 10^{-18}$$

 pH 를 높여서 고체 $Zn(OH)_{2(S)}$ 침전을 형성할 수 있지만, 염기를 과잉으로 가하면 Zn^{2+} 은 OH^- 와 용해성 착화합물을 형성하여 침전물을 다시 용해시킬 수도 있다.

 금속이온 Zn^{2+} 이 리간드 수산화이온(OH^-)과 착화합물을 형성하는 단계적 평형 반응과 평형상수는 다음과 같다.

$$Zn^{2+} + OH^- \rightleftharpoons ZnOH^- \qquad K_1 = 1.4 \times 10^4$$

$$ZnOH^+ + OH^- \rightleftharpoons Zn(OH)_{2(ag)} \qquad K_2 = 1.0 \times 10^6$$

$$Zn(OH)_{2(ag)} + OH^- \rightleftharpoons Zn(OH)_3^- \qquad K_3 = 1.3 \times 10^4$$

$$Zn(OH)_3^- + OH^- \rightleftharpoons Zn(OH)_4^{2-} \qquad K_4 = 1.8 \times 10^1$$

 수용액 속에 용존되어 존재하는 아연 화학종의 총농도, $C_{T,Zn}$ 에 대해 질량균형식을 쓰면,

$$C_{T,Zn} = [Zn^{2+}] + [ZnOH^-] + [Zn(OH)_{2(aq)}] + [Zn(OH)^-] + [Zn(OH)_4^{2-}]$$

 $C_{T,Zn}$ 은 용해성 아연화학종의 총농도로, 아연의 용해도라고 할 수 있다. 한편 이 식에서 $Zn(OH)_{2(aq)}$ 는 용액속의 침전물 $Zn(OH)_{2(S)}$ 와는 다른, 이온화되지 않고 용해되어있는 화학종이다. 위의 평형상수 K_{sp}, K_1, K_2, K_3, K_4 와 화학 평형식으로부터 각 아연화학종의 농도를 수소이온 농도의 함수로 정리한 식은 다음과 같다.

$$[Zn^{2+}] = Ksp \cdot \frac{1}{Kw^2} \cdot [H^+]^2$$

$$[Zn(OH^+)] = Ksp \cdot K_2 \cdot \frac{1}{Kw} \cdot [H+]$$

$$[Zn(OH)_{2(aq)}] = Ksp \cdot K_1 \cdot K_2$$

$$[Zn(OH)_3^-] = Ksp \cdot K_1 \cdot K_2 \cdot K_3 \cdot Kw \cdot \frac{1}{[H^+]}$$

$$[Zn(OH)_4^{2-}] = Ksp \cdot K_1 \cdot K_2 \cdot K_3 \cdot K_4 \cdot Kw^2 \cdot \frac{1}{[H^+]^2}$$

아연화학종의 농도와 pH의 관계, $\log C_{Zn}$-pH 도표를 그리기 위하여 위의 식에 log를 취한 후 정리한 식은 다음과 같다.

$$\log[Zn^{2+}] = (\log Ksp - 2\log Kw) - 2pH$$

$$\log[Zn(OH)^+] = (\log Ksp + \log K_2 - \log Kw) - pH$$

$$\log[Zn(OH)_{2(ag)}] = \log Ksp + \log K_1 + \log K_2$$

$$\log[Zn(OH)_3^-] = \log Ksp + \log K_1 + \log K_2 + \log K_3 + \log Kw + pH$$

$$\log[Zn(OH)_4^{2-}] = \log Ksp + \log K_1 + \log K_2 + \log K_3 + \log Kw + 2pH$$

평형상수 값을 이용하여 각 아연 화학종의 농도와 pH의 관계를 그림으로 그리면 다음과 같다.

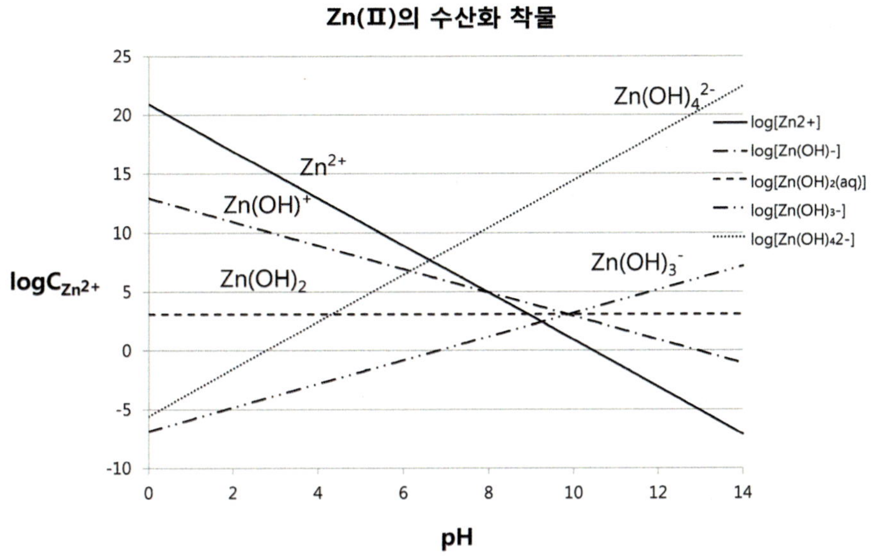

〈그림 9.5〉 Zn(Ⅱ)의 수산화 착화합물 형성 반응에 대한 pC-pH 도표

이 도표로부터 pH에 따라 어떤 화학종이 가장 많이 존재하는지 또는 각 pH 에서 아연화학종 용해도는 어떻게 변하는지 등의 정보를 알 수 있다.

예를 들어 pH=9.0 이하에서 가장 우세한 화학종은 자유이온 Zn^{2+}이고, pH = 11.0 에서 가장 농도가 높은 화학종은 $Zn(OH)_3^-$이다.

물속에서 아연이온을 제거하기 위한 최적 pH는 약 9.5이다.

만약 용액의 pH가 증가하여 $Zn(OH)_{2(S)}$에 리간드 OH^-가 추가로 결합하면 착 화합물 화학종, $Zn(OH)_3^-$ 또는 $Zn(OH)_4^{2-}$가 형성되어 아연 화학종의 용해도 가 증가하게 된다.

9.6 폐수처리와 침전 공법

9.6.1 폐수 속의 인

하수처리장이나 산업폐수 처리시설에서 방류되는 인(phosphorous)의 양을 관리하는 것은 유역 지표수의 부영양화(eutrophication)를 방지하는 핵심요소이다. 인은 호수와 강 등 자연수의 부영양화를 가중시키는 주요 영양원으로써 인이 유발하는 수질문제는 수처리 비용 증가를 포함하여 자연 수질환경과 보건산업 등에 광범위한 영향을 끼친다. 자연수와 폐수에 존재하는 인은 물속이나 침전물속에 다음과 같은 무기화합물 형태 혹은 유기화합물 형태로 존재한다.

① 오르토인산염(orthophosphate)

수질계에 나타나는 가장 일반적인 인산염으로, 더 이상 분해되지 않고 그 상태로 생물학적 물질대사에 이용되는 화학종이다. 오르토인산염(또는 오르토인산이온)은 무기산인 인산(phosphoric acid: H_3PO_4)에서 수소이온(H^+)이 떨어져 나가면서 생성되는 이온들, 인산이수소 이온($H_2PO_4^-$: di hydrogen phosphate), 인산수소이온(HPO_4^{2-}: hydrogen phosphate) 및 인산이온(PO_4^{3-}: phosphate)을 가르킨다. 인산비료가 이 형태의 인산염을 함유한 예이다.

삼양성자산인 인산의 1차, 2차, 3차 산 해리 상수는 각각 pKa_1 = 2.1, pKa_2 = 7.2, pKa_3 = 12.3이다. 인산의 해리 반응을 해석하여 pC-pH 도표를 그려보면 각 pKa에 해당하는 pH에서 농도가 같은 화학종들을 확인할 수 있는데, pH 2.1에서 $[H_3PO_4]$ = $[H_2PO_4^-]$, pH 7.2에서 $[H_2PO_4^-]$ = $[HPO_4^{2-}]$, 그리고 pH 12.3에서 $[HPO_4^{2-}]$ = $[PO_4^{3-}]$가 된다. 이로부터 pH 7.0 근처의 중성 영역 폐수에서 가장 농도가 큰 오르토인산염 화학종은 $H_2PO_4^-$ 또는 HPO_4^{2-} 임을 알 수 있고, pH가 더 높아지면 $[PO_4^{3-}]$ 농도가 증가함을 보여 준다.

② 축합인산염(condensed phosphate)

축합인산염은 폴리인산염(polyphosphate) 이라고도 하는 데, 다음 그림 9.6에서처럼 2개 이상의 인산 혹은 인산염이 가열 혹은 탈수 과정을 통해 형성된 인산염 이다.

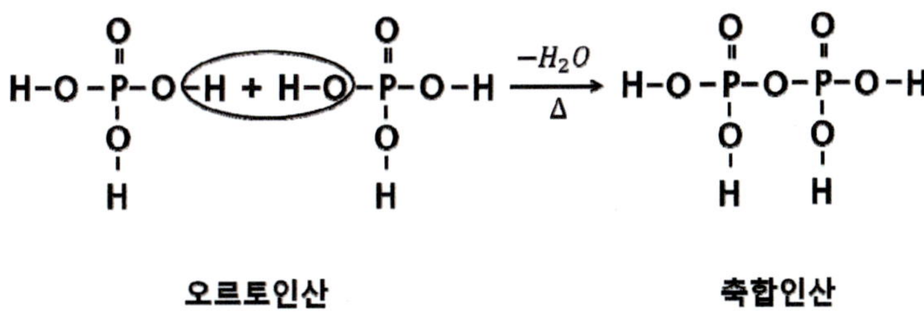

〈그림 9.6〉 오르토인산의 축합반응

축합인산은 분자 하나에 2개 이상의 인 원자를 함유한 무기 화합물이다. 이 화합물들은 물속에서 침전되지 않고 가수분해 반응을 하여 오르토인 산염으로 전환된다. 축합인산은 착물 시약(complexation agent)으로 부식 조절이나 세정제 제조에 쓰이는데, 파이로 인산(pyrophosphoric acid: $H_4P_2O_7$)과 그 염이 한 예이다.

③ 유기인(organic phosphorus)

인을 함유하는 유기화합물은 미생물이 작용하면서 가수분해도 진행되는데 그 과정에서 오르토 인산염으로 전환된다. 도시 하수를 포함한 폐수의 인 농도 중 상당 부분은 합성 세제나 기타 인간 활동에 기인한 오염 부하이다.

영양물질인 인은 다음식과 같이 조류발생을 일으키고 부영양화의 원인이 된다.

$$106CO_2 + 16NO_3^- + HPO_4^- + 18H^+ + 122H_2O$$

$$\rightarrow C_{106}H_{263}O_{110}N_{16}P + 154O_2$$

대부분의 호수에서 인은 조류 성장의 제한 영양 원소로써 우리나라 호소의 생활환경기준에서 '매우 좋음' 등급으로 매겨진 0.01 mg/L 이상 이면 조류 성장이 나타나기 시작한다.

따라서 수처리장에서 인을 제거하고, 방류수의 인 농도를 저감시키는 새로운 수처리 기술이 지속적으로 필요한 실정이다.

9.6.2 침전 공법을 이용한 인 제거

폐수에 함유된 인을 제거하기 위한 방법으로는 생물학적 처리와 화학적 처리가 있다. 그 중 좀 더 일반적인 방법으로 화학 침전 반응을 이용한 공정이 있다.

인 화합물을 침전시키는 시약으로는 산화수가 큰 즉, +2가 혹은 +3가의 금속 양이온을 함유한 물질을 사용하는데, 칼슘(Ca), 알루미늄(Al), 철(Fe) 화합물들이 널리 쓰이고 있다.

이 금속 이온들,(Ca^{2+}, Al^{3+}, Fe^{3+})은 물속에서 인산이온(PO_4^{3-})과 이온성 화합물을 쉽게 형성하는 응집/침전 반응을 진행 하는데, 생성되는 인산화합물의 용해도곱 상수가 매우 작고 그로부터 인산염이 비교적 효율적으로 침전 분리 제거될 수 있다.

다음은 금속 Ca, Al, Fe 이온들이 형성하는 대표적인 인 침전 화합물의 용해도곱상수 이다.

<표 9.5> Ca^-, Al^-, Fe^- 인산염의 용해도곱 상수

침전생성물	용해도곱상수 (K_{sp}, 25℃)
$Ca_5(PO_4)_3(OH)$	2.9×10^{-59}
$Ca_3(PO_4)_2$	2.0×10^{-29}
$AlPO_4$	6.3×10^{-19}
$FePO_4$	1.3×10^{-22}

① 칼슘 화합물 침전

물속의 인산 화학종을 제거하기 위해 사용하는 대표적 칼슘 화합물은 석회(lime: 화학식 $Ca(OH)_2$)이다. 응집/침전이 일어나는 알짜 화학 반응식은 다음과 같이 쓸 수 있다.

$$5Ca^{2+}(aq) + 3PO_4^{3-}(aq) + OH^-(aq) \rightleftharpoons Ca_5(PO_4)_3(OH)(s)$$

인산염을 침전공법으로 제거하기 위해 주입해야하는 석회의 양은 처리수의 알카리도에 따라 다르다. 즉 pH가 핵심 반응 변수인데, 침전반응은 pH 9.5 이상에서 일어나지만 인을 효과적으로 제거하기 위해서 pH를 10.5에서 11.0 사이로 다소 높게 조절해 침전을 효과적으로 유도한다. 대략적으로, 정밀 분석과 계산에 따른 정확한 값은 아니지만, 간편한 현장 운용에서는 알카리도(단위: mg/L as $CaCO_3$)값의 약 1.5배에 해당하는 석회를 주입하면 침전에 적절한 pH에 이를 수 있다.

석회를 투입하여 인을 제거하는 기술의 큰 단점은 응집/침전 슬러지 발생량이 많고, 효율적인 침전을 위해 조절하는 pH가 높아 서 침전 다음 단계나 방류 시 중화반응이 필요한데 이 과정에서는 보통 이산화탄소(CO_2)와의 반응으로 pH를 낮춘다(recarbonation).

② 알루미늄

황산 알루미늄이나 alum화합물을 사용하여 인을 제거하는 공정에서는 Al^{3+}와 PO_4^{3-}의 1:1 침전 화합물이 생성되는데, 기본 반응식은 다음과 같이 나타낼 수 있다.

$$Al^{3+}(aq) + H_n(PO_4)^{3-n}(aq) \rightarrow AlPO_4(s) + nH^+$$

여기서 인산 화학종은 물의 pH(혹은 알카리도)에 따라 침전물을 생성하는 PO_4^{3-} 외에도 HPO_4^{2-}, $H_2PO_4^-$ 등의 다른 오르토인산염 이온을 가르키기도 한다.

이 반응식은 인 제거를 위해 첨가하는 금속이온(Al^{3+})의 양과 제거 반응에 따라 생성된 인산염 침전물($AlPO_4(s)$)의 몰 비가 1:1인 간단한 식이다. 그러나 실제 자연수나 폐수 속의 인을 이와 같은 침전 반응을 이용하여 제거하는 과정에는 다양한 반응들이 경쟁적으로 일어난다.

일반적으로 Al뿐 아니라 Fe, Ca등을 첨가해 인산염 침전을 유도하는 반응은 pH가 높을 때 유리하다. 인산의 pC-pH 도표에서 알 수 있듯이 높은 pH에서 침전 형성에 이르는 PO_4^{3-} 화학종 생성비가 크다.
그런데 pH가 증가하면 수산화 이온(OH)농도가 증가하고 이는 금속과 결합하여 Al-PO₄-OH 형태의 착물을 형성할 수 있는데, 이 착물은 용해도가 큰 용해성 물질이다. 예를 들어 수처리 중, Al을 이용한 인 제거 공정에서 다음과 같은 용해성 화학종들이 나타날 수 있다.

$$Al_2PO_4(OH)_3, \; [Al_2PO_4(OH)_2]^+, \; [AlPO_4(OH)]^- \; \cdots$$

- 이처럼 Ca, Al, Fe 등의 금속이온 함유 시약으로 인산염 침전을 형성하는 반응은, 금속화학종과 인산이온으로 이루어진 침전물(착화합물) 외에 금속 화학종들이 물이나 폐수 속의 다른 리간드들과도 착화합물을 형성할 수 있다.

- 알카리도가 큰 물속에서 금속화학종은 인산염 착물이 아닌 수산화 착물을 형성하면서 침전물을 형성할 수도 있다.

- 인 제거를 위해 투여하는 금속화합물의 양은 대부분 화학양론적인 양보다 많아야 하는데, 이에 따라 부반응들이 일어난다.

따라서 침전방법을 이용한 인제거 공정에 필요한 반응조건들을 정확히 산정하기 위해서는, 침전제 주입량에 따른 인 제거율을 여러 시험조건, 예를 들어, pH, 알카리도, 초기 인의 농도, 인 제거 목표율 등을 고려한 사전 현장 시험이 필요하다.

③ 철

Al과 더불어 침전 반응을 이용한 인 제거 기술에 많이 쓰이는 철화합물의 반응은 Al에서와 같다.

$$Fe^{3+} + H_n(PO_4)^{3-n}(aq) \rightarrow FePO_4(s) + nH^+$$

수처리 시설에서 인 제거 공정은 원수처리나 생물처리를 마친 최종 방류수의 처리(postprecipitation) 또는 이차 처리에 함께 도입되어(co-precipitation) 활용될 수 있다.

10 산화 – 환원

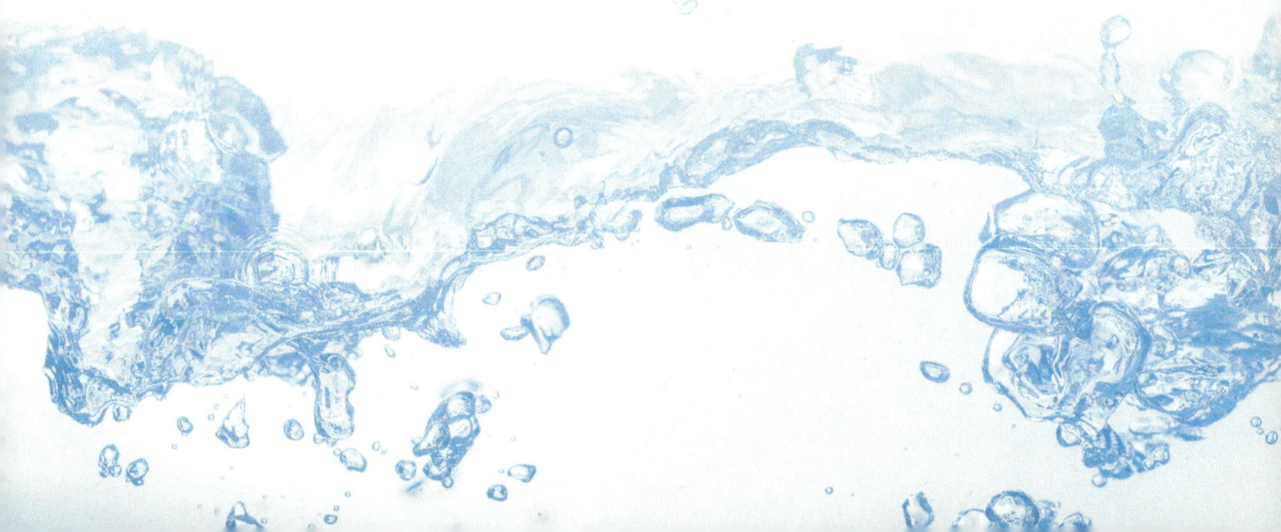

10.1 산화-환원의 기초 화학

산화 환원(oxidation and reduction 또는 redox)은 화합물 사이에서 전자가 이동하는 반응이다. 산화·환원 반응은 산-염기 반응과 매우 유사하게 기술할 수 있으며 다양한 환경현상을 나타내거나 산업기술에 이용하는 핵심 반응이다. 산화·환원 반응이 일어날 때는 반드시 산화제(oxidizing agent)와 환원제(reducing agent)가 함께 존재한다. 이 때 산화제는 다른 물질을 산화시키고 자신은 환원되며, 환원제는 다른 물질을 환원시키고 자신은 산화된다. 어떤 물질이 '산화한다'는 것은 자신의 전자를 내주는(빼앗기는) 것이고, '환원한다'는 것은 자신이 전자를 받는(빼앗아오는) 것이다.

예를 들어 금속 마그네슘의 산화 반응을 보면 다음과 같다.

$$2Mg + O_2 \rightarrow 2MgO$$

반응식에서 생성물인 산화마그네슘은 Mg^{2+}와 O^{2-}의 이온결합 화합물이다. 즉 전하가 중성인 산소(O)는 전자 2개를 받아들여(즉, 산화제 역할을 하면서) 환원된 상태, O^{2-}로 바뀌고, 마찬가지로 중성인 마그네슘(Mg)은 전자 2개를 내주고(즉, 환원제역할을 하면서) 산화된 상태, Mg^{2+}로 변하였다.

여기서 생성물을 이루는 두 이온 Mg^{2+}와 O^{2-}의 전자 배치는 중성 원자일 때와는 다른 비활성기체, Ar 및 Ne의 전자배치가 된다.

한편 이 반응은 산화제와 환원제의 성질을 특징짓기도 하는데 대개 비금속원소는 산화제로 작용하고 금속원소는 대체로 환원제로 반응한다.

어떤 반응이 산화 환원 반응을 수행하는지 여부를 알기 위해서는 반응에 참여한 원소의 산화수를 아는 것이 필요하다. 이는 한 화합물 내에 전자가 어떻게 분포돼있는지, 다시 말해 어떤 원소가 형식적으로 몇 개의 전자를 갖고 있는지를 가리킨다. 그에 따라 반응에서는 화합물 구성 원자들 사이의 전기음성도 차이로 불균일한 분해가 일어난다. 산화수를 정하는 중요한 규칙 몇 가지는 다음과 같다.

가. 플루오린(F)은 항상 산화수가 −1이다.

나. 산소(O)는 산화수가 항상 −2이지만, 과산화물에서는 예외이다.

다. 수소(H)는 산화수가 항상 +1이지만, 금속수소화물에서는 예외이다.

라. 각 원자의 산화수 합은 해당원자들로 구성된 화학종의 전체 전하에 해당한다.

마. 원소와 순물질(예를 들어 Na, O_2 등)은 산화수가 0이다.

산화 환원 반응은 여러 산업 분야에서 매우 중요한데, 다음은 그 중의 몇 가지 예로, 배터리, 부식 방지, 전지분해공정, 물질 교환 반응 등을 간단히 설명하였다.

(1) 배터리

배터리는 폐쇄형 갈바닉 전지(galvanic cell)로, 그 속에서 산화 환원 반응을 통하여 화학에너지가 전기에너지로 전환된다. 갈바닉 전지는 항상 두 개의 반쪽 전지로 구성되는데, 하나는 산화 반응이 일어나는 양극(anode)이고 다른 하나는 환원 반응이 일어나는 음극(cathode)이다. 갈바닉 전지에서 반응은 자발적으로 진행되는데, 양극(anode)은 (전자가 발생하는) '−극(minus pole)'이고 음극(cathode)은 '+극(plus pole)'에 해당하여 전자가 물리적으로 이동한다. 중요한 것은 두 반쪽 전지가 공간적으로 분리되어 있고 모두 용액 속에 놓여있다. 전지 구성엔 대부분 멤브레인을 이용하는데, 그 멤브레인을 통해 전하 균형이 이루어질 수 있어야 한다. 배터리가 만드는 전압($\triangle E$)은 다음과 같이 산화반응과 환원반응이 일어나는 각 반쪽 전지의 전위차에 따라 결정된다.

$$\triangle E^{\circ} = \sum 전자수용체\ 반쪽\ 전지 - \sum 전자공여체\ 반쪽\ 전지$$

(2) 전기 분해

전기 분해 전지는 갈바닉 전지와 유사하게 구성되지만 두 가지 기본적이면서도 매우 중요한 차이가 있다. 전기 분해 전지에서 반응은 자발적으로 일어나지 않고 외부 전압에 의해 강제적으로 일어나게 하는 것이다. 따라서 갈바닉 전지와는 반대로 전기 에너지가 화학 에너지로 변환되는 것이다. 두 번째 차이는 '-극(minus pole)'이 음극(cathode)에 '+(plus pole)극'이 양극(anode)에 해당하며, 전자는 갈바닉 전지에서와 마찬가지로 양극에서 음극으로 이동한다.

(3) 부식 방지

어떤 물질들(예를 들어 금속)은 공기 중에서 안정하지 않고 쉽게 산화된다. 이런 불안정한 금속들은, 공기 중에서 쉽게 산화하여 부식되는 아연(Zn) 같은 금속에서 처럼, 금속에 보호막을 입혀 부식을 방지한다. 일반적으로 전기도금은 값 비싼 금속을 상대적으로 값이 싼 금속에 전기화학적으로 덧입힌다.

10.2 산화 – 환원 반응식

산화 · 환원 반응은 수질계에서 산-염기 반응과 더불어 가장 중요한 반응으로써, 한 반응계 내에서 산화 반응과 환원 반응은 반드시 함께 일어난다. 산화 · 환원 정의에서 산화는 전자를 내주는 과정이고 환원은 전자를 받는 과정으로, 산화 · 환원 반응은 전자를 주고받는 반응이다. 예를 들어 두 물질, Red와 O_X가 n mole의 전자를 주고받는 산화 · 환원 반응은 다음과 같이 쓸 수 있다.

$$\text{산화 반응: } Red \rightleftharpoons Red^{n+} + ne^-$$

$$\text{환원 반쪽반응: } O_X + ne^- \rightleftharpoons O_X^{n-}$$

이 산화반응식과 환원반응식은 산화환원의 '반쪽반응(half reaction)'식 이라고 하는데, 실제 한 반응에서는 산화반응과 환원반응이 동시에 일어나므로 두 반응식을 합하여 전체 반응식을 나타내고 위의 반쪽 반응을 합하면 다음과 같다.

$$Red + O_X \rightleftharpoons Red^{n+} + O_X^{n-}$$

이 반응에서 산화수가 증가한 화합물 Red는 전자를 내주며 자신은 산화되었으며(Oxidized), 화합물 O_X를 환원시키는 환원제(reducing agent) 역할을 하였다. 한편 산화수가 감소한 화합물 O_X는 전자를 받아 자신은 환원되고(reduced), 화합물 Red를 산화시키는 산화제(oxidizing agent) 역할을 하였다.

산화 · 환원 반응식을 쓰고, 산화 · 환원 평형을 계산하는데 반드시 알아야 할 것은 화합물을 구성하는 원자들의 산화상태(oxidation state)로, 그 크기는 산화수(oxidation number)로 나타낸다. 원자의 산화수는 주기율표에서 원소의 위치와 밀접한 관계가 있으며, 대표적인 고유 산화수를 갖고 있거나 화합물 내에서 결합 원소에 따라 상대적으로 결정되기도 한다. 산화수를 정하는 일반적인 규칙 몇 가지는 다음과 같다.

가. 화합물을 형성하지 않는 자유원소(원자 혹은 분자)의 산화수는 0이다.
(예: Na, H_2, O_2, P_4)

나. 한 원자로 된 이온(단원자 이온)의 산화수는 이온의 하전수와 같다.
(예: Na^+의 산화수는 +1, O^{2-}의 산화수는 -2)

다. 대부분의 화합물속에서 산소원자(O)의 산화수는 -2 이지만, 과산화화합물에서는 -1 이다(예: H_2O 에서 산소의 산화수는 -2, H_2O_2 에서 산소의 산화수는 -1).

라. 수소(H)의 산화수는 +1 이지만, 금속과 결합한 화합물에서는 -1이다.
(예: NH_3에서 H의 산화수는 +1, CaH_2에서 H의 산화수는 -1)

마. 전기음성도가 가장 큰 원소인 플루오린의 산화수는 항상 -1 이고 다른 할로젠 이온들은 대부분 -1이지만, 결합상태에 따라 달라질 수 있다.
(예: HCl에서 Cl의 산화수는 -1, $HClO_3$에서 Cl의 산화수는 +5)

바. 중성 화합물에서 각 원자의 산화수의 합은 0이 되고, 전하를 띤 다원자 이온 화학종에서 모든 원자의 산화수 합은 다 원자 이온의 전하와 같아야한다. (예: OCl^-에서 O의 산화수는 -2, Cl의 산화수는 +1)

사. 산화수는 정수가 아닌 경우도 있다.
(예: O_2^-(초과산화이온)에서 O의 산화수는 -1/2 이다)

수질화학에 관련된 대부분 화합물의 산화수는 위의 규칙에 따른다.

10.2.1 유기물질과 무기물질의 산화 – 환원 반응

산성 조건에서 중크로뮴산 포타슘의 Cr(VI)은 묽은 황산을 사용하는 산성 조건에서 에탄올, CH_3CH_2OH을 아세트산, CH_3COOH으로 산화시킨다. 이 산화 반응에서 산화제인 중크로뮴산 이온은 Cr(III)로 환원된다.

에탄올이 아세트산으로 변하는 반응에 대한 반쪽 반응을 쓰기 위해 주된 화합물을 쓴다.

$$CH_3CH_2OH \rightarrow CH_3COOH$$

양 쪽의 산소 원자 수의 균형을 맞추기 위해 일반적인 용매 물분자, H_2O를 이용한다.

$$CH_3CH_2OH + H_2O \rightarrow CH_3COOH$$

수소 원자의 균형을 맞추기 위해 수소 원자수가 적은 오른쪽에 양성자를 이용해서 균형을 맞춘다.

$$CH_3CH_2OH + H_2O \rightarrow CH_3COOH + 4H^+$$

반응식 좌우의 전하 균형을 맞추기 위해 전자를 반응식에 포함시키는 데, 오른쪽에 4개의 전자를 사용하면 반응식 좌우의 전하는 균형을 이룬다.

$$CH_3CH_2OH + H_2O \rightarrow CH_3COOH + 4H^+ + 4e^-$$

이제 중크로뮴산 이온($Cr_2O_7^{2-}$)의 반쪽반응을 고려한다. 주된 화학종 중크로뮴산의 Cr(VI)이 Cr^{3+} 이온으로 변하는 반응이다.

$$Cr_2O_7^{2-} \rightarrow Cr^{3+}$$

먼저 좌우의 Cr 원자수를 맞춘다.

$$Cr_2O_7^{2-} \rightarrow 2Cr^{3+}$$

산소 원자의 수는 수용액의 용매인 물 분자를 이용해서 좌우 균형을 맞추고 수소 원자 균형은 양성자, H$^+$를 이용해 맞춘다.

$$Cr_2O_7^{2-} \rightarrow 2Cr^{3+} + 7H_2O$$

$$Cr_2O_7^{2-} + 14H^+ \rightarrow 2Cr^{3+} + 7H_2O$$

다음은 전하 균형을 맞춘다. 왼쪽의 전하는 (−2) + (14 × (+1)) = +12, 오른쪽은 2 × (+3) = +6이므로, 전하가 −1인 전자(e^{-1})를 사용해 균형을 맞추면

$$Cr_2O_7^{2-} + 14H^+ + 6e^- \rightarrow 2Cr^{3+} + 7H_2O$$

이제 완성된 두 반쪽 반응을 결합한다.

각 반쪽 반응식에 나타난 전자가 균형을 이루도록(최종 산화·환원반응식에 전자가 포함되지 않도록), 4와 6의 최소공배수인 12로부터 각 식에 12개의 전

자가 포함되도록 첫 식에 3, 두 번째 식에 2를 곱해서 반응물 끼리, 그리고 생성물 끼리 더해주면 전자는 양쪽에서 제거 되어 다음과 같이 된다.

$$3\times(CH_3CH_2OH + H_2O \rightarrow CH_3COOH + 4H^+ + e^-)$$
$$2\times(Cr_2O_7^{2-} + 14H^+ + e^- \rightarrow 2Cr^{3+} + 7H_2O)$$
$$\overline{3CH_3CH_2OH + 3H_2O + 2Cr_2O_7^{2-} + 28H^+}$$
$$\rightarrow 3CH_3COOH + 12H^+ + 4Cr^{3+} + 14H_2O$$

반응식 좌우의 같은 화학종을 정리하면, 산성 조건에서 Cr(VI)이 Cr(III)으로 환원되면서 (산화제로 작용하여서), 알코올을 아세트산으로 산화시키는 다음 반응식이 완성된다.

$$3CH_3CH_2OH + 2Cr_2O_7^{2-} + 16H^+ \rightarrow 3CH_3COOH + 4Cr^{3+} + 11H_2O$$

10.2.2 불균화 산화 – 환원 반응

염소 소독은 염소 분자가 물과 반응하여 약산인 차아염소산을 형성하는 산화·환원 반응이다. 이 반응의 산화 화학종과 환원 화학종을 구분하여 반쪽 반응식을 쓰고 다음과 같은 전체 반응식을 완성하여 보자.

$$Cl_2 + H_2O \rightleftharpoons HOCl + HCl$$

산화 반쪽 반응식을 쓰기 위해 산화가 일어난 화학종을 확인한다.

$$Cl_2 \rightleftharpoons HOCl$$

먼저 산소 질량 균형을 맞추기 위해 H_2O 분자를 도입하고, 염소와 산소 원자 수가 같아지도록 하면,

$$Cl_2 + 2H_2O \rightleftharpoons 2HOCl$$

수소 이온(H^+)을 이용하여 반응 전후의 수소 원자 수를 맞추면,

$$Cl_2 + 2H_2O \rightleftharpoons 2HOCl + 2H^+$$

전하 균형을 맞추기 위해 전자(e^-)를 이용하여 식을 완성하면 산화 반쪽 반응식이 된다.

$$Cl_2 + 2H_2O \rightleftharpoons 2HOCl + 2H^+ + 2e^- \quad \cdots\cdots\cdots\cdots\cdots (1)$$

환원 반쪽 반응식을 쓰기 위해 환원이 일어난 화학종을 확인한다.

$$Cl_2 \rightleftharpoons HCl$$

질량 균형을 위해 염소 원자 수를 맞추고, H^+를 이용해 수소 원자수를 맞춘다.

$$Cl_2 + 2H^+ \rightleftharpoons 2HCl$$

전하 균형을 맞추기 위해 전자(e^-)를 써서 식을 완성하면 환원 반쪽 반응식이 된다.

$$Cl_2 + 2H^+ + 2e^- \;\rightleftharpoons\; 2HCl \quad \ldots\ldots\ldots(2)$$

위의 반쪽 반응식 (1)과 (2)는 하나의 계에서 동시에 일어나는 반응이므로, 주고 받는 전자 수가 같아지게 (이 경우 이미 전자수가 같다) 두 반쪽 반응을 더하면 다음과 같이 균형을 맞춘 산화·환원 반응식이 완결되고, 완결된 식에서는 전자가 보이지 않는다.

$$Cl_2 + H_2O \;\rightleftharpoons\; HOCl + HCl$$

이 반응식에서 염소 원자를 포함하는 화학종 Cl_2, HOCl, HCl 속의 염소의 산화수는 각각 0, +1, −1이다. 따라서 $Cl_2 \rightarrow$ HOCl은 산화, 그리고 $Cl_2 \rightarrow$ HCl은 환원으로, 한 반응 내에서 하나의 화합물인 Cl_2가 산화되기도 하고 환원되기도 하였다. 이런 반응을 불균화 반응이라고 한다.

산화-환원 반응에서 하나의 화학종 혹은 동일한 화학종 끼리 반응물로 작용하여 반응물속의 원자와 같은 원자를 포함하는 두 개 이상의 서로 다른 화학종을 생성할 수 있다. 이때 반응물 속 원자의 산화수가 반응 후 나타난 생성물에서 산화수가 증가한 화학종과 감소한 화학종을 동시에 생성하는 반응이 있다. 즉 하나의 반응에서 동일한 원자가 반응 후 산화된 화학종과 환원된 화학종을 동시에 생성하는 반응을 불균화 반응(disproportionation)이라 한다.

10.3 전자 활동도와 산화 – 환원 평형

산화(반쪽)반응을 하는 환원제, Red의 산화 · 환원 반응과 질량작용법칙에 따라 평형 상수를 기술하면 평형상수, K는 다음과 같다.

$$Red \ \rightleftharpoons \ Red^{n+} + ne^-$$

$$K = \frac{[Red^{n+}][e^-]^n}{[Red]}$$

여기서 n은 산화 · 환원 반응에서 주고받는 전자 수에 해당한다. 실제 수용액 속에 자유전자(e^-)가 실제 독립된 화학종으로 존재하는 것은 아니지만 산화 · 환원 반응에 관여하는 전자를 정량적으로 나타내기 위해서는, 산-염기 반응에서의 수소이온(H^+)의 농도를 pH 값 크기로 정의하는 것과 유사하게, 산화 · 환원 평형상태를 기술하는데 다음과 같이 전자농도(또는 전자 활동도)를 정의하여 사용한다.

$$pe \ = \ -\log[e^-]$$

pe크기는 산화 · 환원 세기(redox intensity)를 나타낸다. 산화 · 환원 세기 즉, pe값이 작은 경우는 [e^-] 값이 크고 전자 농도가 높은 상태로, 반응환경(용매 여건)이 환원이 일어나기 유리한 조건이며, pe값이 큰 경우는 [e^-] 값이 작고 전자 농도가 낮은 상태로 반응 환경(용매 여건)이 산화가 일어나기 유리한 조건에 해당한다.

산화·환원 반응에 관한 평형상수 K를 나타낸 식의 양변에 로그를 취하여 정리하면 다음과 같은 식이 된다.

$$pe = \frac{1}{n}logK + \frac{1}{n}log\frac{[Red^{n+}]}{[Red]}$$

이 식에서 [Red^{n+}]/[Red]=1인 경우의 pe 는 표준산화세기 $pe\,^\circ$ 이다.

$$pe\,^\circ = \frac{1}{n}logK$$

따라서 $pe = pe\,^\circ + \frac{1}{n}log\frac{[Red^{n+}]}{[Red]}$

이 식의 과정은 산-염기반응에서 산의 해리평형 HA $\rightleftharpoons$ H$^+$ + A$^-$의 평형상수 Ka = [HA]/[H$^+$][A$^-$] 의 양변에 로그를 취하여 정리한 다음 식과 비교하면 매우 유사함을 알 수 있다.

$$pH = pKa + log\frac{[A^-]}{[HA]}$$

즉 전자의 농도(활동도)에 관한 pe값과 해당하는 산화 · 환원 화학종 쌍의 농도의 관계는 수소이온의 농도(활동도)에 관한 pH값과 해당하는 산-염기 화학종 쌍의 농도관계와 매우 닮았다. 산화 · 환원 반응의 세기로서 pe는 산화 · 환원 반응을 기술하는 중요 변수로 사용된다.

실제 산화 · 환원 반응은 Red $\rightleftharpoons$ Red^{n+}+ne$^-$ 와 같은 단순한 경우보다 산화 · 환원 화학종 쌍의 반응물과 생성물 양쪽에 여러 화학종이 동시에 관여하는 복잡한 반응이 많으며, 평형을 해석할 때 모든 화학종을 고려해야한다.

<표 10.1> 대표적 산화제의 환원 반응식과 표준 환원 전위 (25℃, 물속)

환원반응식과 표준 환원 전위			(E° / volts)
$F_2(g) + 2e^-$	$\longrightarrow$	$2F^-(aq)$	(E° =3.06V)
$MnO_4^-(aq)+8H^+(aq)+5e^-$	$\longrightarrow$	$Mn^{2+}(aq)+4H_2O(l)$	(E° =1.67V)
$Cl_2(g)+2e^-$	$\longrightarrow$	$2Cl^-(aq)$	(E° =1.36V)
$Cr_2O_7^-(aq)+14H^+(aq)+6e^-$	$\longrightarrow$	$2Cr^{3+}(aq)+7H_2O(l)$	(E° =1.33V)
$O_2(g)+4H^+(aq)+4e^-$	$\longrightarrow$	$2H_2O(l)$	(E° =1.23V)
$Br_2(l)+2e^-$	$\longrightarrow$	$2Br^-(aq)$	(E° =1.06V)
$O_2(g)+2H^+(aq)+2e^-$	$\longrightarrow$	$H_2O_2(aq)$	(E° =0.68V)
$MnO_4^-(aq)+2H_2O(l)+3e^-$	$\longrightarrow$	$MnO_2(s)+4OH^-$	(E° =0.59V)
$I_2(s)+2e^-$	$\longrightarrow$	$2I^-$	(E° =0.54V)
$O_2(g)+2H_2O(l)+4e^-$	$\longrightarrow$	$4OH^-(aq)$	(E° =0.40V)

10.4 산화 – 환원 반응의 평형 해석

산화-환원반응의 예로써 실제 수질환경에서 볼 수 있는 질소 화학종의 산화-환원 반응의 한 예인 질산이온/암모늄(NO_3^-/NH_4^+)시스템의 반쪽 반응을 기술하면 다음과 같다. 이 반응으로부터 산화 · 환원세기를 나타내는 변수 pe와 반응의 주된 화학종 쌍 NO_3^-/NH_4^+의 농도 사이의 관계식을 나타내보자.

$$\frac{1}{8}NO_3^- + \frac{5}{4}H^+ + e^- \rightleftharpoons \frac{1}{8}NH_4^+ + \frac{3}{8}H_2O$$

질량작용법칙에 따른 평형상수 K는

$$K = \frac{[NH_4^+]^{\frac{1}{8}}}{[NO_3^-]^{\frac{1}{8}} \cdot [H^+]^{\frac{5}{4}} \cdot [e^-]}$$

이 식의 양변에 log를 취하고 $-\log[e^-] = pe$ 및 $\log K = pe^\circ$ 로 정리하면

$$pe = pe^\circ + \log\frac{[NO_3^-]^{\frac{1}{8}} [H^+]^{\frac{5}{4}}}{[NH_4^+]^{\frac{1}{8}}}$$

한편, 산-염기 반응에서 $-\log[H^+] = pH$ 이므로

$$pe = pe^\circ - \frac{5}{4}pH + \frac{1}{8}\log\frac{[NO_3^-]}{[NH_4^+]}$$

이 화학종 쌍 NO_3^-/NH_4^+의 산화 · 환원 평형상태는 화학종 쌍의 농도 이외에 수소이온의 농도 즉, pH값에 따라서도 달라진다.

따라서 두 개의 주 변수 pe와 pH에 의해 영향을 받는 이 계를 pe-pH 그림으로 나타낼 수 있다. 그리고 경우에 따라서는 추가적으로 이에 관련된 다른 평형반응들을 고려할 수도 있다.

여기서 다음과 같은 환원 반쪽 반응에 대하여

$$O_X + ne^- \Leftrightarrow O_X^{n-}$$

평형상수를 정리한 식

$$pe = pe^\circ + \frac{1}{n} log\frac{[O_X]}{[O_X{}^{n-}]}$$

에서, 임의의 시점에서 농도 값, $\dfrac{[O_X]}{[O_X{}^{n-}]}$ 를 Q(반응계수, quotient)로 표기하면

$pe = \dfrac{1}{n} logK - \dfrac{1}{n} logQ$ 가 되고 $[O_X] = [O_X^{n-}]$인 지점, 즉 Q = 1인 경우의

pe는 pe°로 정의된다.

$$즉\ pe^\circ = \frac{1}{n} logK$$

이는 평형상태의 산화·환원반응의 환원력의 세기 즉 전자의 활동도(혹은 농도)와 반응평형상수의 관계를 나타낸다.

한편 반응의 평형상수 K는 반응의 자발성 척도인 Gibb's의 자유에너지 $\varDelta G^\circ$ 와 $\varDelta G^\circ$ = -RTlnK = -2.303RTlogK 의 관계가 있으며, 이 Gibb's의 에너지는 Nernst식으로부터 유도된 $\varDelta G^\circ$ = -nFE$^\circ$ (여기서 E$^\circ$는 화학종의 환원반응에 따른 기전력) 식으로도 나타낼 수 있다. 따라서 이 두식을 이용하여 정리하면

$$logK = \frac{-\triangle G^\circ}{2.303RT}$$

$$logK = \frac{nFE^\circ}{2.303\,RT}$$

여기에 파라데이 상수(Faraday's constant, F = 96,500 coulomb)와 기체상수 (gas constant, R= 8.31 coulomb · V/mol · K = 8.31 J/mol · K)와 온도 (이 반응이 25 ℃ 상온에서 일어나는 경우) T= 298 K를 대입하면

$$\log K = -0.176 \triangle G° \quad (\triangle G° \text{ 단위} : KJ)$$
$$= 16.94 E°$$

$$\text{즉 } pe° = \frac{1}{n} \log K = \frac{16.94 E°}{n} = \frac{-0.176 \triangle G°}{n}$$

따라서 이 관계로 부터 전자의 활동도($pe°$), 평형상수(K), 및 환원전위($E°$)는 산화 · 환원반응의 자발성을 가름하는 자유에너지($\mathit{\Delta}G°$)의 다른 표현방법이라고 볼 수 있다.

다음 표에 환경 분야에서 볼 수 있는 중요한 산화 · 환원 반응의 평형상수를 나타내었다.

<표 10-2> 수질환경에서의 환원 반쪽 반응과 평형상수

Reaction	$\log K$
$Fe(OH)_{3(S)} + 3H^+ + e^- \rightarrow Fe^{2+} + 3H_2O$	16.00
$1/6\,NO_2 + 4/3\,H^+ + e^- \rightarrow 1/6\,NH_4^+ + 1/3\,H_2O$	15.14
$1/4\,CH_2O + H^+ + e^- \rightarrow 1/4\,CH_{4(g)} + 1/4\,H_2O$	6.94
$1/6\,SO_{+4}^{2-} + 4/3\,H^+ + e^- \rightarrow 1/6\,S_{(s)} + 2/3\,H_2O$	6.03
$1/8\,SO_4^{2-} + 5/4\,H^+ + e^- \rightarrow 1/8\,H_2S_{(g)} + 1/2\,H_2O$	5.25
$1/6\,N_{2(g)} + 4/3\,H^+ + e^- \rightarrow 1/3\,NH_4^+$	4.68
$1/2\,S_{(s)} + H^+ + e^- \rightarrow 1/2\,H_2S_{(g)}$	2.89
$1/4\,CO_{2(g)} + H^+ + e^- \rightarrow 1/24\,C_6H_{12}O_6 + 1/4\,H_2O$	-0.20
$1/4\,CO_{2(g)} + H^+ + e^- \rightarrow 1/4\,CH_2O + 1/4\,H_2O$	-1.20
$NO_3^- + 2e^- + 2H^+ \rightarrow NO_2^- + H_2O$	28.57
$NO_3^- + 8e^- + 10H^+ \rightarrow NH_4^+ + 3H_2O$	119.08
$2NO_3^- + 10e^- + 12H^+ \rightarrow N_2(g) + 6H_2O$	210.34
$SO_4^{2-} + 8e^- + 9H^+ \rightarrow HS^- + 4H_2O$	33.68
$2H^+ + 2e^- \rightarrow H_2(g)$	0.00
$2H^+ + 2e^- \rightarrow H_2(aq)$	3.10
$O_2(aq) + 4H^+ + 4e^- \rightarrow 2H_2O$	86.00
$O_3(g) + 2e^- + 2H^+ \rightarrow O_2(g) + H_2O$	70.12
$HOCl + 2e^- + H^+ \rightarrow Cl^- + H_2O$	50.20

두 개의 환원 반쪽 반응에 대한 평형상수를 결합함으로써 완전한 형태의 산화 · 환원반응에 대한 평형상수를 표현할 수 있다. $pe° = \dfrac{1}{n} \cdot \log K$ 로부터 두 환원 반쪽 반응 1과 2에 대해 다음과 같이 쓸 수 있고,

$$pe°_1 - pe°_2 = \frac{1}{n} \log K_1 - \log K_2$$
$$= \log K$$

위의 식에 따라 완전한 형태의 산화 · 환원 반응에 대한 평형상수를 계산할 수 있다.

산화 · 환원 반응의 예로써 대기 중의 산소와 평형을 이루고 있는 수질계의 암모늄이온의 반응을 살펴본다. 전체 화학종의 반응식은 다음과 같다.

$$NH_4^+ + 2O_2 = NO_3^- + 2H^+ + H_2O$$

일반적인 화학반응식에서와 마찬가지로 이 반응의 화학평형상수는 질량작용의 법칙으로부터 다음과 같이 쓸 수 있다.

$$K = \frac{[NO_3^-]\,[H^+]^2}{[NH_4^+]\,[P_{O_2}]^2}$$

여기서 P_{O_2}는 대기 중 산소의 부분압력이고, 물속에서의 용존 농도는 Henry법칙에 따라 계산할 수 있으나, 산화 환원 평형에서는 위의 개별화학종의 농도를 결정하는 것보다 다음 방법으로 해석한다.

산화·환원반응은 산화반쪽반응과 환원반쪽반응으로 이루어지는데, 위의
반응은 다음 두 반쪽 반응으로부터 반응식을 완결할 수 있고, $pe°$ 값은 표에서
알 수 있다.

$$O_2 + 4H^+ + 4e^- \rightleftharpoons 2H_2O \qquad pe° = 21.50$$

$$NH_4^+ + 3H_2O \rightleftharpoons NO_3^- + 10H^+ + 8e^- \quad pe° = -14.89$$

두 식에서 주고받는 전자수를 일치시키기 위해서 첫 번째 식에 2를 곱하면
식은 다음과 같이 된다.

$$2O_2 + 8H^+ + 8e^- \rightleftharpoons 4H_2O \qquad pe° = 43.00$$

이 식과 위의 두 번째 식을 더하면

$$NH_4^+ + 2O_2 \rightleftharpoons NO_3^- + 2H^+ + H_2O \quad pe° = 28.11$$

$$K = \frac{[NO_3^-][H^+]^2}{[NH_4^+][Po_2]^2} = 10^{53.2}$$

NH_4^+/NO_3^-, O_2/H_2O 반응이 pH $= 7.0$의 수질계속에서 산소의 부분압력
$P_{O^2} = 0.21$ atm인 상태에서 일어난다면, $[NO_3^-]/[NH_4^+]$ 값은 약 7.0×10^{64} 이다.

이는 위의 산화·환원반응의 평형이 오른쪽 즉, 질산이온(NO_3^-)생성으로 기
울어져 있음을 가리키고, 암모늄 이온은 산소에 의해 산화가 일어나며 물속에
서 열역학적으로 불안정하다는 것을 뜻한다.

암모늄이온이 질산이온으로 산화하는 반응에는 미생물이 작용하고 이 반응은 '질산화(nitrification)'이라고 한다. 일반적으로 수질계에서의 산화·환원반응 중에는 미생물이 관여 하는 것이 많은데, 생물체(biomass)가 산화제로 작용하는 산소와 반응하여 이산화탄소로 변하는 것이나, 산소가 없는 경우 다른 산화제, 예를 들어 질산이온이 관여하는 탈질반응과 같은 산화·환원반응이 있다.

10.5 도해법에 의한 산화 – 환원 평형해석

산화 환원반응을 그림으로 나타내는 pe-pH(안정영역)도표는 양성자와 전자가 여러 조건하에서 반응의 평형을 어떻게 이동시키는지를 포괄적으로 보여준다. 이 도표를 통하여 주어진 pe-pH 조건에서 주로 어떤 화학종이 존재하는지를 알 수 있다.

(1) 물의 산화 · 환원 경계조건

먼저, 수질계의 용매인 물(H_2O)의 안정화영역에 대한 산화·환원 경계선을 그리기 위해 산화경계에서의 물의 반쪽반응을 기술하면,

$$\frac{1}{4} O_2 + H^+ + e^- \ \rightleftharpoons \ \frac{1}{2} H_2O$$

이 반응의 산화/환원 화학종은 O_2/H_2O 이고 이 환원 반쪽 반응식에 대한 전자 활동도 pe 는,

$$pe = pe° + \frac{1}{n}\log\frac{[O_2]^{\frac{1}{4}} \cdot [H^+]}{[H_2O]^{\frac{1}{2}}}$$

여기서, $pe°$ = 21.5 , 전자의 몰수 n = 1, pH = $-\log[H^+]$ 그리고 물이 산화되어 발생되는 산소 기체 분압이 최대가 되어 대기압과 같아지는 값, P_{O2} = 1.0 atm 을 위에 대입하면 식은 다음과 같이 된다. 이 결과로 부터 O_2/H_2O 경계선에 대한 pe-pH 를 도시할 수 있다.

$$pe = pe° + \frac{1}{n}\log\frac{[O_2]^{\frac{1}{4}} \cdot [H^+]}{[H_2O]^{\frac{1}{2}}}$$

$$= 21.5 - pH + \frac{1}{4}logP_{O_2}$$

$$pe = 21.5 - pH$$

한편 환원 경계에서의 물의 반쪽반응은 다음 식으로 쓸 수 있는데,

$$H_2O + e^- \; \rightleftharpoons \; \frac{1}{2}H_2 + OH^-$$
$$OH^- + H^+ \; \rightleftharpoons \; H_2O$$

이 식을 합하면, 알짜 반응식은 다음과 같이 쓸 수 있다.

$$H^+ + e^- \; \rightleftharpoons \; \frac{1}{2}H_2$$

이 반응의 산화/환원 화학종, H^+/H_2에 관하여,

$$pe = pe^\circ + \frac{1}{n}\log\frac{[H^+]}{[H_2]}$$

여기서, $pe^\circ = 0.0$, 전자의 몰수 n = 1, pH = −log[H^+] 그리고 물이 산화되어 발생되는 수소 기체 분압이 최대가 되어 대기압과 같아지는 값, P_{H2} = 1.0 atm 을 위에 대입하면 식은 다음과 같이 된다. 이 결과로 부터 H_2O/H_2 경계선에 대한 pe-pH 를 도시할 수 있다.

$$pe = pe^\circ + \frac{1}{n}\log\frac{[H^+]}{[H_2]^{\frac{1}{2}}}$$

$$= pe^\circ - pH - \frac{1}{2}\log P_{H_2}$$

$$pe = -pH$$

물의 산화 환원 경계면에 대한 pe-pH 도시를 요약하면 다음과 같다. 수질화학에서 산화 · 환원 반응이 일어나는 용매인 물은, 그 자체가 양쪽성 물질로 산화하거나 환원하는 성질을 모두 갖고 있다. 산화 · 환원 반쪽반응과 각 반응에 대한 반응식과 pe° 값을 이용해서,

$$H^+ + e^- \rightleftharpoons \frac{1}{2} \qquad\qquad pe^\circ = 0$$

$$\frac{1}{4}O_2 + H^+ + e^- \rightleftharpoons \frac{1}{2}H_2O \qquad pe^\circ = 21.5$$

이 두 식에서 유도한 pe-pH 함수를 X-Y도표에 그리면 물이 액체로 존재하는 안정화영역과 수소기체로 환원되는 경계 및 산소 기체로 산화되는 경계를 나타낼 수 있다. 이때 생성되는 기체의 최대 부분 압력은 외기압(P = 1 atm)과 평형에 놓인 것으로 간주하여 $\log P_{H2} = 0$또는 $\log P_{O2} = 0$ 이다. pe-pH 그림은 다음 그림과 같이 그릴 수 있는데, 여기서, 두 직선 사이의 영역이 액체상태 물의 안정화 영역이고 그 위에서는 물이 산화되어 산소기체가 되고, 물의 영역 아래는 물이 환원되어 수소기체가 발생하는 영역이다.

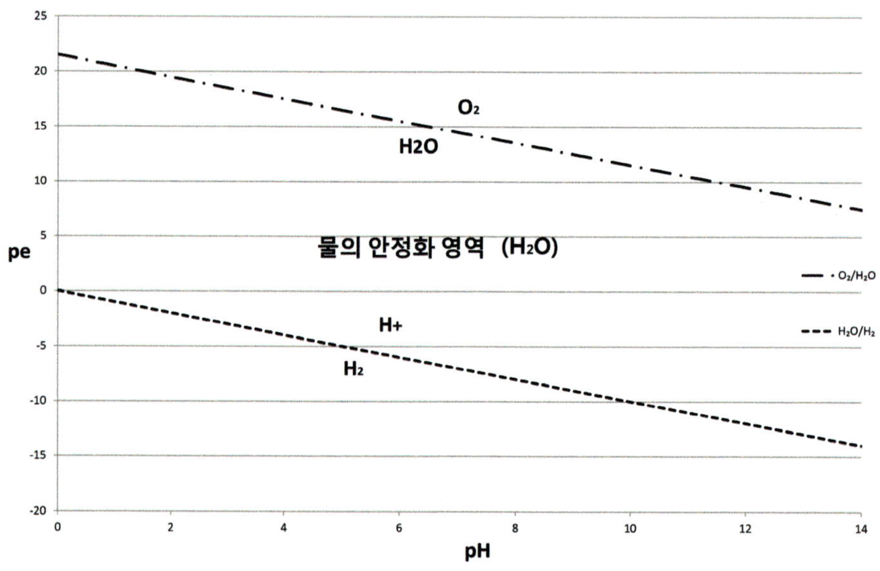

〈그림 10.1〉 물의 안정화 경계를 나타내는 pe-pH 도표

자연수에 함유된 물은 산화제로서 중요한데 위의 pe 식에 따르면 물이 pH = 7에서 대기 중 산소(부분압렵 $P_{O2} = 0.21$ atm)로 포화된 경우 산화·환원세기는 pe = 14.3이다.

$$pe = 21.5 - pH + \frac{1}{4}logP_{O_2}$$
$$= 21.5 - 7 + \frac{1}{4}log(0.21)$$
$$= 14.3$$

한편 pe-pH 도표위의 직선은 화학종의 경계선으로 도표에서 이웃하는 화학종들이 같은 농도로 지배적으로 존재하는 안정화 영역 경계선이다. 몇 가지 화학종의 화학적 특성에 따른 pe-pH 도표를 그려본다.

(1) pe값과 무관한 반응에 대한 pe-pH 도표

반응이 pe값에 무관한, 즉 산화·환원 반응이 포함되지 않은 화학종간의 화학평형은 pe-pH 도표에 나타낼 수 있다.

예를 들어 다음과 같은 산-염기 반응에서,

$$HSO_4^- \;\rightleftharpoons\; SO_4^{2-} + H^+ \qquad \log K = -2.0$$

$$K = \frac{[SO_4^{2-}][H^+]}{[HSO_4^-]}$$

$$\log K = -2.0 = \log\frac{[SO_4^{2-}]}{[HSO_4^-]} - pH$$

두 화학종, SO_4^{2-}/HSO_4^- 가 같은 농도로 존재하는 경계선은, $[SO_4^{2-}]$ = $[HSO_4^-]$ 로부터 pH=2.0, 이것을 pe-pH 도표 위에도시하면 아래 그림과 같이 pH=2.0에서 pe 값에 무관한 수직 직선이 경계선이 된다.

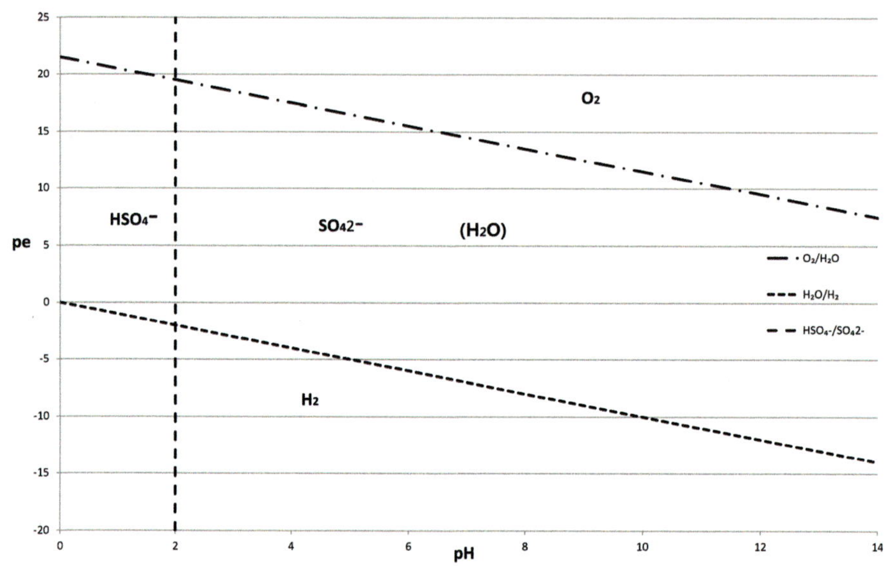

〈그림 10.2〉 물속에서 두 화학종, SO_4^{2-}/HSO_4^- 의 pe-pH 도표

(2) 용존 화학종들 사이의 산화·환원반응 경계선

황산 이온이 환원되어 황화수소 이온이 되는 반쪽 반응식은 다음과 같고, 이 반응의 평형 상수는 logK = 34.0 이다. 이로부터 SO_4^{2-}/HS^- 경계선을 pe-pH 도표에 그릴 수 있다.

$$SO_4^{2-} + 9H^+ + 8e^- \rightleftharpoons HS^- + 4H_2O \qquad \log K = 34.0$$

$$pe = pe° + \frac{1}{8}\log\frac{[SO_4^{2-}][H^+]}{[HS^-]}$$

$$pe = \frac{34}{8} + \frac{1}{8}\log\frac{[SO_4^{2-}]}{[HS^-]} - \frac{9}{8}pH$$

황산 이온과 황화수소 이온 농도가 같은, $[SO_4^{2-}] = [HS^-]$ 경계에서의 pe-pH 직선은 다음 식으로 나타난다.

$$pe = \frac{34}{8} - \frac{9}{8}pH$$

이 식을 물의 안정화 영역이 표시된 pe-pH 도표에 그리면 다음 그림과 같다.

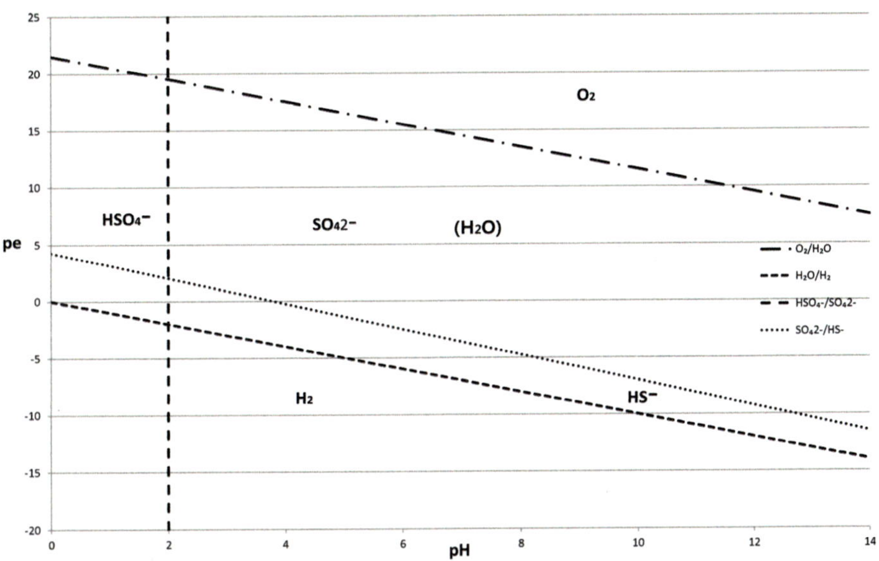

〈그림 10.3〉 물속에서 두 화학종 SO_4^{2-}/HS^- 의 경계를 포함하는 pe-pH 도표

(3) 용존 화학종과 고체 화학종 사이의 산화 · 환원경계선

황산이온(SO_4^{2-})이 환원되어 고체 황(S)으로 산화 석출되는 경계 조건은 다음 반쪽 반응식으로부터 구할 수 있다.

$$SO_4^{2-} + 8H^+ + 6e^- \rightleftharpoons S_{(S)} + 4H_2O \qquad \log K = 36.2$$

$$pe = \frac{36.2}{6} + \frac{1}{6}\log\frac{[SO_4^{2-}][H^+]^8}{[HS^-]}$$

순수한 고체 원소에 대한 값 [S$_{(S)}$] = 1 을 적용하면

$$pe = \frac{36.2}{6} + \frac{1}{6}log[SO_4^{2-}] - \frac{8}{6}pH$$

[SO$_4^{2-}$] = 10^{-2} M인 경우에는 다음 식에 따라 pe-pH 관계를 도시할 수 있다.

$$pe = 5.70 - \frac{8}{6}pH$$

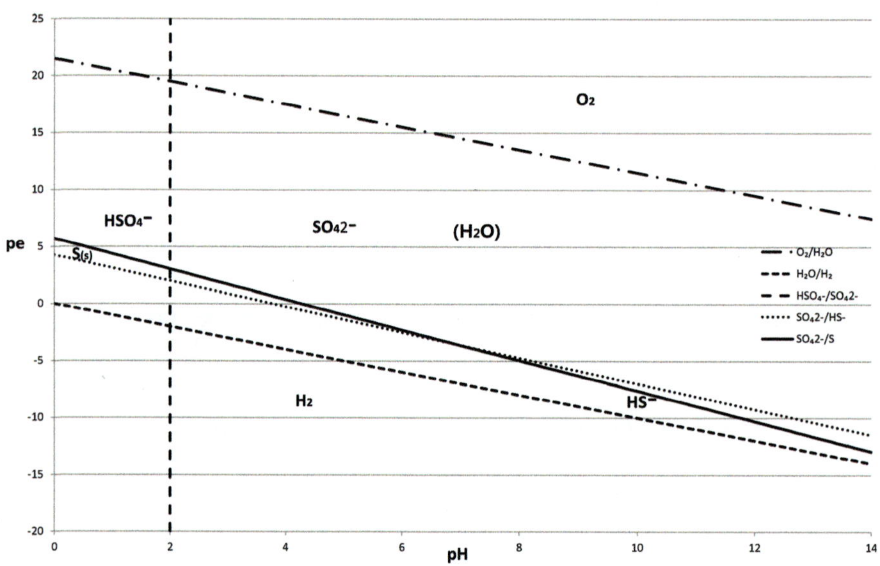

〈그림 10.4〉 물속에서 두 화학종, SO$_4^{2-}$/S$_{(S)}$ 의 경계를 포함하는 pe-pH 도표

11

수질분석과 수처리에서의 산화 – 환원

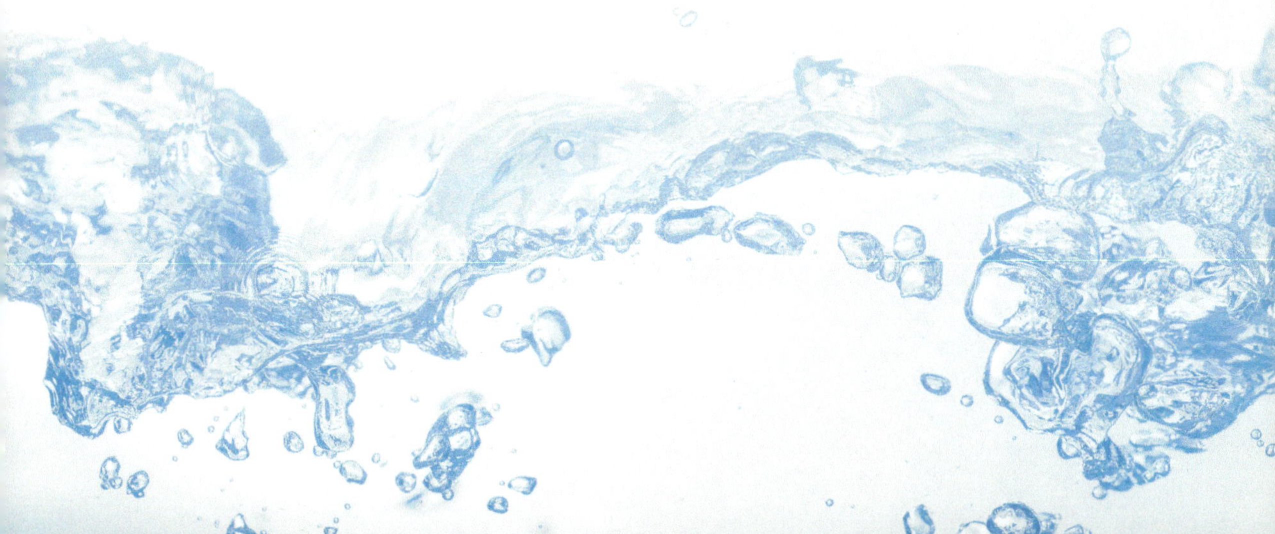

11.1 수질분석과 산화 – 환원 반응

수질 분석의 기본 항목인 화학적 산소 요구량(COD: chemical oxygen demand)은 물속에 존재하는 산화될 수 있는 물질의 양을 가늠할 수 있는 지표이다. 이는 강한 산화제인 과망간산포타슘($KMnO_4$, potassium permanganic acid)이나 중크로뮴산($K_2Cr_2O_7$, potassium dichromate)을 이용하여 물속의 물질을 화학적으로 강제 산화시킬 때 소비되는 산화제 양을 정량하여 같은 당량의 산소량으로 나타내며, 환경공학에서는 일반적으로 ppm/l로 나타낸다.

물속의 유기물질농도는 수질 변화를 가늠할 수 있는 중요한 지표인데, 유기물질 정량은 직접 총 유기 탄소량(TOC: total organic carbon)을 측정하거나, 간접적인 방법으로 용존 유기물질을 화학적으로 산화시킬 때 필요한 산소의 양을 산정하는 화학적 산소요구량(COD: chemical oxygen demand)측정과 미생물에 의해 유기물질을 분해하는 데 소모되는 산소의 양을 분석하는 생물학적 산소요구량(BOD: biological oxygen demand)을 측정하는 방법이 있다. 이 중에서 TOC 측정은 비교적 고가의 분석 장비가 필요하고, BOD 측정은 5일 이상의 분석시간이 필요한 특성을 갖는데 비하여 COD측정은 몇 시간 이내에 수행하여 유기물질에 의해 나타날 수 있는 수질오염 정도를 산정할 수 있는 경제적인 수질 분석 방법으로 광범위하게 쓰인다.

한편 COD 측정은 분석에 이용하는 산화 시약에 따라 COD_{Mn}측정법, COD_{Cr}측정법으로 구별한다.

11.1.1 COD_{Mn} 측정과 산화 - 환원 반응

(1) COD_{Mn} 측정에서의 산화환원반응

COD_{Mn} 값을 측정하기 위해서는 황산을 사용하여 수질 분석 시료를 산성으로 만든 후, 과망간산포타슘($KMnO_4$)을 과량 첨가하고 30분 간 물중탕에서 가열한다. 이 화학적 산화 반응에 소비된 과망간산 포타슘 양으로부터 그에 해당하는 당량의 산소량을 산정한 값이 COD_{Mn}이다.

이 측정방법의 시약인 과망간산 이온의 산화-환원 반쪽 반응은 다음과 같다.

$$MnO_4^- + 8H^+ + 5e^- \rightarrow Mn^{2+} + 4H_2O$$

이 환원 반쪽 반응의 균형식은 다음과 같이 단계적으로 나누어 쓸 수 있다.

① 반응에 포함 된 산화-환원 화학종을 확인한다.

COD_{Mn}측정에서 산화제인 과망간산($KMnO_4$)의 이온은 망간이온(II)으로 환원된다.

$$MnO_4^- \rightarrow Mn^{2+}$$

② 질량균형을 위해 반응물과 생성물의 원자 수를 맞춘다.

먼저 산소 원자의 수는 반응 용매인 물 분자를 반응식에 첨가하여 맞추고, 이어서 수소원자 수는 물의 자기이온화에 따라 물속에 항상 들어있는 수소이온(H^+)으로 균형을 맞춘다.

$$MnO_4^- + 8H^+ \rightarrow Mn^{2+} + 4H_2O$$

③ 반응 전 후의 전하균형을 맞춘다. 모든 화학 반응식에서와 마찬가지로 반응물 쪽과 생성물 쪽의 산화수는 균형을 이루어야 하므로 필요한 경우 자유전자(e^-)를 이용하여 전하균형을 맞춘다.

$$MnO_4^-(aq) + 8H^+(aq) + 5e^-(aq) \rightarrow Mn^{2+}(aq) + 4H_2O(l) \text{ -(A)}$$

이 환원반쪽반응에 나타난 전자의 몰 수로 부터 MnO_4^- 1 몰은 5 당량임을 알 수 있고, COD_{Mn} 분석에서 MnO_4^- 1몰이 소모되면 이는 산소 5 당량 즉 40 mg/l 에 해당하는 것을 알 수 있다.

모든 산화-환원반응은 각각의 반쪽 반응으로 이루어져 있는데, 산화제(MnO_4^-)의 환원반쪽반응에 대응하는 산화반쪽반응도 같은 방법으로 반쪽반응의 균형식을 쓸 수 있다.

COD_{Mn} 분석에서는 초기에 산화제인 MnO_4^- 를 과량으로 첨가하여 COD 분석의 주 대상인 유기물질과 물속에서 산소를 소모하며 산화하기 쉬운 물질들(예: 금속이온)을 완전히 산화시킨다. 이때 반응하고 남은 미반응 과망간산이온을 정량하는데 사용하는 유기물질인 옥살산(oxalic acid)의 산화반쪽 반응을 알아본다.

① 유기산인 옥살산(oxalic acid)은 산화하여 무기물질인 이산화탄소를 생성한다.

$$C_2O_4^{2-} \rightarrow 2CO_2$$

② 질량균형을 살펴보면, 위의 식에서 모든 원자의 수가 균형을 이루고 있으므로 더 이상의 질량균형은 필요하지 않다.

③ 전하균형은 자요 전자를 사용하여 반응 전 후 산화수를 맞춘다.

$$C_2O_4^{2-}(aq) \rightarrow 2CO_2(g) + 2e^-(aq) \qquad ---(B)$$

이상의 산화-환원반응은 하나의 계(system)에서 일어나는 것이므로 위의 산화와 환원 반쪽 반응식인 (A)와 (B)에서 주고받는 전자의 수는 같아야 한다. 전자수의 최소 공배수를 고려하여, 식 (A)에 2를 곱하고 식 (B)에 5를 곱하면 반응물과 생성물에 있던 전자의 수가 동일하게 되고, 두 식을 더하면 다음과 같이 산화-환원 이온식이 완성된다.

$$2MnO_4^-(aq) + 5C_2O_4^{2-}(aq) + 16H^+(aq)$$
$$\rightarrow 2Mn^{2+}(aq) + 10CO_2(g) + 8H_2O(l)$$

이 식은 산화제인 과망간산 이온 Mn(Ⅶ)이 Mn(Ⅱ)로 환원되면서 옥살산 이온의 C(Ⅲ)이 이산화탄소의 C(Ⅳ)로 산화하는 반응의 알짜반응(net reaction)을 나타낸다.

실제 분석에서 사용하는 시약은 이온이 아니라 포타슘염이나 소듐염이므로 이를 고려하면 다음 식으로 나타낼 수 있다. 화합물 표기에 들어있는 화학종이지만 식 속의 K^+, Na^+, SO_4^{2-}는 산화나 환원이 일어나지 않는, 산화-환원 반응에 관여하지 않는 구경꾼 이온(spectator ion)이다.

$$2KMnO_4 + 5Na_2C_2O_4 + 8H_2SO_4$$

$$\rightleftharpoons 2MnSO_4 + 10CO_2 + K_2SO_4 + 5Na_2SO_4$$

과망간산 이온에 의한 유기물질 산화의 생성물은 일반적으로 유기산(organic acid)이다. 예를 들어 방향족 고리(aromatic ring)에 붙어 있는 알킬기(alkyl group)와 같은 작용기도 산화시키는데, 물속에 톨루엔(toluene)이 존재할 때, COD_{Mn} 측정시 톨루엔은 과망간산 이온과 반응하여 다음 반응식에 따라 벤젠산(benzoic acid)으로 산화된다. 톨루엔과 같은 방향족 탄화수소(hydrocarbon)는 다음에 설명하는 중크로뮴산이온으로는 산화되지 않고, 따라서 COD_{Cr}에서는 측정되지 않는다.

$$5C_6H_5CH_3 + 6MnO_4^- + 18H^+ \rightleftharpoons C_6H_5COOH + 6Mn^{2+} + 14H_2O$$

또는

$$5C_6H_5CH_3 + 6KMnO_4 + 9H_2SO_4$$

$$\rightleftharpoons 5C_6H_5COOH + 6MnSO_4 + 3K_2SO_4 + 14H_2O$$

11.1.2　COD_{Cr} 측정과 산화 - 환원 반응

COD_{Cr} 값을 측정하기 위해서는 수질 시료에 강한 산화제인 중크로뮴산 포타슘($K_2Cr_2O_7$)과 산성 반응 조건 조성을 위하여 황산(H_2SO_4)을 첨가한 후 2시간 환류 가열한다. 유기물질을 비롯하여 산화될 수 있는 물질들과 반응하고 남

은 중크로뮴산 포타슘을 황산제일철 암모늄(FAS: ferrous ammonium sulfate, $(NH_4)_2Fe(SO_4)_2$) 용액으로 적정하여 산화반응에 소요된 $K_2Cr_2O_7$ 양을 정량하고 계산을 통해 그에 해당하는 당량의 산소량을 산정한 것이 COD_{Cr} 값이다.

이 측정방법의 시약인 중크로뮴산 이온의 산화-환원 반쪽 반응을 보면 다음과 같다.

$$Cr_2O_7^{2-} + 14H^+ + 6e^- \rightarrow 2Cr^{3+} + 7H_2O$$

이 환원 반쪽 반응의 균형식은 다음과 같이 단계적으로 쓸 수 있다.

① 산화-환원 화학종을 확인해보면, COD_{Cr} 측정의 산화제인 중크로뮴산이온($Cr_2O_7^{2-}$)의 Cr(VI)은 3가의 Cr(III)로 환원된다.

$$Cr_2O_7^{2-} \rightarrow Cr^{3+}$$

② 질량 균형에서, 반응용매인 물 분자(H_2O)와 수소이온(H^+)을 이용하여 반응물과 생성물의 원자 수 균형을 맞춘다.

$$Cr_2O_7^{2-} + 14H^+ \rightarrow 2Cr^{3+} + 7H_2O$$

③ 전하 균형을 맞추기 위해 자유전자(e^-)를 반응식에 도입한다.

$$Cr_2O_7^{2-} + 14H^+ + 6e^- \rightarrow 2Cr^{3+} + 7H_2O \qquad ---(C)$$

이 환원 반쪽 반응에 참여하는 전자의 몰 수로부터 $Cr_2O_7^{2-}$ 1 몰은 6 당량임을 알 수 있고, COD_{Cr} 분석시 $Cr_2O_7^{2-}$ 1몰이 소모되면 이는 산소 6 당량, 즉 48 mg O_2/l에 해당하는 것을 알 수 있다.

COD_{Cr}을 측정하는 물 시료 속에 알코올(에탄올,CH_3CH_2OH)이 함유되어있는 경우 에탄올은 아세트산(CH_3COOH)으로 산화되고, 그 산화반쪽 반응은 다음과 같이 쓸 수 있다.

$$CH_3CH_2OH(aq) + H_2O(l) \rightarrow CH_3COOH(aq) + 4H^+(aq) + 4e^-(aq) \quad --(D)$$

COD_{Cr} 측정시 산화제인 중크로뮴산 이온의 환원반쪽반응식 (C)와 유기물질인 에탄올이 유기산으로 산화되는 산화반쪽 반응식 (D)와 주고 받는 전자 수 균형을 맞추기 위해 [식(C)×2 + 식(D)×3]을 통해 정리하면 다음 식이 된다.

$$3CH_3CH_2OH(aq) + 2Cr_2O_7^{2-}(aq) + 16H^+(aq)$$
$$\rightleftharpoons 3CH_3COOH(aq) + 4Cr^{3+}(aq) + 11H_2O(l)$$

또는 위의 알짜 이온에 구경꾼 이온이 결합된 이온성 화합물을 포함한 완성된 전체 반응식은 다음과 같다.

$$3CH_3CH_2OH + 2K_2Cr_2O_7 + 8H_2SO_4$$
$$\rightleftharpoons 3CH_3COOH + 2Cr_2(SO_4)_3 + 2K_2SO_4 + 11H_2O$$

한편 COD 측정은 주로 물속 유기물질의 양을 산정하는 간접 지표로 많이 활용되지만, 산화-환원 반응을 이용한 COD_{Mn}, COD_{Cr} 측정시 유기물질 외에도 Fe^+, Cl^-, NO_2^- 등의 무기물질이나 산화되기 쉬운 다른 화합물이 COD값 측정에 관여할 수 있다. 이러한 물질들에 의한 COD값 상승은 COD 분석을 통한 유기물질 산정을 방해하는 것이므로, 이러한 방해 물질이 들어있을 것으로 예상되면 COD 측정 전에 제거하거나 차단하는 것을 고려해야한다. 예를 들어 수질 분석시 대표적인 COD 측정 방해물질인 염소이온(Cl^-)이 존재하면 중크로뮴산과 다음과 같은 산화-환원 반응을 하면서 중크로뮴산 소요량은 증가시키고, 이는 COD_{Cr} 값 증가의 한 요인이 된다.

$$Cr_2O_7^{2-}(aq) + 6Cl^-(aq) + 14H^+(aq) \rightarrow 2Cr^{3+}(aq) + Cl_2(g) + 7H_2O(l)$$

COD_{Mn} 분석에서는 황산은($AgSO_4$)용액을 첨가하고, COD_{Cr} 분석 시에는 황산수은($HgSO_4$)을 첨가하는 데, 이는 산화반응의 촉진과 더불어 염소이온(Cl^-)을 차단하여 그의 산화에 따른 COD값 증가를 방지하는 역할을 한다.

수질 분석에서 같은 시료에 대해 COD_{Cr} 값이 COD_{Mn} 값보다 일반적으로 크게 나오는데 이는 중크로뮴산 이온의 유기물 산화분해율이 과망간산 이온에 비해 약 80% 대 60% 정도로 큰데 기인한다고 설명한다. 하지만 유기 합성을 비롯한 전형적인 유기화학 반응에서 중크로뮴산 포타슘은 과망간산 포타슘에 비하여 반응성이 적은 산화반응 시약이다.

예를 들면, 중크로뮴산으로 일차알코올(primary alcohol: 알코올기에 붙은 탄소에 한 개의 알킬기가 붙어있는 알코올)을 산화 반응시키면 알데히드

(aldehyde)가 생성되고, 환류 가열하면 더 산화하여 카르복실산(carboxylic acid)이 생성되는데, 과망간산 이온은 중간 산화물인 알데히드 생성 없이 카르복실산만 생성한다. 중크로뮴산 이온으로 이차 알코올(secondary alcohol: 알코올기에 붙은 탄소에 두 개의 알킬기가 붙어있는 알코올)을 산화시키면 케톤(ketone)이 생성되고 더 이상의 산화(카르복실산 생성)는 진행되지 않고, 삼차 알코올(tertiary alcohol: 알코올기가 붙은 탄소에 세 개의 알킬기가 붙어있는 알코올)은 산화되지 않는다.

과망간산 이온과 중크로뮴산 이온은 모두 표준 환원 전위가 큰 강한 산화제이지만, 모든 유기물질을 완전히 산화시키지는 못하므로 용존 유기물질의 산화에서는 각 산화제가 반응하는 개별 유기화합물과의 반응특성을 이해하는 것이 필요하다.

한편, COD_{Mn}분석은 COD_{Cr}분석에 비하여 상대적으로 긴 분석 시간(2시간)을 요하나 산성 용액뿐 아니라 중성이나 염기성 용매에서도 분석이 가능하다. 한편 COD_{Cr}분석에 사용하는 중크로뮴산 이온의 Cr(VI)은 산화력이 매우 크고 독성이 강한 발암물질로 알려져 있어 사용과 폐기에 주의를 요한다.

물속에 함유된 유기물질을 정량하는 방법으로 화학적 산소요구량(COD)과 총유기탄소량(TOC: total organic carbon)은 다음 식에서 보는 바와 같이 유기물질(반응식의 에탄올과 옥살산)을 완전 산화시키는데 필요한 산소량을 측정하는 것인지 산화 후 생성된 이산화탄소량을 측정하는 것이냐에 따른 차이가 있다.

〈표 11.1〉 에탄올과 옥살산의 산화반응식

		소모량		생성량	
에탄올:	C_2H_5OH	+ 3O_2	$\rightarrow$	2CO_2	+3H_2O
옥살산 :	2$C_2H_2O_4$	+ O_2	$\rightarrow$	4CO_2	+3H_2O
		COD 측정		TOC측정	

11.1.3 기체 오존 측정에서의 산화 – 환원반응

pH 9.2로 조절된 붕산염 완충용액 속에 오존과 반응하고도 남을 만큼 과량의 아이오딘화포타슘(KI)이 들어있는 용액에 오존 기체를 통과시키면 다음 반응식에 따라 아이오딘화이온(I^-)이 산화되면서 아이오딘(I_2)이 생성된다.

$$2I^-(aq) + O_3(g) + H_2O(l) \rightleftharpoons I_2(s) + O_2(g) + 2OH^-(aq)$$

기체 오존의 농도를 측정하는 한 방법은 오존과의 산화반응을 통해 생성되는 I_2를 싸이오황산소듐(NaS_2O_3: sodium thiosulfate) 표준용액을 이용하여 적정 분석한다. 이때 전분 지시약을 사용한다.

위의 산화 환원 반응식에서 오존의 강한 산화력이 I^- 를 I_2로 , 즉 산화수 −1에서 산화수 0으로 산화시키는 것은 쉽게 확인할 수 있으나 오존 분자와 산소의 산화수는 모두 0으로써 환원 화학종은 확인하기 어렵다.

위의 반응식에서 직관적으로 확인하기 어려운 오존의 환원 반쪽 반응은 다음 반응식들로 설명할 수 있다.

$$O_3 + e^- \rightarrow O_3^-$$

이렇게 생성되는 오조나이드 이온(ozonide ion)의 예는 포타슘(K)과 같은 비교적 무거운 알카리금속과의 화합물, KO_3에서 볼 수 있다. 이 오조나이드 이온이 물속에서 다음 반응식에 따라 이원자 산소 분자로 전환된다.

$$O_3^- + H_2O + e^- \rightarrow O_2 + 2OH^-$$

이 반응에서, 반응물 O_3^-에서 산소 원자 하나의 산화수는 −1/3이고, 생성물의 산소 화학종 중 OH^-의 산소 산화수는 −2, 다른 산소 화학종인 O_2의 산소 산화수는 0이다. 즉 한 화학종 O_3^-의 반응에서 산화수가 증가한(산화된) 화학종과 산화수가 감소한(환원된) 화학종이 생성된다. 이처럼 하나의 혹은 동일한 화학종이 한 반응에서 두 종류 이상의 화학종을 생성하는 반응은 불균등화 반응이다. 산화-환원 반응에서의 불균등화는 오조나이드 이온에서처럼, 한 반응 화학종에서 산화수가 증가한 화학종과 산화수가 감소한 화학종이 동시에 형성된다.

11.2 수처리 공정의 산화 – 환원 반응

11.2.1 고급 산화 공정

화학적인 고급 산화 공정(AOPs: advanced oxidation processes)은 일반적으로 수처리 과정에서 수산화 라디칼(hydroxyl radical: •OH)이 생성되고, 그 라디칼의 화학반응이 수질 개선에 기여 하는 수처리 기술을 일컫는다. 이 라디칼은 산화력이 매우 강한 화학종이어서 물에 함유된 유기물질을 비롯한 오염물질을 처리할 수 있는 매우 유용한 산화제이다.

자연수나 폐수에 들어있는 유기오염물질들은 그 종류가 매우 다양하고, 이들 대부분은 인체뿐 아니라 수생식물이나 동물에도 영향을 끼치는 유해 물질인 경우가 많다. 직접적인 위해성 이외에도 물속 유기물질 가운데는 생물학적 처리로 분해하기 어려운 물질이나 생물학적 처리에서 유용한 미생물에 독성을 나타내는 물질이 포함되는 경우도 있으므로 수질에 따라 적절한 수처리 기술을 고려하여야 한다.

화학적 고급 산화 공정은 이런 유해 물질들을 처리하는 유용한 기술인데, 이 기술은 처리공정에서 강력한 산화 화학종 들을 생성함으로써 유기 오염물질의 산화 처리를 수행하는 데 그 중 대표적인 산화제가 수산화 라디칼(• OH)이다. 수산화 라디칼을 이용하는 이 고급산화공정은 1894년 H.J. Fenton이 개발한 펜톤 공정을 비롯하여 오존이나 자외선 등을 응용한 다양한 방법이 알려져 있고, 지속적으로 새로운 기술이 연구되어 현장에 적용되고 있다.

반응성이 큰 수산화 라디칼이 수처리 공정을 주도하는 대표적인 AOP공정으로는 역사적으로 그 시작이라고 할 수 있는 펜톤 시약(Fe^{2+}/H_2O_2)을 이용하는 펜톤 산화법, 그리고 강력한 산화력을 갖는 화합물 오존(O_3)을 이용하는 오존 산화법, 그리고 오존과 또 다른 산화제인 과산화수소(H_2O_2)를 함께 이용하는 O_3/H_2O_2 공정 등 등 다양한 공법이 있다. 한편 AOP 공정 중에는 수산화 라디칼 생성에 기반하는 다양한 광화학적 고급 산화 공정들이 있는데, 자외선만을 이용한 단독산화 공정을 비롯하여 UV/H_2O_2, UV/O_3 그리고 UV/TiO_2와 같이 균일/불균일 촉매를 이용한 광촉매 산화법 그리고 다른 방법과 공정을 조합한 다양한 고급 산화 공정들이 있다.

고급 산화 공정은 산화-환원 반응을 이용한 수처리 기술이다. 이 공정에서 중요한 역할을 하는 라디칼의 반응 메카니즘과 산화 공정에 기여하는 또 다른 화학종을 살펴본다.

11.2.2 라디칼 반응

음용수와 폐수에 들어있는 다양한 오염물질들을 분해하기 위하여 화학적 산화 방법을 이용하기 시작한 것은 비교적 오래된 일이다. 그 방법 중에는 이미 산화력이 알려진 오존(O_3)이나 과산화수소(H_2O_2) 같은 화학물질을 이용하는 산화 기술이 많이 도입되었는데, 반응 연구를 통하여 이 기술의 특징이 산화력이 우세한 화학종 중의 하나인 수산화 라디칼 화학(hydroxyl radical chemistry)에 기인하는 것을 알게 되었다.

수산화 라디칼은 반응성이 크고, 비선택적인 반응(non-selective reaction)을 하는 화학종으로써 수처리 공정에 함유된 화학물질 특성에 따른 영향을 적게 받으므로 다양한 종류의 유기화합물들을 비교적 쉽게 분해할 수 있다.

여기서 라디칼 혹은 자유라디칼(free radical)이라고 부르는 이 화학종(chemical species)은 원자, 분자 혹은 이온 등의 화합물 등에 들어있는 결합전자나 비공유 전자쌍과는 달리 쌍을 이루지 않고 홀로 존재하는 전자를 포함하고 있다. 라디칼 화학종 표기 방법은 화학식이나 구조식 옆에 점으로 홀전자를 표시하는데, 예로써 수산화 라디칼을 표기하는 경우 다음 둘 중 하나로 나타낸다.

$$\cdot OH \quad \text{또는} \quad OH \cdot$$

쌍을 이루지 않은 홀전자를 갖고 있는 라디칼은 반응 대상물질 속의 전자와 결합하여 자신이 쌍을 이루려는 경향이 크다. 이는 라디칼의 반응성이 큰 것을 의미한다. 라디칼 화학종이 다른 화합물의 전자와 반응하여 쌍을 이루면(이는 다른 화합물로부터 전자를 가져왔다 혹은 뺏어왔다고도 표현하는데), 전자를 잃어버린(혹은 빼앗긴) 물질은 아래의 그림에서 보는 것처럼 반응 전 상태에 따라 새로운 라디칼이 되거나 새로운 화합물을 생성한다.

$$A\cdot + B\!:\ \rightarrow\ A\!:\ + B\cdot$$

$$B\cdot + C\!:\ \rightarrow\ B\!:\ + C\cdot$$

이 반응에서처럼 한 라디칼 화학종이 자신은 전자쌍을 갖추고 새로운 라디칼 화학종을 연속적으로 생성할 수 있는데, 이렇게 라디칼 소비와 생성이 계속되는 반응을 '연쇄반응(chain reaction)'이라고 하며 이는 전체 반응 중 '전파단계(propagation step)'에 해당한다.

전파단계에서 생성된 라디칼 화학종들은 같은 종류의 라디칼이나 혹은 다른 라디칼 화학종과 결합하여 전자가 쌍을 이룸으로써, 두 라디칼 화학종이 서로의 라디칼 특성을 중화시키고 새로운 화합물을 생성한다. 라디칼 생성과 소비가 지속적으로 일어나던 연쇄반응이 멈추는 다음과 같은 과정을 '종결단계(termination step)'이라고 한다.

$$A\cdot + A\cdot\ \rightarrow\ A\text{-}A$$

$$C\cdot + A\cdot\ \rightarrow\ C\text{-}A$$

이 연쇄반응의 첫 시작은 중성 화합물의 결합이 균일하게(homogeneously) 끊어지면서 결합을 이루고 있던 두 전자가 독립적인 자유라디칼로 바꾸는 것인데, 다음 예와 같이 라디칼 연쇄 반응이 시작되는 이 첫 단계를 '개시단계 (initiation step)'이라고 한다. 이 라디칼 생성에는 화합물의 결합, 일반적으로는 공유결합을 끊을 수 있는 에너지(예를 들어 빛에너지 $h\nu$)가 필요하다.

$$A-A \xrightarrow{h\nu} A\cdot + A\cdot$$

즉 연쇄반응으로 전개되는, 반응성이 큰 라디칼 화학종의 반응 메카니즘은 개시단계-전파단계-종결단계의 세 단계로 나눌 수 있다.

11.2.3 고급 산화 공정 속의 산소 화학종

(1) 산소(O_2: oxygen molecule)

① 삼중항 산소(triplet oxygen)

일반적으로 산소 원자 두 개가 공유결합을 하여 이루어진 안정한 바닥상태(ground state)의 산소분자는 삼중항 산소이다. 산소 분자 중에서 반응성이 크지 않은 이 산소 화학종은 반응성이 큰 단일항 산소와 구별하기 위하여 다음과 같이 표기한다.

$$^3O_2 \qquad (삼중항 산소: triplet\ oxygen)$$

분자 궤도 함수(MO: molecular orbital)이론에 따른 산소분자 속의 전자 배치를 보면, 삼중항 산소에는 두 개의 축퇴된 분자 궤도(degenerated molecular orbital)에 쌍을 이루지 않고 각각 홀로 놓여 있는 두 개의 홑전자가 있다. 즉 삼중항 산소는 한 분자에 두 개의 자유라디칼이 존재하는 '이중라디칼(diradical)' 화학종이다. 에너지 준위가 같은 축퇴된 궤도에 쌍을 이루지 않고 놓여있는 삼중항 산소의 두 전자는 같은 스핀(spin)을 갖고 있다.

두 전자가 동일한 스핀을 갖는 경우 총 스핀(total spin)은 1이 되며, 이 스핀값은 분광학적으로 외부 자기장 속에서 세 가지의 스핀 정렬이 가능하기 때문에 삼중항 배열(triplet configuration)로 알려져있고, 이 상태의 산소는 에너지 관점에서 안정한 바닥상태의 산소분자에 해당한다.

② 단일항 산소(singlet oxygen)

삼중항 산소에 에너지가 가해지면 들뜬상태(excited state)로 전환될 수 있다. 삼중항 산소가 충분한 에너지를 흡수하여 쌍을 이루지 않고 존재하던 이중라디칼(diradical)의 두 전자 중 한 전자의 스핀이 바뀌거나, 두 전자가 하나의 궤도에서 쌍을 이루는 경우 단일항(또는 일중항) 산소가 된다. 산소분자 중 단일항 산소는 다음과 같은 기호로 나타낸다.

$$^1O_2 \qquad \text{(단일항 산소: singlet oxygen)}$$

물리화학적 원리에 따라서, 에너지가 들뜬 상태의 단일항 산소가 과잉의 에너지를 외부로 방출하면서 에너지가 낮은 상태인 삼중항 산소로 전환될 수 있다. 이것은 전자의 스핀 상태가 다른, 즉 서로 다른 양자 상태 사이의 전이므로 큰 활성화 에너지가 필요한 반응이고 그 반응속도는 느리다.

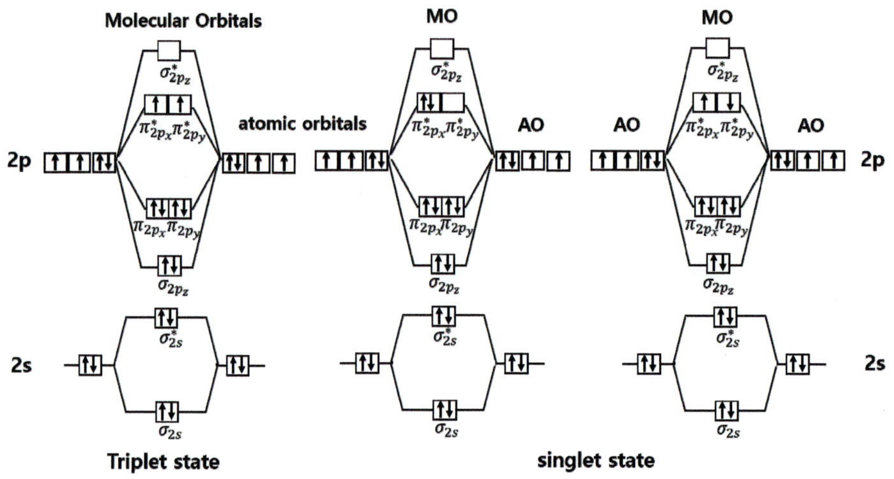

<그림 11.1> 삼중항 산소와 단일항 산소의 분자궤도와 전자 배치

같은 스핀을 갖는 두 라디칼 전자로 이루어진 삼중항 산소에서와는 달리, 단일항 산소에서는 두 전자가 반대 스핀을 갖고 있으며 이 화학종은 삼중항 산소와는 달리 화학 반응성이 매우 크다.

Keystone　　**전자 스핀**

　전자의 스핀(electron spin)은 마치 지구의 자전과 같은 축 중심의 전자회전인데 스핀방향은 시계 방향과 반시계 방향 두 가지가 있으며, 양자 역학적 표기에 따라 +1/2, -1/2로 표시하는데, 화학에서는 그 부호나 숫자가 일반 물리적인 의미보다는 서로 다른 두 방향의 스핀이 존재함을 구별하는 것으로 설명할 수 있다.

(2) 초과산화물 이온(superoxide ion)

화학 반응성이 비교적 작은 삼중항 산소가 전자 한 개를 받아들이면 반응성이 큰 화학종으로 변한다. 중성인 산소분자가 전자 하나를 받아들여 형성되는, 산화 상태가 '-1가' 로 환원된 화학종을 '초과산화이온(superoxide ion)'이라 부른다. 전하를 띤 초과산화이온은 전하를 띤 라디칼 화학종이며, 산소가 전자를 받아들이는 생성반응은 다음과 같이 나타낼 수 있다.

$$^{3}O_2 + e^{-} \longrightarrow \cdot O_2^{-}$$

(3) 수산화 라디칼(hydroxyl radical)

이원자 분자 화학종인 수산화 라디칼($\cdot$OH)은 앞 단원에서 기술한 바와 같이 수처리의 고급 산화 공정(AOP:advanced oxidation process)을 정의하는 화학종이다. 다음은 수처리의 AOP 공정 중에서도 역사적 의미가 있는 펜톤 시약 반응(Fenton reagent reaction)에서 수산화 라디칼이 생성되는 반응식 들이다. 수산화 라디칼을 생성하는 방법은 다양하며, 앞 절에서 설명한 초과산화물 이온 라디칼도 대부분 전자 주개(electron donor)로써, 즉 환원제로 작용하면서 반응성이 큰 수산화 라디칼을 형성하는 데 중요한 역할을 한다.

펜톤 시약에서 초과산화 이온은 3가 철, Fe(III)을 환원시키면서 삼중항 산소($^{3}O_2$)로 산화된다.

$$\cdot O_2^{-} + Fe^{3+} \longrightarrow O_2 + Fe^{2+}$$

이렇게 생성된 2가 철, Fe(II)은 과산화수소(hydrogen peroxide: H-O-O-H)분자 내 산소 사이의 결합 파괴를 촉진하여 수산화 라디칼($\cdot$OH)과 수산화 이온(OH)을 생성한다.

$$H_2O_2 + Fe^{2+} \rightarrow HO\cdot + OH^- + Fe^{3+}$$

다음은 수산화 라디칼이 생성되는 AOP 공정의 예이다.

① 오존/과산화수소(O_3/H_2O_2) 공정

$$H_2O_2 + H_2O \rightarrow HO_2^- + H_3O^+$$

$$HO_2^- + O_3 \rightarrow \cdot OH + \cdot O_2^- + O_2$$

② 자외선/과산화수소 (UV/H_2O_2) 공정

$$H_2O_2 \xrightarrow{h\nu} 2OH\cdot$$

③ 자외선/오존(UV/O_3)공정

$$O_3 + H_2O \xrightarrow{h\nu} 2HO\cdot + O_2$$

④ 자외선/이산화티타늄(UV/TiO_2) 공정

반도체 특성을 갖는 이산화티타늄의 수용성 현탁액에 자외선을 조사하는 이 공정은 광촉매 산화(PCO: photocatalytic oxidation) 기술의 하나이다.

반도체 물질(예: 이산화티타늄)에 화합물의 밴드 갭 에너지(band gap energy) 보다 큰 에너지(예: 파장 254nm의 자외선)을 조사하면 소재의 가전자대(valence band)에서 전도대(conduction band)로 전자의 전이가 일어나면서 정공(positive hole: h^+)과 자유 전자(electron: e^-)가 형성되어 수처리 공정에서 다음 반응식에 따른 화학종이 생성된다.

$$TiO_2 + h\nu \quad \rightarrow \quad h^+ + e^-$$

$$h^+ + H_2O \quad \rightarrow \quad {}^\bullet OH + H^+$$

$$h^+ + OH^- \quad \rightarrow \quad {}^\bullet OH$$

$$e^- + O_2 \quad \rightarrow \quad {}^\bullet O_2^-$$

밴드 갭 에너지

단일 원자나 적은 수의 원자로 이루어진 물질과는 달리 많은 원자로 이루어진 결정성(고체 혹은 액체 결정 등) 물질들의 구조는, 밀접한 구성 원자 상호 간의 작용으로 원자 고유의 에너지 준위(예: 원자궤도) 보다 넓은, 일정한 폭을 갖는 에너지 밴드(energy band)를 형성하고 그곳에 전자가 놓여 있는 것으로 설명할 수 있다. 이 밴드 중에서 전자가 놓여 있는 가전자대(valence band)와 바닥 상태에서 비어있고 전자를 받아들일 수 있는 전도대(conduction band) 사이의 에너지 차이를 밴드 갭 에너지(band gap energy)라고 한다. 광촉매 산화 공정에 응용하는 대표적 반도체 화합물인 이산화티타늄의 밴드 갭 에너지는 3.2 eV 이다.)

    다음 그림은 고급 산화 공정을 비롯한 화학적 수처리 공정에 존재하는, 산소 원자가 들어있는 라디칼 화학종과 비라디칼 화학종들이며, 일부 화학종의 루이스 구조를 나타내고 산소 원자의 고유 전자와 기타 전자를 구별하여 표기하였다.

Radicals:		Non-Radicals :	
O_2^-	Superoxide	H_2O_2	Hydrogen peroxide
·OH	Hydroxyl	$HOCl^-$	Hypochlorous acid
RO_2·	Peroxyl	O_3	Ozone
RO·	Alkoxyl	$^1O_2$	Singlet oxygen
HO_2·	Hydroperoxyl	$ONOO^-$	Peroxynitrite

Oxygen O_2 Superoxide anion $·O_2^-$ Peroxide $·O_2^{-2}$

Hydrogen Peroxide H_2O_2 Hydroxyl radical ·OH   Hydroxyl ion OH^-

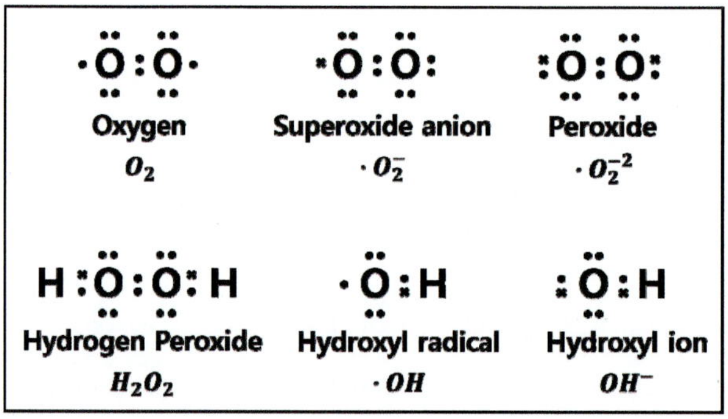

〈그림 11.2〉 산소 원자를 포함하는 화학종과 루이스 구조

11.3 수처리에서의 고급 산화 공정

11.3.1 펜톤 산화 기술

펜톤 시약(Fenton reagent)으로 알려진 2가 철 이온(Fe^{2+})과 과산화수소(H_2O_2)가 반응하여 생성된 화학종이, 폐수에 함유된 페놀(phenol)이나 농약처럼 독성이 크고 잘 분해되지 않는 유기 오염물질을 분해할 수 있는 특성을 갖는 공정이다. 펜톤 시약은 비교적 흔한 화합물이고 과산화수소가 다루기 쉽고 환경적으로 안정하여 폐수처리에 이용하기 쉬운 특성을 갖추고 있다. 때로는 자외선 조사와 같은 다른 기술과의 조합을 통하여 공정효율을 높일 수도 있다.

펜톤 산화 반응은 이제까지 주로 두 가지 메카니즘으로 설명해왔다. Harber-Weiss 메카니즘으로 알려진 첫 번째 메카니즘은, 수산화라디칼($\cdot OH$)을 반응성이 큰 주된 산화 화학종으로 제안한다. 두 번째는 Bray와 Gorin이 제안한 것으로 수산화 라디칼 보다는 펜톤 반응에서 생기는 철산화물 중간체(intermediate)인 FeO^{2+}와 FeO^{3+}와 같은 화학종을 주된 산화제로 여긴다.

분광학의 발전과 화학반응 연구를 통해 전통적으로 받아들였던 수산화 라디칼 생성을 펜톤 산화 공정의 주된 반응으로 고려한다. 펜톤 산화의 기본 메카니즘을 살펴보면,

$$Fe^{2+} + H_2O \rightleftharpoons Fe^{3+} + \cdot OH + OH^- \quad \cdots\cdots\cdots\cdots (1)$$

$$Fe^{2+} + \cdot OH \rightleftharpoons Fe^{3+} + OH^- \quad \cdots\cdots\cdots\cdots (2)$$

$$RH + \cdot OH \rightleftharpoons \cdot R + H_2O \quad \cdots\cdots\cdots\cdots\cdots\cdots\cdots\cdots\cdots\cdots\cdots\cdots\cdots \quad (3)$$

$$R \cdot + Fe^{3+} \rightleftharpoons Fe^{2+} + R^+ \quad \cdots\cdots\cdots\cdots\cdots\cdots\cdots\cdots\cdots\cdots\cdots\cdots \quad (4)$$

$$Fe^{3+} + H_2O_2 \rightleftharpoons Fe^{2+} + \cdot OOH + H^+ \quad \cdots\cdots\cdots\cdots\cdots\cdots\cdots\cdots \quad (5)$$

반응 (1), (2)에 따라 +2가의 철 이온(Fe(Ⅱ), ferrous ion)은 쉽게 +3가의 철 이온(Fe(Ⅱ), ferric ion)으로 산화한다. 그리고 펜톤 산화로 소모된 Fe^{2+}는 반응속도는 느리지만 소위 유사 펜톤 반응으로 알려진, Fe^{2+}와 H_2O_2 사이의 반응에서 재생된다. 여기서 반응 (1)은 펜톤 산화의 중심 반응이라고 할 수 있다.

펜톤 산화 공정은 일반적으로 용액의 pH가 3 이하의 산성에서 운용한다. 수산화 라디칼의 산화력은 용액의 pH에 따라 달라지는데, pH가 낮아질수록 수산화 라디칼의 산화 퍼텐셜(oxidation potential)이 커지고 그로부터 산화력이 증가한다. 다시 말하면, pH가 증가하면 펜톤시약의 반응성은 감소하는데 이는 반응성에 기여할 Fe^{2+}가 반응성이 퇴화된 수산화물이나 산화수산화물 침전물을 형성하면서 그 농도가 감소하는데 기인한다. 그리고 pH가 높으면 H_2O_2도 자가분해 한다.

한편 pH가 매우 낮아지면 철 이온이 $[Fe(H_2O)_6]^{2+}$와 같은 철 착화합물을 생성하거나, 과산화수소가 비교적 안정한 옥소늄이온(oxonium ion, $[H_3O_2]^+$)을 형성함으로써 펜톤산화의 반응성을 나타낼 Fe와 HO 사이의 반응이 줄어든다. 즉 유기화합물을 효과적으로 분해할 수 있는 펜톤 산화 공정의 효율은 pH가 높을 때도 또는 낮을 때도 감소할 수 있다. 그 외에도 펜톤 산화 공정엔 위에 언급한 화학종 외에도 여러 가지 다른 화학종이 포함되어 경쟁적으로 반응할 수 있다.

<표 11.2> 대표적 산화 화학종의 표준 환원 전위

산화 화학종	화학표기	표준환원전위	(E/volts)
플루오린	F	3.06	fluorine
수산화 라디칼	$\cdot OH$	2.80	hydroxyl radical
황산이온 라디칼	$SO_4^- \cdot$	2.60	sulfate radical
산소원자	O	2.42	atomic oxygen
오존	O_3	2.07	ozone
과산화수소	H_2O_2	1.77	hydrogen peroxide
과산화수소 라디칼	$HOO \cdot$	1.70	perhydroxyl radical
이산화염소	ClO_2	1.50	chlorine dioxide
과망가니즈산 이온	MnO_4^-	1.49	permanganate
염소(기체)	Cl_2	1.36	chlorine gas
중크로뮴산 이온	$Cr_2O_7^{2-}$	1.33	dichromate
브로민	Br_2	1.09	bromine
차아염소산	$HOCl$	0.95	hypochlorous acid
차아염소산 소듐	$NaOCl$	0.94	sodium hypochlorite
아이오딘	I_2	0.54	iodine
산소	O_2	0.40	oxygen

 오존 산화 기술

오존(ozone: O_3)은 산소 원자 세 개로 이루어진 화합물로써, 산소(oxygen: O_2)기체와 동일하게 산소 원자만으로 구성되어있다 그러나 두 화합물은 그 구조와 성질이 다른 물질이며 O_3와 O_2는 동소체이다.

동소체

> 동소체(allotrope)란, 같은 종류의 원소로 이루어졌으나 그 모양과 성질이 다른 한 종류의 원소로 이루어진 물질들을 아우르는 용어이다. 예로써, 흑연과 다이아몬드 그리고 탄소 원자 60개로 이루어진 축구공 모양의 풀러렌(C_{60}: fullerene), 탄소나노튜브 등은 순수하게 탄소만으로 이루어진 동소체이다. 동소체의 구조와 성질이 다른 것은 원자들의 결합 모양이 다르기 때문이다.

오존은 물속에서 다음과 같은 산화-환원 반쪽 반응을 진행하는 데, 그 표준 환원 전위가 +2.07 볼트에 이르는 매우 강한 산화제이다.

$$O_3(g) + 2H^+ + 2e^- \rightleftharpoons O_2(g) + H_2O \quad (E^\circ = +2.07V)$$

오존의 강한 산화력은 다른 물질들과 다양한 산화 반응을 진행한다. 특히 유기화합물과의 반응에서는 이중결합 화합물과 선택적으로 반응하고, 분자 내의 특정 작용기를 공격한다.

이러한 특성은 이중결합이나 특정 작용기를 갖고있는 물속 미량 오염물질을 산화시켜 다른 물질로 전환시킬 수 있기 때문에 오래전부터 수처리에서 소독이나 유해 유기물질을 제거하는 데 많이 응용되고 있다. 이 오존 산화반응은 음용수를 위한 정수과정 외에도 수영장 용수처리나 폐수처리에도 활용되고, 미량 유기오염물질뿐 아니라 통상의 용존 유기 물질(DOC: dissolved organic compound)이나 아질산 이온 같은 폐수 중의 무기 오염물질 처리에도 활용되고 있다.

처리장에 유입되는 폐수는 여러 가지 용존 및 부유물질 형태로 생물학적으로 분해되는 유기물이나 영양물질 등 다양한 오염물질을 함유하고 있다. 오늘날에는 더욱 다양한 미량 오염물질들이 폐수처리장에 유입되는데, 의약품 항생제 및 각종 호르몬 활성 물질과 같은 물질은 생물학적 처리를 비롯한 이제까지의 전형적 처리법만으로는 효과적으로 제거할 수 없는 경우가 많다. 이처럼 생물학적으로 분해가 어려운 난분해성 물질을 함유하거나 물속 오염물질의 독성이 생물학적 처리를 불가능하게 하는 경우 오존의 강한 산화력을 이용한 오존 산화공정은 효율적인 수처리 방안으로 기여해왔다.

수처리 공정에서 물속 오존의 반응은 다음 두 가지 반응 메카니즘으로 설명할 수 있다.

(1) 오존 분자의 직접 반응(직접 메카니즘: direct mechanism)
(2) 수산화 라디칼과 같은 이차 산화물에 의한 반응

   (간접 메카니즘: indirect mechanism)

직접 반응 메카니즘에서 반응물질인 오존 분자는 표준 환원 전위가 2.07 V로 그 화합물 자체가 매우 강한 산화제이다.

한편 오존은 물속에서 수산화 라디칼($\cdot OH$)을 생성하는데, 라디칼 화학종은 일반적으로 수명이 매우 짧고 반응성이 큰 물질이다. 수산화 라디칼의 표준 환원 전위는 오존 분자보다도 더 큰 2.86 V이고 따라서 오존보다도 강한 산화제이다.

수처리 공정 중 용액 속에 수산화 라디칼이 생성되어 산화 반응이 일어나는 경우를 고급 산화 공정(AOP: advanced oxidation process)이라 일컫는데, 오존 산화 공정은 대표적 AOP 공정 중의 하나로써 오존 분자(직접 메카니즘)와 수산화 라디칼(간접 메카니즘)이 함께 수처리 대상 물질과 반응하는 공정이다.

두 반응 메카니즘 중 어느 반응 경로가 더 우세한지는 처리 공정 안의 물의 온도, pH 및 여러 화학적 환경에 따라 달라질 수 있다.

(1) 직접 반응

$$O_3 + M \rightarrow M_{ox}$$

(2) 간접 반응

$$\left. \begin{array}{l} O_3 + H_2O/OH^- \\ O_3 + H_2O_2/HO_2^- \\ O_3 + UV \end{array} \right\} \longrightarrow \cdot OH \xrightarrow{+M} M_{ox} + \cdot R$$

(3) 오존 산화의 직접 반응 메카니즘

산소 원자 세 개가 공유결합한 오존의 루이스 구조를 보면 오존은 +와 -전하를 모두 갖는 극성화합물이다. 따라서 수처리 과정에서 유기화합물과 반응할 때는 고리 화합물을 형성하는 고리첨가반응(cyclo-addition: Criegee reaction)과 친전자 반응(electrophilic reaction) 그리고 친핵 반응(nucleophilic reaction)등 세 가지 형태의 반응을 할 수 있다.

① 고리첨가반응(cycloaddition: Criegee reaction)

오존 분자는 쌍극자 구조를 갖춘 굽은 모양이다. 이 구조는 이중결합 또는 삼중결합과 같은 불포화 탄화수소(unsaturated hydrocarbon) 화합물과 직접 반응하여 오각형의 고리 화합물을 생성할 수 있는 데, 오존의 세 산소 원자와 불포화 탄화수소의 두 탄소 간의 결합으로 이루어진 이 중간 생성물을 '오조나이드(ozonide)'라고 한다. 물과 같이 양성자가 존재하는 용액 속에서 '오조나이드'는 알데하이드(aldehyde), 케톤(ketone), 양쪽성이온(zwitter ion) 등의 분해화합물로 전환되고, 양쪽성이온은 최종적으로 과산화수소와 카르보닐(carbonyl)화합물을 생성한다.

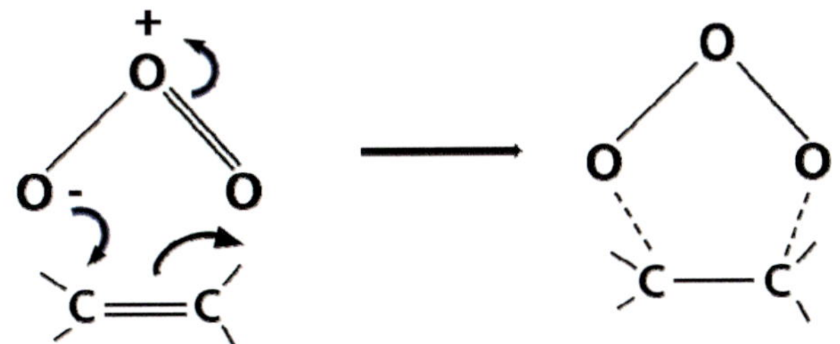

〈그림 11.3〉 오조나이드를 생성하는 불포화탄화수소와 오존의 반응

유기화학에서 첨가반응(addition reaction)은 두 분자의 화합물이 반응하여 새로운 하나의 분자를 생성하는 것이다. 반응물질 중 하나는 다른 물질과 공유할 수 있는 두 개 이상의 반응성 전자를 갖는 원소 혹은 결합을 함유하고 있으며(예를 들어 아래 그림에서처럼, 탄소 원자 간 이중결합을 갖는 알켄(alkene) 같은 유기 불포화 화합물의 파이결합 전자), 다른 반응물질은 친전자(electrophilic)특성을 갖고 있다.

불포화 화합물의 이중결합에서 π(pi)-전자는 탄소 간 결합에서 상대적으로, (sigma)-전자에 비하여 느슨한(약한) 결합력을 내는데, 이 π-전자가 친전자 화합물과 쉽게 반응한다. 이 유기화학 첨가반응은 π-전자를 가진 염기성 화합물과 친전자 특성을 갖는 산 화합물의 산-염기 반응으로 생각할 수 있다(Lewis 산-염기 정의).

② 친전자 치환 반응(electrophilic substitution reaction)

오존 분자의 공명 구조를 보면 양쪽 끝단 산소 원자 중 하나는 양전하를 띠는데, 이는 양전하를 띠는 쪽이 전자가 풍부한 위치를 갖는 화합물과 만나면 친전자 반응을 할 수 있음을 가르킨다.

이 반응에서 오존은 친전자시약(electrophilic agent)으로서 유기화합물, 예를 들어 방향족(aromatic) 유기화합물의 친핵성위치(nucleophilic position)를 공격하여 분자의 일부분이 친전자 시약으로 치환된 화합물을 형성한다. 수처리에서 응용하는 이 반응의 대표적인 예는 페놀(penol)과 같은 방향족 화합물을 오존과 반응시키는 공정에서 볼 수 있다.

친전자 반응은 전자밀도가 높은 용액, 주로 방향족 화합물의 농도가 큰 용액의 오존 산화 처리공정에서 나타난다. 알코올(-OH)기나 아민기($-NH_2$)처럼 전자 주개(electron donor)가 치환된 방향족 화합물의 orto- 또는 para-위치에 있는 탄소는 높은 전자밀도를 갖는데, 오존이 그 위치를 공격하여 반응한다.

페놀과 오존의 다음 반응에서 보는 것처럼, 페놀기는 오존과 쉽고 빠르게 반응하여 유기산 화합물을 생성한다.

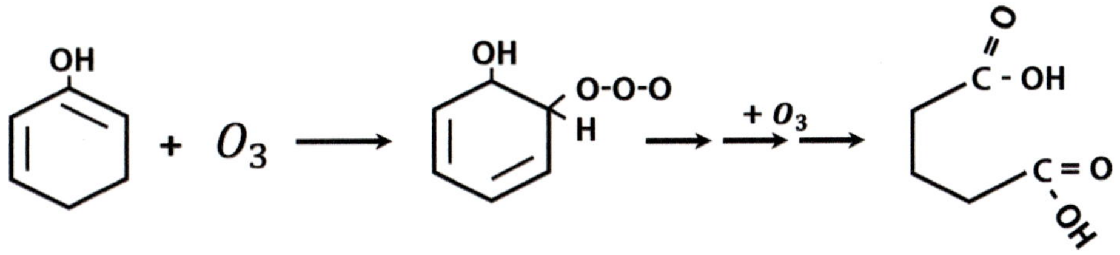

〈그림 11.4〉 오존의 친전자 치환반응 – 페놀의 오존 산화 반응

③ 친핵 첨가 반응(nucleophilic addition reaction)

오존 분자의 공명 구조를 보면 양쪽 끝단 산소 원자 중 하나는 음전하를 띠는데, 이 음전하 부분은 적어도 이론적으로는 오존 분자가 친핵 반응 메카니즘으로 반응할 수 있음을 가르킨다. 즉 오존은 분자 내에 친전자 부분을 갖는 화합물과 반응할 수 있다.

오존의 친핵 반응은 반응 대상 화합물의 전자결핍이 있는 곳, 특히 카르복실기(-COOH)나 니트로기($-NO_2$)와 같이 전자를 끌어당기는 작용기가 결합해 있는 유기 탄소화합물과의 반응에서 주로 나타난다.

수처리에서 오존은 서로 다른 전기음성도를 갖는 원자들이 이중 혹은 삼중 결합을 하고 있는, 예를 들어 카르보닐기(-C=O)나 시안기(-C≡N)를 갖는 화합물과 반응할 때도 친핵 첨가 반응을 할 수 있다.

이제까지 살펴본 오존 분자에 의한 유기화합물의 직접 산화는 매우 선택적인(selective) 반응 메카니즘으로, 이중결합을 갖는 유기물질이나 특정한 작용기를 함유한 방향족 유기화합물은 쉽게 오존과 산화 반응을 한다. 그리고 오존은 해리되지 않은 중성 상태의 물질보다 이온 화합물 혹은 해리된 상태의 유기화합물과 더 빨리 반응한다.

한편, 정수과정에 들어있는 대부분 무기화합물은 오존과 매우 빠르게 반응한다. 무기화합물의 오존 산화 메카니즘은 오존의 산소 원자가 무기화합물로 이동하는 것으로 설명할 수 있는데 물속에서 일반적으로 이온이나 해리된 상태로 존재하는 무기화합물의 오존 산화 반응속도는 매우 빠르다.

분자 오존의 직접 반응을 요약하면 극히 선택적으로 불포화 방향족 혹은 지방족 화합물 혹은 특정 작용기를 갖는 유기화합물과 부분적으로 반응하고 많은 무기화합물을 빠르고 정량적으로 산화시킨다.

(4) 오존 산화의 간접 반응 메카니즘

이 반응은 오존이 물속에서 분해하면서 생겨나는 자유라디칼 화학종이 오존 산화반응을 일으키는 메카니즘을 의미한다. 수처리에서 오존을 포함하는 공정은 강력한 산화제인 수산화 라디칼을 생성하므로 고급산화공정(AOP)으로 분류하는데, 라디칼이 생성되는 개시단계 혹은 전개단계는 오존을 단독으로 사용하는 공정 외에도 과산화수소와 같은 다른 시약의 첨가 혹은 자외선 조사나

촉매 이용과 같은 방법을 활용하여 산화력을 더욱 강화한 공정들이 연구 개발되고 있다.

오존이 물속에서 분해하며 생성하는 수산화 라디칼은 오존을 이용한 수처리에서 오염물질을 비롯한 물속 성분과 간접반응을 수행하는 주된 화학종이다. 수산화 라디칼은 그 반감기 또한 농도 10 M에서 10 μs 정도로 매우 짧다. 그에 따라 오존 분자의 직접 반응과는 달리 반응성이 큰 라디칼 화학종에 의한 간접반응 메카니즘은 과정이 더 복잡하고 비선택적 특성을 띤다. 라디칼이 생성되어 반응하고 소멸되는 반응은 연쇄반응(chain reaction)으로 진행되며, 개시단계, 전개단계 그리고 종결단계로 나누어 설명할 수 있다.

물속에서의 오존 분해와 라디칼 화학종 생성 및 반응에 관한 메카니즘을 요약하여 기술하면 다음과 같다.

(가) 개시단계(initiation step)

개시단계에서 오존은 물속의 수산화 이온과 반응하며 과산화수소 라디칼(hyroperoxyl radical)과 초산화이온 라디칼(superoxide anion radical)을 생성한다.

$$O_3 + OH^- \rightarrow HO_2{}^\bullet + {}^\bullet O_2^-$$

(나) 전개단계(propagation steps)

$$HO_2{}^\bullet \rightleftharpoons {}^\bullet O_2^- + H^+ \quad (pKa=4.8)$$

$${}^\bullet O_2^- + O_3 \rightarrow {}^\bullet O_3^- + O_2$$

$${}^\bullet O_3^- + H^+ \rightarrow HO_3{}^\bullet$$

$$HO_3 \cdot \ \rightarrow \ \cdot OH + O_2$$

$$\cdot OH + O_3 \ \rightarrow \ HO_4 \cdot$$

$$HO_4 \cdot \ \rightarrow \ HO_2 \cdot + O_2$$

전개단계에서 과산화수소라디칼은 약산의 해리반응을 따르고($pKa_{,HO2 \cdot}$=4.8), 연속으로 초산화이온 라디칼을 비롯하여 다양한 라디칼 화학종을 생성하는 연쇄반응 메카니즘(radical chain reaction mechanism)을 나타낸다. 그 과정에서 AOP 공정의 주된 화학종인 수산화 라디칼이 생성되고, 위의 마지막 반응에서 생성된 $HO_2 \cdot$ (과산화수소 라디칼)은 다시 전개단계의 첫 반응물질로 작용하므로 전체 과정이 반복될 수 있으며 계속하여 사슬반응이 진행될 수 있다.

(다) 종결단계(termination steps)

사슬반응을 진행하는 라디칼은 같은 라디칼 혹은 다른 라디칼과 반응하여 안정한 중성 화합물을 생성함으로써 반응을 종결한다.

$$HO_4 \cdot \ + HO_4 \cdot \ \rightarrow H_2O_2 + 2O_3$$
$$HO_4 \cdot \ + HO_3 \cdot \ \rightarrow H_2O_2 + O_3 + O_2$$

오존 산화 공정은 간접반응 메카니즘에서 주된 화학종인 수산화 라디칼이 작용하는 대표적인 화학적 산화 공정으로 수처리 공정에 오래전부터 응용되었고, 유해한 물질을 위해성이 낮은 물질로 전환 시키거나 물, 이산화탄소 또는 질소와 같은 물질로 완전 무기화(mineralization)하는 공정으로 활용되고 있다.

11.3.3 오존 분자의 루이스 구조와 형식 전하

오존의 화학적 여러 특성은 분자구조를 통하여 설명할 수 있다. 일반 화학에서 학습한 루이스 구조는 화합물의 결합을 완전하게 묘사하지는 못하지만, 팔전자규칙(octet rule)을 바탕으로 많은 화합물의 결합상태를 표기할 수 있으며 그로부터 분자의 특성과 반응을 설명하는데 응용할 수 있다. 화합물의 루이스 구조를 그리는 순서에 따라 오존 구조를 그리면 다음과 같다.

오존(O_3)은 산소 원자 세 개로 이루어져 있으며, 각 산소 원자는 6개의 원자가 전자(valence electron)를 갖고 있다. 따라서 오존 분자는 총 18개 전자가 세 원자 사이의 결합을 형성하고 원자 사이 혹은 원자 주위에 배치한 구조를 갖는다.

(1) 원자들을 서로 이웃하게 배치하고 화합물을 이루는 단일 공유결합을 직선(-)으로 연결한다. 하나의 결합은 두 개의 전자가 쌍을 이룬 것이므로 아래의 구조는 총 18개의 원자가 전자 중 4개를 사용하여 원자 사이의 결합을 표기한 것이다.

$$O - O - O$$

(2) 단일 결합에 참여한 전자 수를 제외한 나머지 14개의 전자를 세 산소 원자 주변에 어떻게 배치할 수 있는지 고려한다. 이때 가능한 팔전자 규칙에 따라 배치하면 화합물의 안정한 구조를 그릴 수 있으나, 14개의 전자를 세 산소 원자 주변에 배치해야 하므로 다음과 같은 전자 배치를 그릴 수 있다.

$$:\ddot{O} - \ddot{O} - \ddot{O}: \qquad :\ddot{O} - \ddot{O} - \ddot{O}: \qquad :\ddot{O} - \ddot{O} - \ddot{O}:$$

$$\textbf{(I)} \qquad\qquad \textbf{(II)} \qquad\qquad \textbf{(III)}$$

구조 (I)의 좌, 우 산소는 결합 전자를 포함하여 팔전자를 갖추나, 가운데 산소는 주변에 총 6개의 전자가 놓인 구조이다.

구조(II)는 왼쪽과 가운데 산소가 팔전자를 갖추었으나 오른쪽 산소 주위에는 총 6개 전자가 있는 구조이다.

구조 (III)은 가운데 산소는 팔전자를 갖추었으나 좌, 우의 산소는 주위에 총 7개의 전자가 있는, 즉 쌍을 이루지 않은 홀전자를 갖는 라디칼(radical) 구조이다.

세 구조 (I), (II), (III)은 모두 팔전자를 이루지 못한 구조이다.

(3) 그린 구조가 팔전자 구조를 갖추지 못한 경우 원자 주위의 고립 전자쌍을 원자 사이로 옮겨 이중 혹은 삼중 결합 구조를 그려본다.

그러나 (I), (II)구조에서 팔전자를 갖춘 원자의 전자쌍 하나를 전자가 부족한(팔전자를 갖추지 못한) 원자와 공유하는 구조로 다시 그리면 (구조 (I)의 왼쪽 산소나 오른쪽 산소의 전자쌍 중 하나 또는 구조 (II)의 가운데 산소의 전자쌍을 오른쪽 산소와 공유하도록 그리면) 다음과 같은 구조가 된다.

$$:\ddot{O}=\ddot{O}-\ddot{O}: \qquad :\ddot{O}-\ddot{O}=\ddot{O}:$$

(IV)　　　　　　　　(V)

　　단일 결합과 이중결합을 갖고 세 산소 원자 모두 팔전자를 만족시키는 구조가 된다. 이로써 세 산소 원자의 원자가 전자 18개로부터 구성된 오존 분자는 팔전자 규칙을 만족시키는 루이스 구조(IV)와 (V)로 표기되고 여기에서 결합 전자 6개는 세 개의 공유결합으로, 나머지 12개는 비공유 전자쌍이다.

　　한편 결합 전자는 결합을 형성한 두 원자에 동등하게 그 전하가 분포되어야 하는데, 그로부터 각 루이스 구조에서 나타나는 개별 원자의 형식적인 전하를 계산할 수 있다. 분자를 구성하는 각 원자의 원자가 전자 수로부터 루이스 구조에서 각 원자에 배당되는 전자수(비공유전자수 + 공유전자수의 1/2)를 뺀 값이 루이스 구조를 이루는 각 원자의 형식 전하(formal charge)이다.

　　오존의 루이스 구조(IV)에서 형식 전하를 알아본다. 왼쪽 산소 원자에 형식적으로 할당되는 전자수는 결합에 참여하지 않은 비공유 전자가 4개 그리고 왼쪽 산소 원자와 중간 위치의 산소 원자가 형성한 이중결합 전자 4개의 1/2에 해당하는 전자 2개를 합한 총 6개의 전자가 루이스 구조(IV)에서 왼쪽 산소 원자에 할당될 수 있으므로, 그의 형식 전하는, 6-6=0 이다.

　　가운데 산소 원자에 할당될 수 있는 전자는 비공유 전자가 2개 그리고 좌우의 산소와 단일결합과 이중결합을 통해 공유하고 있는 전자 6개의 1/2인 3개 등 총 5개의 전자가 가운데 산소 원자에 할당된 것으로 볼 수 있으므로 그 형식 전하는 다음 식에 따라 +1 이다.

형식전하 = 원자가 전자 - (비공유전자수+공유전자수 × 1/2) = 6-(2 + 6/3)= +1

한편 오른쪽 산소는 비공유 전자가 6개, 공유전자가 2개이므로 형식 전하는 계산식, { 6-(6+2 × 1/2)}을 통하여 −1 임을 알 수 있다.

즉 루이스구조(IV)에 따른 오존 분자에서 각 원자의 형식 전하는 왼쪽 산소가 0, 가운데 산소가 +1, 오른쪽 산소가 −1이다. 같은 방법으로 구조(V)에서의 형식 전하를 계산할 수 있고, (IV)와 (V)는 다음과 같이 다시 표기할 수 있다.

$$:\ddot{O}=\overset{+1}{\ddot{O}}-\overset{-1}{\ddot{O}}: \quad \longleftrightarrow \quad :\overset{-1}{\ddot{O}}-\overset{+1}{\ddot{O}}=\ddot{O}:$$

(VI)   (VII)

오존의 구조(VI)과 (VII)은 팔전자 규칙을 만족하는 루이스 구조이지만, 두 개 중 어느 것도 실험으로 확인한 오존 분자 내의 결합길이를 설명하지는 못한다. 위에 그린 루이스 구조는 결합길이가 다를 것으로 여겨지는 단일 결합과 이중 결합으로 나타나지만, 실험으로 확인한 원자 간 거리는 가운데 산소를 중심으로 좌우가 동일한 결합길이, 128 pm이다.

한편 분자를 하나의 루이스 구조만으로 묘사하기 어려운 경우 두 개 이상의 가능한 구조, 즉 공명구조(resonance)를 그리고 구조 사이에 기호 ↔ 로 한 화합물에 기여할 수 있는 여러 개의 구조를 나타낸다.

　오존 분자의 구조를 설명할 때, 비록 팔전자계를 충족시키는 구조는 아니지만 아래 그림의 구조 (Ⅷ)과 (Ⅸ)도 포함하여 네 개의 공명 구조로 표기할 수 있다.

　공명은 두 구조 사이의 전이를 나타내는 것이 아니고 실제 구조는 공명 구조의 중간 형태이며 실제 분자구조를 설명하기 어려운 가상 구조들이라고 할 수 있다.

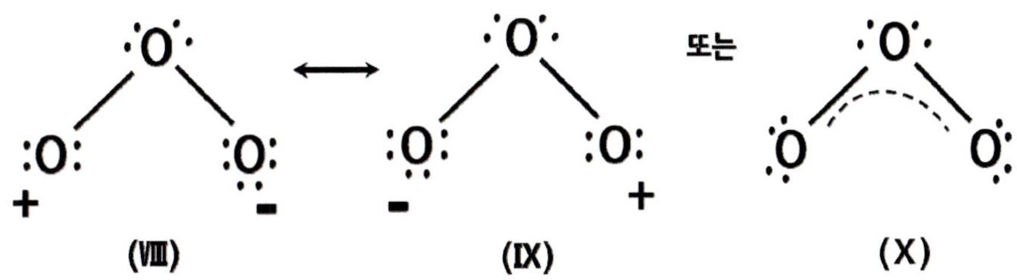

네 개의 오존 구조 (Ⅵ), (Ⅶ), (Ⅷ)과 (Ⅸ) 모두 실제 오존 구조는 아니지만 각 공명 구조는 모두 실제 오존 구조에 기여한다. 다만 각각의 기여도에 차이가 있다고 할 수 있다. 그 중 팔전자 규칙을 따르는 구조일수록 안정하고 실제 구조에 크게 기여한다고 할 수 있으며 위의 그림에서 (Ⅵ)과 (Ⅶ)이 이에 해당한다. 한편 공명 구조 대신 하나의 구조로 나타내는 경우 그림(Ⅹ)와 같이 표기한다. 여기서 점선은 두 개(한 쌍)의 전자가 세 원자에 고루 분포되어있는, 즉 두 전자가 비편재된(delocalized) 결합을 하고 있음을 나타낸다.

　이렇게 확인한 오존 분자의 구조는 세 개의 산소 원자가 결합각 116.5˚를 갖는 굽은 형태이다.

공명과 전자의 비편재화

공명은 두 구조 사이의 전이를 나타내는 것이 아니고 실제 구조는 공명 구조의 중간 형태이며 실제 분자구조를 설명하기 어려운 가상 구조들을 그린 것이다. 공명 구조를 설명하는 대표적인 물질로 방향족 유기화합물인 벤젠(benzene)을 들 수 있다. 벤젠의 화학식은 C_6H_6로 그 구조는 다음과 같이 표기한다. 세 개의 이중 결합을 갖는 것으로 그렸으나, 세 이중결합을 이루는 6개의 전자(π-전자: pi-electron)는 특정 산소에 고정된 결합을 하지 않고, 6개의 탄소 전체에 고루 퍼져있는, 비편재화된(delocalized) 구조이다. 따라서 실제 구조에서 6개 탄소 사이의 결합길이는 동일하며, 탄소 사이의 결합이 이중결합과 단일 결합이 교대로 나타나는 구조가 아니라 그 중간인 1.5 결합의 성격을 띠는 구조이다. 오른쪽 구조는 원으로 파이전자의 비편재화를 나타내는 벤젠 모형이다.

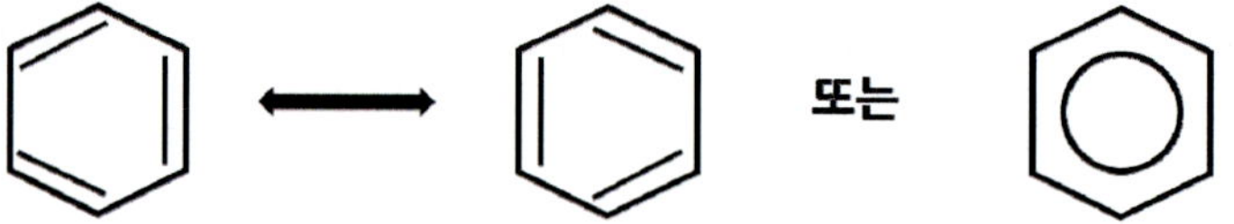

물의 반응: 반응 물질로서의 물

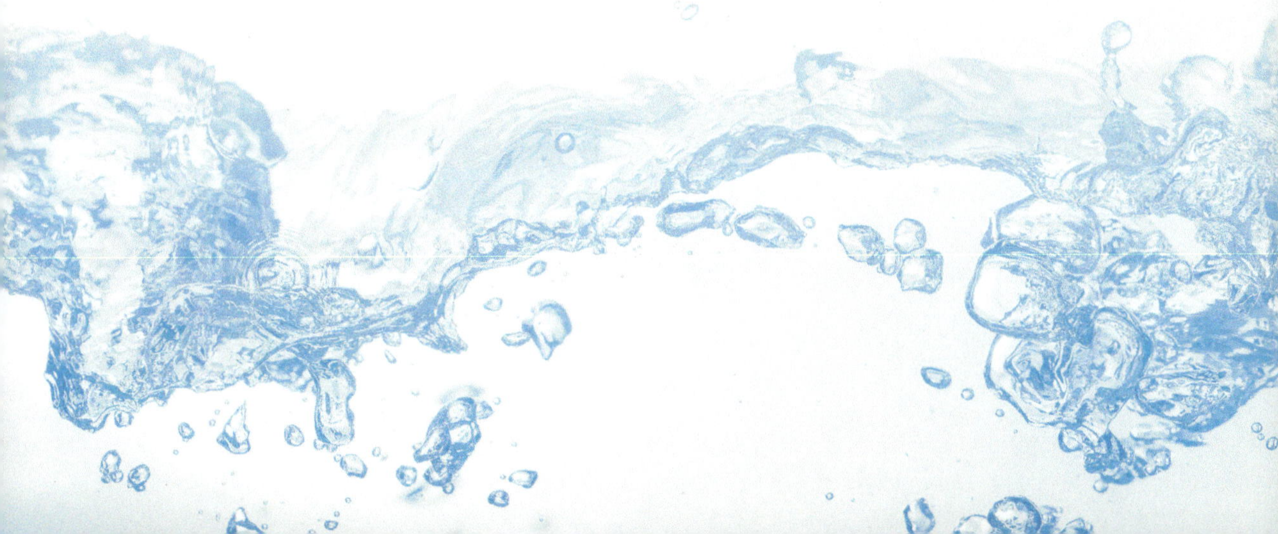

사람을 포함한 생물체에 관련된 화학반응들은 거의 물속에서 일어난다. 많은 반응들이 물 환경에서 일어나지만 물의 역할은 반응물과 생성물의 용매로서 뿐 아니라, 물 분자 자체(H_2O) 혹은 물의 자동해리에 따른 H_3O^+ 또는 OH^-이 반응화학물질이나 촉매로 작용하기도 한다. 용매인 물속에서 다양한 화학물질이 일으키는, 산-염기, 착화합물형성, 침전과 용해 및 산화·환원 반응의 평형에 관해 논의한 앞에서의 수질화학 반응과는 다른 물의 화학반응을 알아본다.

12.1 물의 분해 반응

지구환경에 존재하는 수소는 거의 다른 원소들과 결합을 하는데 그 중 가장 흔한 경우가 산소와 반응하여 물 분자를 형성하는 것이다. 이는 수소원자와 산소원자가 원소상태로 존재하는 것보다 결합 형태로 존재할 때 훨씬 더 안정하기 때문이다. 이러한 사실은 두 원소로부터 물이 생성되는 과정에 대한 엔탈피(enthalpy)변화를 보면 알 수 있다.

$$2H_2 + O_2 \rightleftharpoons 2H_2O \quad \triangle H = -585.4 \, KJ/mol \, (25℃)$$

이 물 생성반응에 대한 에너지도표를 아래 그림과 같이 그릴 수 있다.

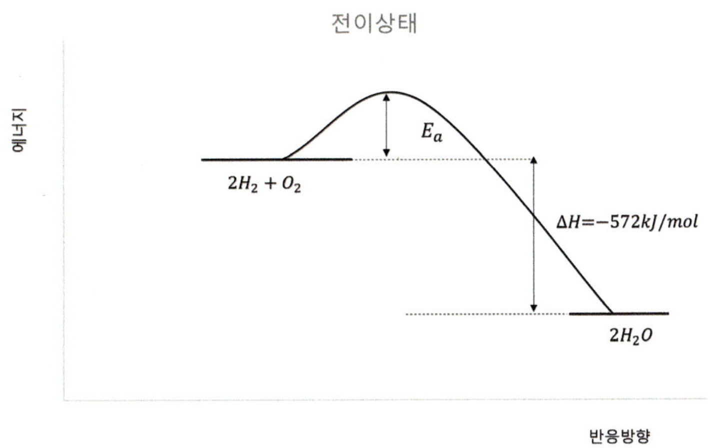

그림에서 알 수 있듯이 생성물질(두 분자의 물)이 갖는 에너지는 반응물질 (수소와 산소)들의 에너지 합보다 작다. 따라서 이 반응이 일어나면 반응물질 과 생성물질의 차이에 해당하는 에너지(585.4KJ/mol)가 열(heat)형태로 반응 계 밖으로 빠져나간다. 즉 수소와 산소로부터 물이 생성되는 이 합성반응은 발 열(exothernic)과정이다. 그 열, 반응엔탈피는 생성물과 반응물의 엔탈피의 차 이이다.

$$\triangle H_{반응} = \triangle H_{생성물} - \triangle H_{반응물}$$

(이 반응과는 달리 생성물의 엔탈피가 반응물의 엔탈피 보다 더 큰 경우 ΔH $_{반응}$ > 인 경우, 반응은 흡열(endothermic)과정이다)

물 합성 반응은 많은 에너지를 반응계 밖으로 방출하지만 상온에서 자발적으 로 진행되지는 않는다. 수소 기체와 산소 기체가 혼합되어 반응이 진행되려면 활성화(activation)과정(예를 들어 불꽃)이 필요하다. 반응이 일어나기 위해 필 요한 이 과정은 위의 에너지그림에서 볼 수 있듯이 '활성화 에너지(activation energy)', 즉 반응물질의 출발상태와 반응과정에서 에너지가 가장 높은 전이 상태(transition state)사이의 에너지 차이에 해당하는 에너지가 필요하다. 활성화 에너지는 반응물질과 생성물질 사이의 에너지 언덕에 해당하고 반응이 일어나기 위해서는 반응계가 반드시 이 에너지 장벽을 극복해야 한다.

수소기체를 연소하여(산소기체와 반응시켜) 물을 합성하는 반응은 에너지(585.4KJ/mol)를 생산하는 과정이므로, 이를 다른 에너지원과 비교해 볼 수 있다. 물질 1Kg을 연소반응시킬 때 얻는 에너지의 몇 가지 예를 다음 표에 나타내었다.

〈표 12.1〉 물질 1Kg을 연소시킬 때 얻는 에너지

연소물질	반응에너지(단위: $\times 10^3\, KJ/Kg$)
수소	143
휘발유(헥세인)	48
탄소	33
에탄올	30
나무셀룰로스	18
우라늄	7.2×10^7

이 표를 보면 U^{235}의 핵반응 경우를 제외하고는, 가연성 연료 중 수소기체가 가장 큰 에너지를 내는 물질임을 알 수 있다. 한편 큰 에너지 뿐 아니라 수소가 에너지원으로 각광을 받는 또 다른 이유는 연료로 사용하면 연소 후 생성물질은 물 뿐이므로 오염물질을 발생하지 않기 때문인데, 여기에는 조건이 따른다.

즉 수소를 연소할 때 공기(산소와 질소 등 기체혼합물)가 아닌, 순수한 산소를 사용해야 한다.

수소를 공기와 연소시킬 때의 온도는 약 2300 ℃에 이르는데, 공기의 온도가 약 500 ℃이상이 되면 질소산화물(NO_X)이 생성된다. 공기조성의 약 80%인 질소 기체는 공기 중 산소(조성비 약 20%)와 다음과 같은 반응을 한다.

$$N_2 + O_2 \rightleftharpoons 2NO$$

$$N_2 + 2O_2 \rightleftharpoons 2NO_2$$

이러한 질소산화물 생성이 없는 깨끗한 수소기체 연소는 전기를 생산하는 연료전지(fuel cell)를 이용하는 경우이다. 또 다른 가능성은 수소와 순수한 산소를 정확한 비율로 연소하는 것으로 이때 반응온도는 3000 ℃이상이다.

지구환경에 원소상태의 수소가 있기는 하지만 미량이므로 여러 용도로 사용하기 위해서는 공업적으로 생산하는데 최대 원료물질이 물(H_2O)이다. 물을 다음 반응에서처럼 구성원소로 분해하면 수소를 얻을 수 있다,

$$2H_2O \rightleftharpoons 2H_2 + O_2 \qquad \triangle H = +585.4 \, KJ/mol$$

이 반응은 원소로부터 물을 생성하는 반응의 역반응에 해당하고, 에너지도표를 보면 반응 수행에 필요한 에너지가 큰 것을 알 수 있다.

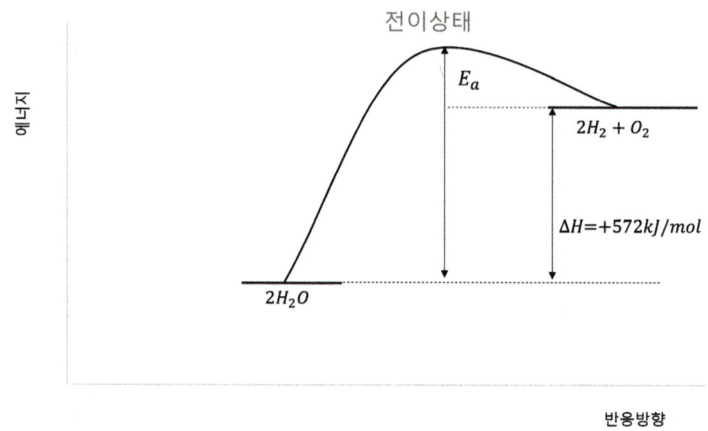

에너지 그림에서 보듯이 반응물과 생성물의 에너지 차이는 물 합성반응에서와 같으나, 물의 분해는 $\Delta H > 0$으로 흡열 반응이다. 또한 활성화 에너지(E_a) 크기는 물 합성 반응에 비해 훨씬 크다. 물을 열분해 시키기 위한 온도는 약 2000 ℃에 이른다. 물을 분해하는 방법으로는 전기를 이용한 방법이 좀 더 적절하다. 물의 전기분해 장치 기본구성은, 전기를 공급해 주는 전원과 물속에 양극과 음극 두 전극을 갖추어 물속에 전류를 흘려주는 것이다. 순수한 물은 전기를 잘 통하지 않으므로 전해질(예: 1 M H_2SO_4)이 들어있는 물을 이용하고, 전극은 보통 백금(Pt)을 사용하여 외부 전원에 연결해 전기분해를 수행한다. 전류가 흐르면 앞의 반응, $2H_2O \rightleftharpoons 2H_2 + O_2$ 에 따라 수소와 산소가 2:1의 부피비로 생산된다. 이때 각 전극에서의 반응은 다음과 같다.

$$\text{양극(anode, +극):} \quad 2H_2O \rightarrow O_2 + 4H^+ + 4e^-$$

$$\text{음극(cathode, -극):} \quad 2H_2O + 2e^- \rightarrow H_2 + 2OH^-$$

물의 전기분해로 양극에서는 산소기체가 발생되고 음극에서 수소기체가 생성된다. 전기분해는 깨끗한 수소기체를 얻을 수 있지만 수소생산 비용이 많이 들기 때문에, 대량의 수소는 다른 방법(예: 수증기 개질 등)을 통해 생산하다.

12.2 물과 금속의 반응

지각을 구성하는 물질 중 금속 화학종은 주로 산소와 결합한 산화물인데 이는 금속산화물이 화학적으로 매우 안정하기 때문이다. 이 금속산화물은 여러 반응 경로를 통해 형성된 것인데 그 중에는 물과 반응을 하여 생성되기도 한다.
금속(M)이 Z몰의 물과 반응하는 일반적인 화학반응식은 다음과 같다.

$$M + ZH_2O \ \rightleftharpoons \ M(OH)_z + \frac{Z}{2} H_2 \uparrow$$

금속 중 알칼리금속은 찬 물과도 위의 반응식에 따라 격렬히 반응하지만, 금속과 물의 반응성은 금속에 따라 다르다. 알칼리 및 알칼리토 금속은 상온에서도 물과 자발적으로, 때론 폭발 반응을 하기도 한다. 예를 들어 Na, K, Ca는 물과 반응하여 수산화물과 수소를 생성하며 열을 발생한다. Mg경우는 물과의 반응속도가 느리고, 수증기와 반응시키면 산화마그네슘이 생성된다.

$$Mg + 2H_2O \ \rightleftharpoons \ Mg(OH)_2 + H_2$$

$$Mg + H_2O(수증기) \ \rightleftharpoons \ MgO + H_2$$

기타 많은 금속(예: 철)은 물과 반응하기 위해서는 활성화 에너지(대부분 경우 열)가 필요하다. 한편 귀금속(금, 백금 등)은 고온에서도 물과 반응하지 않는다. 금속이 물과 반응하여 형성되는 최종 생성물은 금속산화물이다. 금속물질의 부식은 대부분 원치 않는 화학반응이고 때로는 환경재난의 원인이 되기도 한다. 금속부식은 대체로 금속과 비금속 사이의 결합 형성으로 나타나는데 그 중에서도 산소 기체가 금속과 결합하는 경우가 많다. 대표적인 부식으로 철(Fe)이 녹스는 현상을 들 수 있다.

$$4Fe + O_2 + 2H_2O \rightleftharpoons 2Fe(OH)_2$$

$$4Fe(OH)_2 + O_2 + 2H_2O \rightleftharpoons 4Fe(OH)_3$$

생성된 수산화물에서 물이 완전히 혹은 일부 떨어져 나가면서, Fe_2O_3혹은 Fe(OH)형태의 녹이 생성된다.

$$2Fe(OH)_3 \Leftrightarrow Fe_2O_3 + 3H_2O$$

$$Fe(OH)_3 \Leftrightarrow FeO(OH) + H_2O$$

철 소재로 된 저장탱크에 유해한 화학물질을 보관할 때, 탱크에 부식이 일어나면 환경재난이 발생할 수 있다(1984년 인도, Bhophal에서 Metylisocyanate 저장 탱크 폭발). 금속과 물의 반응으로 생기는 이런 부식은 막대한 경제적 비용으로 나타난다. 해마다 생산되는 철 생산량의 약 1/3은 부식으로 손상된 철을 보수하는데 사용된다.

12.3 물과 금속산화물의 반응

금속산화물이 물에 소량이라도 녹으면 서로 반응하여 금속 수산화물을 생성한다. 예를 들면 다음과 같은 반응을 들 수 있으며, 이 형태의 반응은 많은 경우 발열반응으로 큰 에너지를 발생한다.

$$K_2O + H_2O \rightleftharpoons 2KOH$$

$$Al_2O_3 + H_2O \rightleftharpoons 2Al(OH)_3$$

금속산화물과 물이 반응하여 생성되는 금속수산화물은 물에 녹아 용액을 염기성으로 만든다. 그 중 환경과 농업 등에서 많이 사용되는 산화칼슘(CaO: 생석회)는 물에 녹아 수산화칼슘(Ca(OH)$_2$, 소석회)을 생성하고, 이는 물속에서 해리하여 OH$^-$를 생성함으로써 수용액의 pH를 낮춘다.

$$CaO + H_2O \rightleftharpoons Ca(OH)_2$$

$$Ca(OH)_2 \rightleftharpoons Ca^{2+} + 2OH^-$$

12.4 물과 비금속의 반응

대부분의 비금속은 물과 자발적으로 반응하지 않는다. 할로젠 원소 중 전기음성도 가장 큰 플로오린(F_2)기체는 물을 산화시켜 플루오린 산과 산소 기체를 생성한다.

$$F_{2(g)} + 2H_2O \rightarrow HF_{(aq)} + O_2 \uparrow$$

다른 할로젠 기체는 물을 산화시키지는 못한다. 염소(Cl_2)기체는 물에 용해되어 염소수를 만드는데 이 염소수에서 염소분자는 강산인 HCl(염산, 강산으로 물속에서 H^+와 Cl^-로 완전해리)과 약산인 차아염소산(HOCl)으로 분해된다. 이 반응은 수처리의 '염소소득' 공정에서 볼 수 있다.

$$Cl_{2(g)} + H_2O \rightleftharpoons Cl_{2(aq)} + H_2O \rightleftharpoons H^+_{(aq)} + Cl^-_{(aq)} + HOCl_{(aq)}$$

탄소는 물과 반응하여 수소기체를 생성할 수 있으나, 반응 수행을 위해서는 큰 에너지가 필요하다.

$$C_{(s)} + H_2O \rightleftharpoons CO_{(g)} + H_{2(g)}$$

12.5 물과 비금속산화물의 반응

비금속산화물인 이산화탄소, 질소산화물, 황산화물 등은 물에 녹거나 물과 반응하여 무기산을 생성한다. 이 무기산들은 물속에서 해리되어 산-염기 반응을 수행한다. 한편 비금속 산화물 중 이산화탄소와 NO_x, SO_x 등은 연소과정에서 발생하는 대기 조성 물질(오염물)로 대기 중의 수분이나 비, 안개, 구름 등의 물과 반응하여 무기산을 형성하고 해리함으로써 대기 환경이나 수 환경을 산성 상태로 변화시키기도 한다.

12.6 물과 유기화합물의 반응

일반적으로 유기화합물은 물과 잘 섞이지 않기 때문에 물이 반응물질로 직접 사용되는 경우는 유기반응 최종 생성물을 가수분해 시키는 경우 등에서 처럼 제한적이다.

(1) 물과 유기화합물

물과 유기화합물 간의 중요한 반응중 하나는 '수증기개질(steam reforming)'이다. 이는 천연가스나 석유원료에서 추출한 긴 사슬 분자와 같은 탄화수소를 물과 반응시켜 수소기체는 얻는 반응으로, 이 공정은 현재 가장 광범위하게 이용되는 수소생산 방법이다. 긴 사슬 탄화수소(탄소수 10이상)는 사전 개질을 통해 고온(450-500 ℃), 고압(25-30 atm)에서 메테인(CH_4)이나 일산화탄소(CO), 이산화탄소(CO_2), 수소(H_2) 또는 짧은 탄화수소(예: 헵테인 C_7H_{16})등으로 전환된다. 이물질들은 다시 촉매(예: Ni) 존재하에 800-900 ℃, 25-30 atm 반응조건에서 수소기체를 생성한다. 수소를 생산하는 수증기개질 반응은

$$CH_4 + H_2O \rightleftharpoons CO + H_2$$

$$CO + H_2O \rightleftharpoons CO_2 + H_2$$

$$C_7H_{16} + 7H_2O \rightleftharpoons 7H_2O + 7H_2$$

헵테인의 두 반응을 더하면 총 반응은

$$C_7H_{16} + 14H_2O \rightleftharpoons 7CO_2 + 22H_2$$

(2) 알코올생산

발효에 의해 알코올을 생산하는 것은 잘 알려져 있다. 한편 석유화학제품인 에텐(C_2H_4)을 물과 반응시켜(수화: hydration) 에탄올을 대량으로 합성하는 방법이 19세기 초부터 이용되고 있다. 에탄올 이외에 긴 사슬 알코올도 알켄수화 반응으로 합성한다.

이동석　● 뮌헨공과대학교 화학생물지질학부 이학박사

　　　　● (현) 강원대학교 환경공학과 교수

수질화학

1판 1쇄 인쇄　2021년 08월 25일
1판 1쇄 발행　2021년 09월 01일
저　　　자　이동석
발 행 인　이범만
발 행 처　**21세기사** (제406-00015호)
　　　　　경기도 파주시 산남로 72-16 (10882)
　　　　　Tel. 031-942-7861　　　Fax. 031-942-7864
　　　　　E-mail : 21cbook@naver.com
　　　　　Home-page : www.21cbook.co.kr
　　　　　ISBN 978-89-8468-997-8

정가 28,000원